THE

BOOKS：

LEVEL READING

OF

SCIENCE

POPULARIZATION

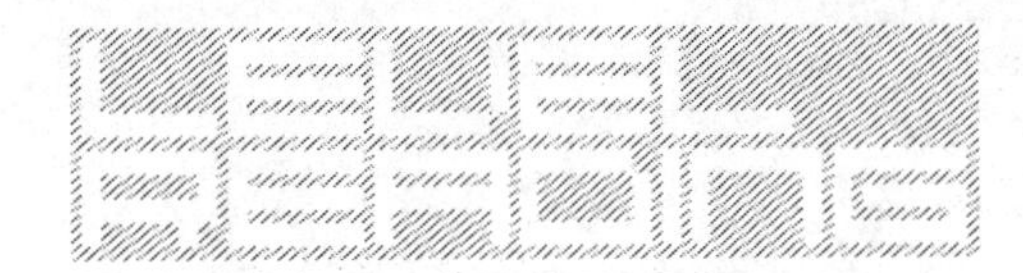

科普分级阅读书系

刘兵◎编

博/物/情/怀

也许知识并不是第一位重要的，
而是对以知识为依托的素养的培养更为重要，
具体到博物的主题上，
即倡导一种博物的情怀。

微信扫码，加入博物科学圈，与8000读者交流大自然的创造力和丰富性，步入博物学。

长江出版传媒 Changjiang Publishing & Media
湖北科学技术出版社 HUBEI SCIENCE & TECHNOLOGY PRESS

图书在版编目（CIP）数据

博物情怀 / 刘兵编 . -- 武汉 : 湖北科学技术出版社 , 2017.11
（科普分级阅读书系）
ISBN 978-7-5352-9490-6

Ⅰ . ①博… Ⅱ . ①刘… Ⅲ . ①博物学－青少年读物
Ⅳ . ① N91-49

中国版本图书馆 CIP 数据核字 (2017) 第 162908 号

出版人　何　龙
总策划　何少华　彭永东
执行策划　刘　辉　高　然
责任编辑　刘　辉　万冰怡
整体设计　喻　杨

出版发行　湖北科学技术出版社
地　　址　武汉市雄楚大街 268 号
（湖北出版文化城 B 座 13-14 层）
邮　　编　430070
电　　话　027-87679450
网　　址　http://www.hbstp.com.cn
印　　刷　湖北恒泰印务有限公司　　邮编 430223
开　　本　787 × 1092　1/16　15 印张
版　　次　2017 年 11 月第 1 版
2017 年 11 月第 1 次印刷
字　　数　246 千字
定　　价　39.80 元

总序

科普，其重要性似乎已经无须再多说了，但关于如何进行有效的科普，特别是如何有针对性地对特定的人群进行有意义的科普，却还是值得讨论的问题。在传统中，科普强调的是对具体的、经典的和前沿的科学知识的介绍，但我们也看到了传统科普存在的问题，如并不为更多的受众所欢迎，影响力不够，没有达到其应有的教育效果，甚至于成为为某种“政绩”服务的表面化、形式化宣传。

在一些新的科普理念中，其实也并不完全否认普及科学知识的重要性，毕竟科学知识是作为理解科学的某种不可缺少的基础和载体。但除了科学知识以外，关于科学的理念，关于科学是如何运行的，关于科学家是什么样的人，关于科学家应承担什么样的责任，关于科学和技术的应用的社会影响是什么，等等，在新的科普理念中也同样被认为是重要的科普内容。尤其是，科普在非正规教育的意义上，与在学校学习的正规教育又有所不同（尽管这两者间有着密切的关联），绝大多数受众并非是以成为科学家来当作其人生发展的目标的。在这样的考虑下，那些既与科学密切相关又不属于具体的科学知识的内容，有时会显得更为重要。

学生时代，是科普学习的最好阶段，因而，有针对性地为青年学生选编一套科普阅读材料，是非常必要的。其实，在我们求学的阶段，学校的科学教育已经教授了很多具体的科学知识，虽然这些知识也还远远不够充分，但毕竟已经是很重要的基础了。而且，在以往的教育目标中，也还是同时强调知识与技能、过程与方法，以及情感、态度与价值观这三个不同维度的。由于种种原因，包括应试教育的影响，这三个维度的目标并未理想地同时被重视。而在目前的科学教育改革中，人们所强调的核心素养，其实也是更关注于受教育者的必备品格和关键能力，而这也同样不是仅仅靠对具体科学知识的学习就可以获得的。因而，在选编这套科普分级阅读丛书时，我们其实是有多种考虑的。

其一，是可以与在校的科学教育相结合，以强调对核心素养的培养为重点，补充一些大学与中学的正规科学教育中有所缺失或体现得不充分的内容。

其二，是考虑到现有的传统科普所具有的局限性，让我们选择的主题和内容有别于传统科普。这五本读本的主题和内容的选择鲜明地体现出了这一点，以介绍一些更新的科普理念。

其三，编者注意到，以往在我们的科普中，尤其是在针对青年学生的科普中，往往有些低估了年轻人的水准，使得一些科普读物偏于幼稚化。所以，我们这几本读本的一部分内容会偏深一些，篇幅会偏长一些，虽然这样读起来有时会遇到一时不是很懂的困难，但这种留下部分问题，并注意在阅读过程中的挑战和思考，恰恰是编者设定的目标之一。

希望以这种方式选编的读本能够激发起青年学生读者的阅读兴趣和对于有关科学问题的思考。

2017年8月18日

本册导读

博物学，是一个许多人并不熟悉的名称，在传统的科普读物中，专门以博物学为主题的作品也不是很多。但近年来，国内的普及读物市场却出现了某种意义上的“博物热”。

在历史上，博物学既是现代科学的前身之一，又有着自己长期独立的发展，但随着近代数理科学传统的兴起，博物学已经日渐式微，既不再是当代科学研究的学科，也淡出了公众的视野。

近年来的“博物热”虽然几乎没有影响到体制内的科学研究，但却在公众传播领域越来越有影响。其重要意义在于，它可以在一定程度上抵消当代科学研究和传播中那种越来越让人远离自然的倾向，可以让人们与自然的关系更加融洽，更加亲密；它也更易于为不是科学专业工作者的公众所接受和实践，甚至于在某种程度上影响人们的生活方式。这恰恰是符合在教育的意义上有着积极意义的科普的目标，并值得重新倡导和恢复的知识、理念和素养。

正因为上述理由，有别于传统科普对博物学内容的忽视，本册专门以博物为主题。在面向公众的传播方面，也许知识并不是第一位重要的，而是对以知识为依托的素养的培养更为重要，具体到博物的主题上，即倡导一种博物的情怀，这就是选编本册读物的目标。

目录

第一编　博物·自然

第二编　植物篇

第三编　动物篇

第一编

博物·自然

博物学论纲[①]

刘华杰

刘华杰，北京大学哲学系教授，国内博物学研究与普及的重要倡导者、实践者。在这篇文章中，作者比较全面、整体地介绍了博物学的基本内容和意义，尤其是站在哲学的立场，阐明了博物学对于普通公众的价值。此文可以作为本书的“导论”来阅读。

近几百年，西方强力文明横扫世界，现代化好像就是西方化。以科技为支撑的这种文明是最好的甚至唯一可行的文明体系吗？科学技术史的撰写虽然近些年有了相当程度的改观，但科技通史可不可以大幅度地重新改写？因为能看到什么、写什么、怎么写与价值判断直接相关，与我们心目中的文明标准、与我们所欣赏的生活方式有关。人民大众需要什么样的知识，学生需要学习多少知识？所有这些思考都引导我们重新思考古老的学问：博物学。

博物学：是什么？可展现什么？

博物学已经不见于课程表，多数现代人对此极为陌生。我们可以通过多种角度大致描述博物学。从知识论的角度看，博物学是指与数理科学、还原论科学相对立的，对大自然事物的分类、宏观描述，以及对系统内在关联的研究，包括思想观念也包含实用技术。地质学、矿物学、植物学、昆虫学都来源于博物学，最近较为时尚的生态学也是从博物学中产生出来的。

① 刘华杰.博物学文化与编史[M].上海：上海交通大学出版社，2015.

1.谁是博物学家？

亚里士多德、达尔文、孟德尔是博物学家，其实在当前的文化下，人们早就忘记了这几个人曾是博物学家。

更典型的西方博物学家有老普林尼、布龙菲尔斯、格斯纳、阿尔德罗万迪、约翰·雷、林奈、布丰、华莱士、普里什文、法布尔、梭罗、缪尔、利奥波德、古尔德、劳伦兹、珍·古道尔、爱德华·威尔逊等，他们所做的主要研究工作就是博物学。他们与数理科学家阿基米德、伽利略、牛顿、麦克斯韦、卢瑟福、爱因斯坦、克里克、奥本海默、杨振宁、格拉肖非常不同。

以农耕文明为主的中国古代社会，有着丰富的博物学实践和顺畅的博物学传承体系，也保留下来大量文献，无论是《十三经》《通志》《二十五史》《古今图书集成》这样的巨著，还是《幼学琼林》这样的蒙学读物，都包含大量的博物学内容；反过来，读者如果有丰富的博物学知识，也能更好地理解《诗经》以及齐白石的艺术作品。李约瑟也称赞中国古代的"本草"著作构成一个伟大的传统，按李的解释"本草"不是"具根的植物"而是"基本的草药"的意思。中国古代博物学家撰写了大量关于特定植物或者某类植物的专著，李约瑟曾这样评价："这种现象是西方世界所无法比拟的。这些文献有的论述了整个自然亚科，如竹类；有的论述两个明显相似的野生的属"，比如《竹谱》《桐谱》《扬州芍药谱》《南方草木状》《滇中茶花记》《菊谱》《荔枝谱》《梅谱》《金漳兰谱》等。中国古代自然也有大量优秀的博物学家，如司马迁、张仲景、贾思勰、郦道元、沈括、郑樵、唐慎微、寇宗奭、徐霞客、朱橚、李时珍、曹雪芹、吴其濬等，甚至包括李善兰。中国古代大部分知识分子都有博物情怀，但近代的西学东渐打破了中国传统文化原有的进程。如今分科之学一统天下，现代中国人已经遗忘了自己的传统学术，绝大多数人从未听说过博物学。现代教育体系几乎剥夺了青少年从事一阶博物学（上山采野菜、下水捉泥鳅等）的权利。二阶博物学研究在学者中仍然存在，目前分散在多个分支学科当中，如科技史、农史、历史地理学、人类学、考古学、民族学、民俗研究、知识社会学、文化史研究、民族植物学等。

不过，并非只有上述大人物才掌握着博物学。在无数普通农民身上，也传承着非常多的博物学。有时，我们愿意把它们分解为若干生态学知识，简单的力学、热学知识或其他知识。按分科之学来列举，总是不够恰当。农民的知识是整体的、不分化的，通常是未编码的，难以言说。在传统社会中，几乎人人都

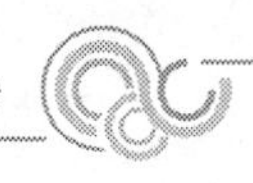

是博物学家，那时人们对土地、对“天”是有感情的，如果不是这样人们是无法生存的，就像现在如果不晓得一点现代科学知识和社会制度在城市里生活是极为困难的一样。

即使不考虑一阶工作与二阶工作的区分，实践博物学也有层次之分，有专业博物学，也有平民博物学。前者永远是少数人的事情，后者则与普罗大众有关。有趣的是，与数理科学很不一样，对于博物学，这两者之间始终存在交流的通道，“界面”是可以自由穿行的。

2.博物学的自然性

博物学有着悠久的历史，而近现代科技只有三百多年的历史。博物学是自然而然的学术、知识、技术和技能，是在有限的好奇心、欲望关注下的产物。博物学产生于远古以来百姓日常生活的正常欲望、自然需要，而不是现代个别人试图获得超额利润、竞争优势的过分需求。

近现代西方科技从一开始就讨论理想情况：非自然的人工环境，所谓的自然定律只不过是自然科学的定律，它们表述的是“反事实条件句”。自然科学的定律及其导出的结果，看起来如此简洁、完美，并不表明大自然本身如此。

依据自然科学定律开发的现代技术，并不是大自然的技术，它在根本上是僭越的、人为操控的技术；它所声称的一系列完美效用，只在特定的人工可控体系中才可实现。

20世纪的科学哲学从石里克、费格尔、卡尔纳普到哈雷、哈丁、哈金、卡特莱特，费了好大的周折，才回归到博物学的世界观、知识观。可以说，严格的科学哲学，在努力一番后终于承认了博物学对世界的看法是自然的。博物学有助于我们重新理解我们处在什么样的世界当中，博物学家也许也产生过把大自然缤纷的面貌、复杂的演化概括为几条简单定律的冲动，但博物的结果不得不使其诚实、谦虚一些。

3.博物学的本土性

现在人们多从人类学角度谈本土知识或地方性知识，也可以从进化生物学的角度来谈作为局部适应的地方性知识。“地方性知识”这一表述的魅力在于，它并非要宣布知识因其地方性而使有效性大打折扣，而是说知识相对于产生该知识的环境而成立。地方性知识强调如下几个方面：知识的表述可能是附魅的、非自然主义的；产生知识的环境通常是自然演化的人地环境，而非在短时间内特意制作出来的人工环境、实验室环境；知识在人地系统中适应着环境而缓慢演化，知识通常是环境友好的，不会引起环境灾难；由于此知识依赖于特定的环境，脱离其环境后此知识的影响力有限，它不会快速扩散到局部环境以外而成为全球性的知识。

博物学知识和现代自然科学知识均有地方性、本土性，只是后者喜欢装扮、粉饰，并强行到处“克隆”。现代中小学和大学讲授的知识，基本上是普适的非本土知识，它们主要来源于西方，并且在精神气质上大致可以追溯到古希腊。从根本上讲，它们原来也是地方性知识，但已被去本土化，变成了“普适知识”。当今的科学实验室，每天都在制造本来只适用于实验条件的地方性知识，而且其地方性非常强。但是，它们通过标准化，通过科学方法和科学体制的装扮，通过技术标准甚至贸易规则、政治交易等，被建构成普适知识。普适性成了知识的一种“美德”。通过强化、正反馈，人们渐渐认定只有普适性的知识才是好知识或者才可以称为知识，其他的，只配称作意见或者不靠谱的常识。

博物学知识通常表现为地方性知识、本土知识，不具有普适性，也不冒充普适性。它也很少讲究知识产权，不喜欢像“输出革命”一样进行智力输出，这并非总是表现为某种缺陷。决定其地方性的原因在于，它是适合于局部地理、生态环境的知识，是环境兼容的知识。借用进化生物学的概念，这种知识与环境是“适应”的。本土人掌握的本土知识是久经考验的，拥有了田松所说“历史依据”。这种有“历时性”观察根基的知识有着重要的价值，至少可以补充西方科学由“共时性”观察而来的知识。

地方性也并不必然意味着十足的肤浅、无用，有时恰恰相反。因纽特人虽然不了解也不想了解转基因的秘密，但他们对雪有特别的研究，对于雪的颜色有一系列称谓，能分出许多类型。雪是他们生活的一部分，雪的变化影响到他们的生活质量。中国和法国在饮食、厨艺上都很讲究，有大量这方面的词汇，比较而言，英国就差多了。

本土知识相比于现代科技知识处于弱势，即使一些国家的有关部门有意识地强调了本土知识存在的合理性，但在具体操作的过程中，本土知识仍然未能恰如其分地整合到决策过程当中，因为在制度层面一些受西方科学训练的人掌握着该考虑哪些“有用的”本土知识、该抛弃哪些“没用的”本土知识。

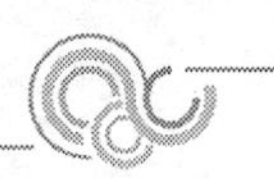

4.博物学知识的意向性与价值非中立性

任何知识都是一定世界观、世界图景下的知识。人们创造、完善某种博物学是基于某种目的，所生产出的知识是主客体整合的产物，不能单纯还原为某种客观的知识。博物学关注的对象和内容多种多样，如牡丹、红木、辣椒、咖啡、兰、罂粟、香荚兰、凤、龙、混沌、独角兽、蛊毒、五行、气、家燕、贝壳的性，等等，显然未必都是朴素实在论意义上直接存在的。但相对于当时社会环境和文化语境，它们是有意义的或者有指称的。也可以说单纯的客观“对象”是不存在的，当我们言说“宇宙”时，就是指我们的宇宙，我们已知的宇宙或者能够想象的宇宙。某事物成为认识的“对象”的那一刻，它就失去了对象性的属性，就变成了主客观统一的产物。

关于罂粟的知识，在博物学的范畴中，是指你、我、他或某个小群体具体的与罂粟相互作用展现出的多种可能性，不存在脱离语境的客观的罂粟知识，因而也无所谓罂粟是天生的毒品之类的现代人想象。传统博物学知识的意象性范围从来是受约束的，不可僭越的，人不能妄图拥有神的知识、智慧。这使得博物学的“野心”受到限制，从后果论看也是如此。即使资本主义上升时期掠夺性的博物学采集，其破坏性也是极有限的。

博物学也用于自卫、猎物和杀戮，但其意象性决定了此时它依然展现为某种自然而然的知识和技术。相对于别的科学，博物学虽然不够有力量，但它符合人类、大自然可持续发展的要求，或者不太违背这些要求，幸运地不会成为“致毁知识”。自古以来，知识生产与知识运用是同一系统的内部过程，而目前主流社会、科学共同体的“缺省配置”则认为，知识是客观而中立的，知识在运用过程中出现的任何问题都与知识本身无关，那是人的问题，是人运用不当造成的。张开逊认为：“科学技术是帮助人类理解宇宙、改变物质世界的工具性智慧，本身不具有价值与责任属性。运用科学技术最终出现什么结局、造成什么后果，完全是人的责任”。实际上，知识从其生产或意欲生产的那一瞬间就与目的性、意向性高度相关，并与最后的各种可能的应用有瓜葛。目前，博物学的发展与资本增值的关联并不像其他学科那么明显，也许正是因为博物学的“无用”、低效率，才使得它是一种值得真正追求、玩味的学问。

5.博物学传统与博物学文化

即使在当下不看好博物学的人，也无法否定历史上博物学所扮演的重要角色。法伯写过一部科学史小书《发现大自然的秩序》，副标题就叫"从林奈到威尔逊的博物学传统"。现在每一门响当当的学问，在发展的过程中几乎都有着博物的发展阶段，尤以医学为甚。1989年美国马里兰专门举办过一次展览，题为"医学与博物学传统"。类似地可以讲农业的博物学传统、地质学的博物学传统，甚至几何、概率论的博物学传统。

这里的"博物学传统"有多层含义：第一层是就历时性、发生学而言的，指如今成熟的大量学科，都曾有过一个相当长时期的博物发展过程。第二层是就共时性、知识特征而言的，比如医学实践仍然是一种艺术、手艺，其中相当多工作要靠经验而不是演绎。医学、医疗不能简化为书本知识和标准化的诊治过程。第三层是就思维方式而言的，指整体论而非还原论。在医疗中，现在世界上仍然存在不同的体系和建制，中医和西医都有各自的优势和局限性，不同传统是不可通约的，如陆广莘所说，"用西医看似科学的方法来衡量中医，不具有现实意义"。中医有极强的博物学传统，重视调理生命节律和气血，辨证施治，不是头痛医头、脚痛医脚。传统的不同表现为生命观、方法取向上的差异，中医理论体系和医疗实践中更关注的是机体的自我维生而不是努力发现致病因子而进行人为干预。

博物学传统背后有着丰富、深厚的博物学文化，涉及神话、哲学、宗教、历史、经济、习俗、生活方式，等等。博物学文化在最近十多年受到科学史、文化史、哲学、人类学界的关注，其中《英国博物学家》《博物学文化》和《致知方式》等影响较大，国际科技史界也开始用更多的精力关注博物学与科学革命、牧师与博物学家、西方殖民地中的博物学家等主题。英国出版的《柯林斯新博物学家文库》有一批好书（持续60余年，已经出版100多部），非常值得引入中国。英国《科学史》（*History of Science*）季刊2004年3月还出版了一期《博物学专号》（42卷第135期），刊发了4篇博物学史论文。从已经译成中文的《历史上的书籍与科学》中，也可以感受到博物学史、科学史、文化史的深度融合及其有趣性。海灵曼主编的《浪漫的科学》，其中有刘禾教授有趣的论文。张嘉昕所著《明人的旅游生活》也与博物学史有关。

就哲学而言，博物学文化展现了诸多不同于当下主流文化的世界观和价值观。比如在博物学文化中，人与自然不是对象性关系，大自然、生命具有灵性或神圣性，不可能仅以物质或比特的形式来充分把握。博物学文化尊重大自然的变化过程和巨大力量，不过分夸耀人类的征服能力（从博物学眼光看，四

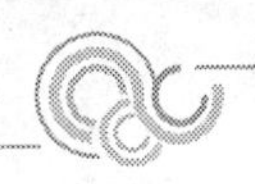

川岷江河谷一带不适合百姓大量定居，历史上有无数血的教训。人们应当搬到更安全的地方。但是一次又一次灾难后，人们不幸地无谓地选择了对抗大自然），不会高喊“人定胜天”，也不会盲目崇拜强力与速度。“天地之大德曰生”，和谐共生、生生不息是博物学文化的终极旨趣。在日常生活层面，博物学文化倡导过普通的安定、平和的生活，用中国古人的话讲就是“永言配命，自求多福”（《诗经·大雅·文王》）。

博物学概念的拓展与重新阐释

在现代性的偏见下，西方自身的博物学知识长期以来也没有得到应有的重视、整理，在当今的生物学界，很少有人注意雷、怀特、布丰、拉马克、梭罗、缪尔、华莱士所做的博物学工作。即使人们为了别的目的间接提到博物学，也只是取其“精华”；对于用时下流行的观念和知识理解起来感到困惑的博物内容，科学家和科学史家通常充满了不屑，要把它们从正统的知识史、科技史中剔除。

历史上博物学究竟如何？对此可以采用实在论的立场，也可以采取建构论的立场。不管怎样，古人不可能预言到并理解我们今天的知识，我们其实也较难理解过去的知识。较好的历史学家应当努力重构历史场景，尽可能以当时人的思维习惯考虑当时的知识。完全做到这一点是不可能的，也不必要，但不想这样做是不可以的。

1.“福柯之笑”与博物学的学术空间

后现代大师福柯的著作《词与物》，据他本人讲是受到中国博物学中奇怪的动物分类方案的刺激，才开始动笔写作的。福柯当年从别人的引文中看到传说中的一部中国百科全书《天朝仁学广览》把动物分出14个奇怪类型。福柯读后发出笑声，在《词与物》的前言中他多次提到自己的此次笑声。不过，这不同于普通的情不自禁的笑，而是启示“知识考古学”之灵感的笑，对我们而言它提供了再审现代化之前博物学知识并展望人类未来知识形态的机缘。

福柯不是嘲笑古人、古代中国人，恰恰相反，他由此立即意识到我们当下思想、知识的局限性！别的时代、别的地方的人，也完全可能以同样的方式看待我们今天理所当然的知识。

无论是胡塞尔的现象学、波兰尼的个人知识，还是福柯的知识考古学，都可以为博物学开辟学术空间，令学者多一维视角，重构人类知识的发生史。在恶性竞争和盲目高速发展给人类的可持续发展蒙上阴影之际，这些哲学的、社会学的、后现代的努力，都是一种思想解放，能令人们发现博物学在现在与未来的生存意义。

2.博物学、自然志（natural history）、自然科学

讨论博物学面临许多概念困惑。需要指明的是，博物学与英文的natural history，只可以粗略地对应起来。有人认为当下的学界将二者互译不妥，有削足适履之嫌。其实，这样互译大体上还是可行的。

自然科学、博物学与自然志这三者的关系如图1所示。三者包含许多共同的内容，特别是后两者。在此，为了突出其间的差异，图1夸大性地示意了其间的不重合部分。当今自然科学中有大量内容不属于博物学，比如数理科学，这很好理解。但博物学中有些内容无法称为科学，这一点常常被忽视。博物学不能过分地想成为科学，也不要指望把博物学史整理成一种严格的科学技术史。

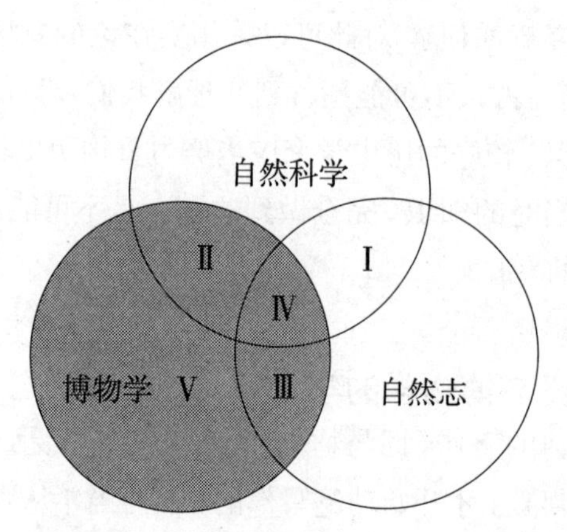

图1　自然科学、博物学与自然志三者关系的示意图

3.中国古代学问的博物学特征

中国古代学问最大的特点就是博物。中国学者重视多元并置而不求深层还原，表现在主体与客体、人与自然、人文与科技的“分形混成”上，难以清晰划界。这类学问既有优点也有缺点，近一百多年里我们可能过多地看到了其劣势。今天我们检视中国古代的学问，博物学所涉及的范围有三个层面，以《古

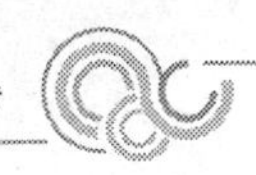

今图书集成》为例：

（1）最狭义的理解是“博物汇编”中的内容，有时还要去掉其中的“神异”“艺术”部分。

（2）中间层面的理解不但包括“博物汇编”中的内容，还包括“方舆汇编”中的坤舆、职方、山川、边裔，“历象汇编”中的干象、岁功、历法、庶征，“经济汇编”中的食货、考工等。中国古代的占经、天官书、天文志或天文学，基本上属于博物范畴，与西方的数理天文学不同。在古代，博物学意义上的天文学传播得非常好，从十二次、十二辰、二十四节气、三垣二十八宿以及“分野”“星分翼轸，地接衡庐”“天罡”“斗转星移”“观乎天文，以察时变”等用语可知，它们属于知识分子的常识。著名的五行说也与天文有关。

（3）最广义的理解包括中国古代涉及人与自然交往的几乎一切学问，它们与现代的分科之学根本不同。比如古代的诗词、小说中也包含博物学。

通常我们讲的博物学只取中间层面，也许还要暂时去掉一些内容，准确说是介于上述狭义理解和中间层面理解之间。

在科技史、人类学、社会学、文化史等领域打出博物学的旗帜、招牌，一方面是想为“边缘”争取合法性、生存空间，另一方面也是研究对象的特点所要求的。近现代自然科学的教科书和传承体系是最不讲究历史的，甚至可以说是藐视历史的。且不说过去的博物学知识，即便拉瓦锡之前的化学研究，甚至牛顿以前的力学研究等，在现代科学体系中都可以忽略不计。传统文化中的各种知识虽然历史悠久、维系了数千年的人类生存，但其知识体系与现代意义上的分科之学相比，可表征性很差，缺乏理性、逻辑，显得凌乱、不成体系、不够客观、不够精确，特别是不够有力量。不过，从生物演化的大尺度考虑，有更重要价值的也许恰好不是只有300多年历史的近现代科技，而是传统博物类知识。力量型的知识并不能拯救人类，或许反而因其过分发达而使人类遗忘其与大自然打交道应具有的博物类知识，并因其“致毁知识”的不断制造而将人类引向歧途。如今我们提出恢复博物学，不是要找回原来模样的某种实体，而是找回那个文化传统和生存哲学，依据博物精神、博物情怀，考虑现在的形势，在“知”和“行”方面发展出新时代的博物学。在这样做之前，需要做许多理论准备工作，比如重写历史，分析博物学的认知特点，讲清它与人类可持续生存之间的关系。

4.演化中的博物学与新博物学

比较《尔雅》、张华的《博物志》、吴其濬的《植物名实图考》与老普林尼的《博物志》、格斯纳的《动物志》、布封的《博物学》等，会看到所涉知识的形式有许多相似之处，但不同地区的不同民族或国家在不同时间有着相似却不同的博物学。此外，无论在中国还是在外国，成文的博物学知识，只是内容广泛的博物学的一小部分。相当多博物学是口头流传的，以非编码的形态存在。

延续原来的传统，新博物精神或者博物学观念至少包括如下方面：①非还原的或者有限还原的认识进路。②强调主体的情感渗透。博物学实践要求体悟自然之整体性和玄妙。感悟也是一种认识，而且认识也并非目的，在这种意义上博物学不同于一般的科学。③平面网络、整体式地把握对象。把自然看成一种密切联系的机体，我们人类只是其中的一部分。④它导致一种生活方式，一种人与自然和谐生存的艺术。因而它是一种实践的学问，不能仅仅停留在口头上和纸面上，必须亲自尝试。⑤它为常识与艰深的现代科学之间提供了一种友好的“界面”或者适宜的“缓冲区”，它“门槛”很低，甚至没有门槛，人人都可以尝试。新博物学的现实意义在于，博物学在现在基本上是被遗忘的科学、研究方式和生活方式。而当前人类面临的问题（环境、资源）又都与博物思想的缺乏有关。中国当前的中小学、大学教育，没有提供足够的博物学理论和实践。许多研究生五谷不分。博物学教育将为单一的、‘高考’指挥下的初等教育增加多样性，将为中华民族培育一代通识学人做出贡献。

博物学自然也要与时俱进。有些内容要摒弃或回避，如与帝国扩张相伴的野外考察、掠夺性和破坏性的标本采集、投机性与过度炫耀性的自然物品收藏等；有些内容需要增补和强调，如环境保护、生态伦理、自然美学。新博物学也分两部分：职业的与业余的。前者主要由科学家来做，后者主要由普通百姓来实践，两者的标准、要求和目标是不同的。前者的良好发展有可能改变未来科学的形象和功能，后者的顺利发展有可能提高公民的生活质量，改善人与自然的关系。当现代科学越来越远离公众，博物学的业余部分（平民博物学）就显得格外有新意，因为唯有它才可能是界面友好的、低门槛的，平民通过博物学实践有可能进一步欣赏科学中的其他部分。

5.博物学编史纲领

在不同的编史框架下，原来许多不合法或不大合法的做法都可以理所当然

地展开；另外，原来看似十分堂皇、重要得没法再重要的趋向、成就，也许变得微不足道，甚至是有害的。

现在学术已发展到适合提出博物学编史纲领的阶段，此纲领的适用范围将不限于狭义的博物类科学，而是覆盖所有科学门类。博物学编史纲领具体讲有如下几条：

第一，作为基本生存需要以集体信念形式存在的知识，与当时当地的生活习惯、社会秩序保持一致。科学史或者知识史始终是人类社会文化史的一部分，新型的科学史将尽可能提防辉格史观。包括经验知识和实用技能的博物学，其合理性和价值主要体现在满足人类或其部分对大自然的可持续适应性需求，它们与现代科技体系的关联、距离是次要的。科技编史方案不应过分受今日教科书的影响，也不应当过多考虑数理科学在近几百年中所取得的成就。

第二，突出博物理念、博物情怀，清晰地叙述编史过程的价值关怀，比如要充分考虑人类的可持续发展、人与自然的持久共生、同情非人类中心论等。这一条相当于陈述了某种生态原则，已成为显学的生态学当初就源于博物学，但如今有遗忘其根基的危险。在科技编史工作中，各类知识的重要程度需要依据人地系统可持续发展的标准进行判定。如果致毁知识的生产、应用无法减少，人类和环境的危险就与日俱增。目前，在绝大多数知识分子看来，知识是中性的或者无条件具有正面作用的，社会系统千方百计地奖励各种知识的生产。这种局面并不是好兆头。对知识的批判与对权力的批判一样，都是社会正常发展所需要的。目前，对权力的警惕与批判已经引起广泛注意，但对知识的警惕与批判才刚刚开始。

第三，重视人类学视角，关注民间实践知识。历史上博物学知识的传承多种多样，如口头、个体知识、宗教习俗，等等，其中大部分是今人不熟悉、不习惯的。不能简单地说博物学是科学的真子集或科学之不成熟阶段等。比如，五行说是中国古代重要的知识体系，不能以今天的标准将其斥为迷信或伪科学。编史工作不能完全依赖于书面文本，田野调查将是编史工作的重要组成部分，人类学和社会学方法将显得十分重要。二阶工作必须与一阶工作密切结合，很难设想一位并不热爱大自然的人能够成为优秀的博物学史研究者。编史研究与经验自然科学的研究性质相似，在这种意义上博物学编史纲领是反科学主义的却又是科学的。

此纲领包括对唯科学主义和工业文明的反省、对西方中心论甚至人类中心论的反省，包含对未来“美好社会”的思考。与此编史纲领相关还有如下思考：

（1）人类的博物学知识与其他动物的知识（如果有的话）之间没有本质的界限。

（2）人类文明的进程是辩证的，个体的某一类知识多起来的同时，另一类知识可能系统地变少。走出森林、乡村，进入城市，人类的生活习性发生了变化，个体之人对大自然的了解并不随知识的爆炸而成比例地增加，相反，平均起来看，人类个体与自然变得疏远。作为“森林之子”的乌扎拉，其书本知识可能接近于零，但博物学知识和野外生存能力绝对是一流的。他能比“文明人”更自然地把人与其他动物放在一个平台上思考，比如他认为万物有灵，把其他动物也理解为人，他有着天然的非人类中心论思想。现在，对于自然事物，人类变得更相信专家、官僚，而不是相信传统和个人实践。人类个体对自然灾害的感知、规避的能力，愈来愈低。

（3）如今盛行的高科技和现代文明，从生物进化的角度看，并不乐观，可能危害整个生态系统。

（4）对于人类个体而言，光阴似箭，人生有涯，并非掌握的知识越多越好。给个人填塞过多的知识并不能使个人变得更容易适应自然与社会。过长的学制相当程度上只不过是增加社会竞争优势的一种手段，这与恶性军备竞赛没有本质区别，此过程目前已经剥夺了年轻人本可以用于玩耍、嬉戏的美好时光，进而降低了个体的生活质量。在人类积累的海量知识面前，博物类知识应当优先传播，“上知天文、下知地理”的高要求可能已无法实现，但了解风吹草动（风起于青萍之末），感受“杨柳依依、雨雪霏霏”，多识于鸟兽草木之名，主动规避大自然的风险（从容面对洪水、干旱、地震、海啸）等，有许多事情要做，有许多教训可以汲取。

博物学的认识论

博物学在认识论上也有自己的特点，与主流数理科学的范式有相当多的不同。在哲学界，波兰尼的科学哲学讨论了博物学的知识论。限于篇幅，这里只作提纲性描述。

1.认知类型与中国古代的类比取象

在过去的一百年中，主流西方科学哲学最重视的是经验证据和逻辑方法，主要会讲到实在论与工具主义、归纳与演绎、分析判断与综合判断、自然定律、科学说明、科学理论与假说的检验、亚决定性的社会建构，等等。挑战学者智力的一个永恒问题是：知识的确定性从何而来，如何为之辩护？必然性为何物？其实，稍加考察就会发现这一套东西及其问题都源于古希腊哲学，是西方人的认知方式的具体体现，与中国古人考虑问题的方式基本没关系。

包括中医在内的中国古代的大量博物学著作，大量采取了“类比取象”的认知方式。类比方法的本质是，在不同事物中发现、建构出相似的成分，以同代异。这显然是一种近似方法，很难找出其中的必然性，但它经常很管用！特别有趣的是，在中国古代，类比不仅仅是自然科学的方法，也是其他所有学问所强调的方法。在中国古代根本就不细致区分科学与人文。《诗经》的“赋、比、兴”是文学手段，诗之所用和作法，也是科学的认知方法。

取象的认知方式，是把对事物的把握放在唯象的层面考虑。它本身并没有确认除了唯象真理就不存在其他真理了，只是中国古人更诚实，有一说一，没有瞎编。取象的认知具有几何化、图形化的特点。中国人一直使用有图形色彩的汉字；中国古代图学相当发达，应用范围极广，有天文图、地图、工程制图（如《考工记》和耕织图）、动植物图等。皇帝甚至使画工为后宫绘图，“案图召幸”。图像、插图在认识大自然和科学传播中起到了重要作用，剑桥大学的科学史家楠川幸子等已经做了许多探索。相反，有意回避图形的做法，布尔巴基学派尝试过，但后来无法延续。

类比取象的认识论与波普尔的“猜想反驳”科学方法论相合，它侧重于发现而不是辩护。科学发现没有统一的方法，都是一种试验、“拼凑”的过程。类比取象容易出错误，但科学探索最不怕的就是出错。按波普尔的理解，唯有可错的才有可能是科学。科学发展唯一不变的过程就是试错过程。

2.博物学的个人致知与默会知识

在描述性科学、博物类科学当中，言不及物、言不由衷，并非主观不努力，而是事物内在特点所决定的。陶渊明说“山气日夕佳，飞鸟相与还。此中有真意，欲辨已忘言”，并非仅仅因为他喝多了、脑子有点乱而无法描述自己的心情和对美好自然景物的认知，而是那种情感、景象在相当程度上无法描述。因此，在描述类科学（包括博物学）中，默会知识、个人知识是存在的，甚至是大量存在的，这对于理解事物具有根本性意义。

分类是博物学的基本功，但成为分类行家仅靠书本是不行的。分类学是以高超鉴赏能力为基础的。博物学家胡克于1859年描述了来自澳大利亚的8000个开花植物物种，其中有7000种是自己亲自采集、分类的。波兰尼引用赫胥黎的话："的确，少有人曾经像他那样或者愿意像他那样辨识植物……他以他个人的方式来辨识其植物"。

博物学领域中后来的学人是如何辨识前人鉴定的物种的？这好像不是个问题，前人清晰描述了某物种，后人认识字，也就自然知道、掌握了前人所确定的种。前人写下了动物志、植物志，后人翻阅，就可以了解相关物种。学过分类学的人都知道，事情没有这么简单。知识的传承有时需要个体的"涉身实践"。我们对动物、植物所做的实验研究，除非与我们日常生活经验和博物学中已知的动物、植物联系起来，否则就是无意义的。掌握博物类知识需要更多的实践，博物学的知识论必须讲究实践优位，而不是理论优位。

3.博物学与知识传习

博物类知识的获取与传习有极大的个体差异。对于分类，甲可能对A类特征敏感，而乙可能对B类特征把握得较好，两人在识别事物时可能各有绝招。在分类中，专家可能用到无数独门绝技，包括神秘的方法，以达到默会致知。这些方法不轻易示人，或因为惧怕来自科学共同体的嘲讽而不能示人。

林奈等人所奠定的分类法，后来被德勘多尔、拉马克、居维叶所完善，到了20世纪中叶，博物学已经积累起庞大的知识库，已知的动物有112万种，植物为35万种。但是根据波兰尼的判断，这一伟大的成就并没有为博物学赢得尊重。相反，经典的分类法在现代人看来已经变得不算什么学问了，何以这样？因为知识观变了。人们对个体致知这种认知形式变得不感兴趣，人们不再信任个体致知的能力。

师傅带徒弟，代代相传是博物学知识传习的一个重要特点。即使在今天，实质定义的知识传承方式仍然有效，比如父母教婴儿了解外部世界和日常事物的指称关系。野外教学实践中，教师有时需要多次用手指指着具体的植物来传递基本知识，比如告诉学生这是蔷薇科的龙牙草，那是蔷薇科的水杨梅，最终使得学生几乎在任何情况下都能准确识别它们。这两种植物同科不同属，初学

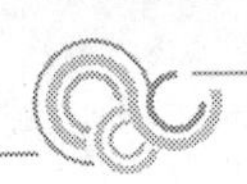

者经常混淆。野外实习是课本学习的必要补充，是通过阅读植物志、背诵以规范、科学的语言描述的植物特征无法代替的。在野外，学生经常会惊呼，“这就是传说中的绶草？”“真的是桃儿七吗？”这种惊讶传递出新手获得知识一瞬间的奇特感受。

4.博物学对知识论的扩充

由博物学加以清晰例证的个人知识、默会知识，对于整个自然科学是不可缺少的，它不仅仅存在于描述性的科学当中，而且普遍存在于所有科学当中，即使最纯粹的科学，如力学，其中也有个人知识的成分，当然可能少一些。博物学的认知、致知过程，也可以与德雷福斯的“涉身”现象学联系起来。具体论述见《博物人生》一书。

博物学与人类未来

我们关注博物学，着眼的是文明的形态和大尺度上的人类社会发展的走向。

博物学的认知方式是自然的，而近现代科技的认知方式是不自然的。自然的认知是人法天、人向大自然学习；不自然的认知是分割、隔离、控制自然世界，试图驯服、压榨、勒索自然世界，并制造虚拟世界，自己充当“美丽新世界”中造物主的角色。

博物学的复兴，需要在若干层面做大量具体的工作。比如，倡导博雅教育，在科学教育和科学传播层面，优先传播博物类学问。落实中小学新课标关于知识、情感、价值观三位一体的新理念，在大学要多开设博物类选修课程。以博物学的视角重写人类科技史或者人类文明史。为适应可持续发展和生态文明，倡导博物学生存，放弃力量崇拜，明确反对“奇技淫巧”和“速度崇拜”。中国已经开始步入小康社会，有希望迎接平民博物学的新时代。

1.让博物学重新回到教育体系中

我们现在各级教育显然严重忽视了更可持续的东方文明，没有把其中相当多博物学内容列入教学内容。全面恢复博物学，在现代条件下非常困难或者说几乎不可能，但这样一种微弱声音相当于强调保存人类的可持续生存本能。也许，明知不可，也要尝试。

现代教育相当程度上不过是一种特殊的职业教育，是使人成为人上人的扩大竞争优势的教育，是鼓励“智力暴徒”的教育。与它配套的舆论是“优胜劣汰、适者生存”“落后就该挨打”。在现代性条件下，为了出人头地，年轻人在学校不得不经受内容复杂、形式多样的苦读，学制一再延长，体制化教育培养出的人才已经逐渐丧失自然生存的动物本能，如果不算由言语和阴谋所展现的算计、攻击本能的话。人类如其他动物一样，在进化中已经拥有了一些生存智慧，它们与博物学有关。如果现在任凭这些生存智慧丢失，可能是不明智的。阿米什人的儿童只接受8年教育，不读大学，也生活得很好，而且避免了许多麻烦。他们并非愚昧，而是对教育有着独特的理解。在他们看来，教育的主要目的无非是教会下一代与大自然如何打交道以及与同类如何相处；片面地追求高科技只能算是“小道”，他们与孔门弟子一样相信小道“致远恐泥”（《论语·子张篇》）。阿米什人的教育观念并非落后，它充满了智慧，是我们学习的榜样。

教育应当强调“博学于文，约之以礼”。教育应当强调改进人与人之间的各种关系，并且在教育中应当消除任何形式的对战争和暴力的夸耀。教育应当大大缩短学制。教育应多传授地方性知识，平衡传播普适性知识，少鼓吹“致毁知识”。

2.博物学框架下诸多问题有待研究

以上就博物学有关概念、认识论特点、意义等进行了初步讨论，许多描述可能是不准确的、矛盾的、错误的。博物学还存在大量问题需要深入研究，具体研究如下：

（1）思想史研究中如何处理“一”与“多”的关系。古希腊流传下来的“自然哲学传统”和“自然历史传统”都有价值，彼此可起互补作用。

（2）博物学与自然志的差异。不同民族在成长中的不同认知类型之间究竟是什么关系？这涉及中西博物学的比较研究，不做大量细致的案例研究不可能得到真正的阐明。案例研究应当先易后难，可以先国外后国内。

（3）旧博物学与新博物学的关系。展望一种或多种新博物学，本身需要胆量和智慧。中国学者研究博物学并不只是为了中国人本身，中国知识分子要有超越精神，要成为世界知识分子。

（4）如何恰当地处理博物学与自然科学之间的关系？当今自然科学极为

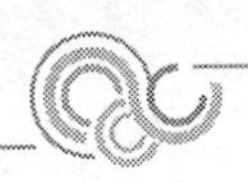

强大，已经成为现代性社会的理性根基之一，当任何事物与自然科学有所矛盾或者仅仅表现出某种不一致性时，它本身就处于弱势地位，常常被逼得理屈词穷。不破除科学主义的迷信，博物学问题不可能得到公正的讨论、评价。博物学应如何回应弱智、蒙昧、落后就该挨打、反科学甚至不爱国等指控？

（5）如何设计出一套制度体系，使得传统的博物学知识、本土知识在教育体制中得到体现，而不是让历史不长但影响巨大的西方近现代"正规教育"一统天下？尝试开设博物类课程，如何编写地方性知识教材、如何避免学生负担的进一步加重等，都需要实证研究。

（6）国家社科规划办将建立"国家社科基金重大项目选题库"，最近每年都面向全国公开征集选题，对博物学进行综合性研究应当列入此选题库。

阅读思考：博物学是什么？为什么现在要重视博物学？博物学对你个人有什么价值？

人类出现后，发现并改变着大自然[1]

布　封

布封，18世纪法国博物学家、作家。其最著名的代表作为多卷本巨著《自然史》。此文，即选自《自然史》。在此文中，作者分析讨论的实际上是我们今天经常说到的“人与自然的关系”问题。从中，我们可以看到，早在两个世纪前，博物学家就已经基于博物立场在以怎样的方式关心着我们今天的热点话题。

通过所有的这些观察考虑，我们可以推测，我们的北方地区，无论是海洋还是陆地，不仅曾经是最肥沃的地区，而且在这些地区，充满活力的大自然的力量得到了充分的发挥。为什么大自然在这个北方地区的威力会比在地球上其他地区的大这么多，造就了那么多的庞大的动物和各种各样的植物呢？我们通过南美洲的例子就可以明白，在那儿的土地上，只存在着一些小型的动物，在南美海域里，只有海牛算是大的，但海牛与鲸鱼比较起来，就像是貘与大象相比较一样。我们通过这个明显的例子可以看出，大自然从未在南方的土地上创造出个头儿可以与北方的动物相比较的动物，而且我们同样可以从遗留物所提供的例子看出，在我们欧洲大陆的南方土地上，最大的动物都是从北方来的。因此如果说在南方的土地上也创造了一些这样的动物的话，那也只是一些低级的，其个头儿与力量远不及其原始的种属。我们甚至应该相信，尽管在新大陆造就了一些种属，但是在旧大陆的南方的土地上却没有造就任何一种种属，而以下就是这种推断的原因之所在。

① [法]布封.自然史[M].陈筱卿译.南京：译林出版社，2010.

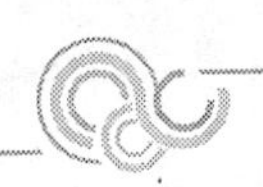

任何的动物，其生长繁衍都必须有大量的活的有机分子的聚集与合力。这些激发所有有机体的分子被相继用来营养所有的生物，并促其繁衍后代。如果突然间这些生物中的大部分都不存在了，那我们就会看到一些新的种属，因为这些永不会被毁灭的、永远活跃着的有机分子会重新聚集起来，组成另外一些有机体，但是由于被现在存活着的生物的内模全部吸收了，所以不可能造就新的种属，至少是不可能在大自然的第一大纲，比如大型动物纲中，造就出新种属来。因此，这些大型动物是从北方来到南方的土地上的，它们在南方生活、繁殖、扩大，因而吸收了活性分子，以致不可能留下可能会造就新种属的多余分子。相反，在北方的大型动物不可能闯入的南美大地上，活性有机分子没有被已经存在的任何动物内模吸收掉，它们将会聚集在一起，造就一些与其他种属毫不相像的种属，这些种属无论力量还是体型都远不及北方来的动物种属。

这两种种属尽管在年代上存在差异，但是却是以同样的方法造就的。如果说第一种种属在各个方面都优于后一个种属的话，那是因为土地的肥沃，也就是说，活性有机物的数量在南方的气候条件下没有在北方的气候条件下那么多。我们在我们的假设中就可以找到个中原委，因为应进入有机生物组织的所有的水性的、油性的和延性的部分，在地球的北部地区比在南方地区，与水一起，掉落得要早得多，而且掉落的数量也要大得多。这是因为在这些水性的和延性的物质中，活性有机分子已经为塑造和培育有机体而开始动用其力量了。由于有机分子只是通过在延性物质上加热而产生的，因此，它们同样在北方比在南方的数量要多，所以第一种种属，大自然的最大最强的产品，便在北方生成了。而在赤道地区，尤其是在这类延性物质很少的南美洲地区，只产生出一些低级的，比北方地区的种属要小得多的一些种属。

至于人这一种属，它是否与动物种属是同时代的呢？ 一些重大的、确实的道理证实了人这一种属在时间上远远落后于其他的种属，但人确实是造物主最伟大最新颖的杰作。人们将会对我说，相似性似乎显示人这一种属是沿着同一个进程的，它同其他种属的起始时间是相同的，它甚至在全球分布更加广泛。如果说它的出现时间晚于动物种属的话，那么并没有什么可以证明人至少没有承受大自然的相同规律，没有遭受退化变质甚至改变。我认为，人这一种属就其身体特点而言，与其他种属并无太大的区别，因而在这个方面，它的命运与其他种属的命运本会几近相同，但是，我们可以怀疑这是造物主对人的特殊恩惠，所以才使人与动物大不一样。难道我们没看到在人的身上物质是由精神支配的？因此人得以改变大自然，人找到了抵御气候变化无常的办法，当寒冷袭来时，人发明了以火取暖：火的发现与使用应归功于人的独有的聪明才智，火的发现使人变得比其他任何动物都更加有力，更加健壮，使人有能力向严寒挑战。另外的一些本领，也就是说，人的另外一些聪明才智使人有衣服穿，有武器用，很快人便成了大地的主人。这些本领使得人类有办法踏遍地球全部表面，能够适应所有的地方，因为只要稍加注意，人对各种各样的气候可以说都能够适应。所以，尽管大陆南方的动物在新大陆并没有，但有也只有人，也就是人这一种属在南美洲也同样地存在着，这就不奇怪了。人类自从深谙航海术，无论何处，都可以见到人类的踪迹：最荒凉贫瘠的土地，最遥远孤寂的岛屿，几乎都有人在生活。我们不能说这些人，比如马里亚纳群岛的人，或者奥塔伊蒂以及其他的那些位于大海中央、离陆地甚远的小岛的居民，就不属于人这一种属，因为他们同我们一样能够生育繁衍，而我们在他们身上发现的那些细小差异，只不过是气候与营养条件导致的一些细微变化而已。

“无论俄国人对此是怎么说的，反正他们说绕过亚洲北部尖端这一点是很令人怀疑的。”把通过哈得孙湾和巴芬湾到达西北部视作是不可能的事的恩格尔先生①似乎却很相信人们将会通过西北部找到一条更短更安全的通道，而且他为他的底气不足的理由找了格麦兰先生②说过的一段话。后者在谈到俄国人为了找到西北部的这条通道而进行的尝试时说：“人们进行这些探索的方法在当时是引起所有的人惊讶不已的主题。这唯一取决于女沙皇的伟大意志。”恩格尔说：“如果不是指至今一直被视为不可能的那条通道实际上是可以通行的话，那会是什么让所有的人惊讶不已的呢？这可是唯一能让通

① 德国哲学家、评论家和小说家（1741—1802）。

② 德国旅行家和博物学家（1709—1755）。

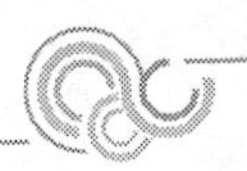

过有意发表一些诋毁航海家的叙述以吓唬人的那些人感到惊讶的事。”

首先，我注意到必须非常相信这些事，然后才能将这种指责归咎于俄罗斯民族。再者，我觉得这种指责根据不足，而格麦兰先生的话很能够表明与恩格尔先生对这些事情的解释完全相反的意思，也就是说，当人们将获知在西北部根本就不存在一条可以通行的通道时，人们将会非常惊讶。让我坚定我这一观点的，除了我所给出的那些一般性的理由而外，就是俄国人只是重新试着从堪察加往上去进行探索，而根本不是从亚洲的尖端往下去探索。白令[①]船长和契里柯船长于1741年一直航行到美 洲海岸59° 的地方，但他俩谁都不是通过北海沿着亚洲海岸驶来的。这足以证明这条通道并不像恩格尔先生所猜测的那么易于通行。或者说，这证明了俄国人知道这条通道是不可通行的，要不然俄国人本会派遣他们的航海家从这条路走的，而不会让他们从堪察加出发，去发现美洲的西海岸。

被俄国女沙皇同格麦兰先生一起派往西伯利亚的穆勒先生[②]的看法与恩格尔先生的看法大相径庭。穆勒先生在比较了所有的叙述后，指出在亚洲和美洲之间只有一个很小的分隔，这个海峡呈现出一个或好几个岛屿，充作道路或两个大陆居民们的共同站点。我认为这个观点是很有根据的，而且穆勒先生收集了大量的事实以支持自己的观点。

对于那些对我们来说纯粹是流逝了的野蛮的世纪，我们能说些什么呢？它们被永远地掩埋在一种深沉的黑夜之中了，当时的人沉溺于严重的愚昧无知之中，他们可以说已不再是人了。因为粗野，是以放松社会联系开始的，接着导致对义务的忘却，野蛮最终将这些社会联系打断了。律条被藐视或者被废除，道德退化成残忍的习惯，人类之爱尽管刻印在圣书上，但在人们的心中已经被抹去。人最终缺少教育，没有道德，只得过着一种孤单而野蛮的生活，非但展现不出自己崇高的本性，反而展现出一种退化变质到猪狗不如的生物的本性了。

然而，失去科学之后，科学催生的有用的那些技艺却被保存了下来；随

① 丹麦航海家、探险家（1681—1741）。

② 祖籍德国的俄国旅行家、地理学家、历史学家（1705 —1783）。

着人口的不断增多，不断稠密，土地的耕作变得更加重要；耕作所需要的所有的实践，建房造屋所需要的所有的技术，武器的制造，纺纱，织布等都在科学之后幸存了下来；技艺在人手相传，越来越精湛；技艺随着人口的增长而广为传播；古老的中国首先崛起，几乎与之同时，在非洲，亚特兰蒂斯帝国也诞生了；亚洲大陆的那些帝国、埃及帝国、埃塞俄比亚帝国也相继地建立起来，最后，作为欧洲文明的存在的功臣的罗马帝国也建立了。人类的力量与大自然的力量相结合，并且扩展到地球的大部分地区至今只不过将近三千年的时间。在这之前，大地的宝藏被掩埋着，而人则将它们挖掘了出来。而大地的其他的那些宝藏埋藏得更深，但在人类的不断探测之中，已经变成了人类的劳动成果。无论在什么地方，当人类明智地行事，遵从大自然的教导，学习大自然的榜样，运用大自然的方法，在大自然的无尽的宝藏之中选取所有能为人所用，能让人喜欢的东西。人类凭借自己的聪明才智，驯化了动物，使之俯首帖耳地永远服从人的意志；人类凭借自己的劳动，疏浚了沼泽、控制了江河、消除了急流险滩、开发了森林、耕种了荒地；人类凭借自己的思考，计算出时间、测量了空间、了解并测绘出天体的运行、比较了天体与地球、扩展了宇宙，而且造物主也受到了应有的尊崇；人类凭借源自科学的技术，横穿了大海、跨越了高山，使各国人民靠近了，一个新大陆被发现了，成千上万的其他孤立的陆地被人类占据了，总之，今天地球的整个面貌都打上了人类力量的印记，尽管人类的力量不如大自然的力量，但它往往表现得比大自然的力量更加强大，至少它神奇地助了大自然一臂之力，所以说大自然是在人类的力量的协助之下得到全面的发展的，才会出现我们今天所见到的、它所达到的臻于完美的程度。

大自然为了创造其伟大的著作，为了使地球温度变得温和，为了使地表平整并达到安定的状态，耗费了六万年的时间，那么人类还需要多长的时间才能达到和平安宁的状态，不再彼此骚扰、争斗和相互残杀呢？他们何时才能明白安心地享有自己的土地就足以让他们幸福了？他们何时才能变得较为明智，抑制自己的奢求，放弃异想天开的统治欲念，放弃占领远方领土等有百害而无一利的侵略野心？西班牙帝国在欧洲的领土面积与法兰西帝国一样大，但其在非洲的殖民地的土地却比法国的要大十倍，难道它就比法国

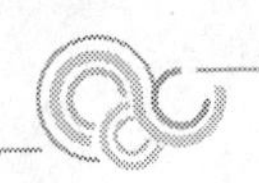

的力量大上十倍不成？这个狂妄的大国的穷兵黩武，远征他国难道就比它尽量开发本国资源要更强大吗？英国人这个极有思想、极其明智的民族不也是因为大量地侵占殖民地而犯下同样的错误吗？我倒是觉得古人对殖民的观念要明智得多，他们只是在人口过剩的情况之下，在土地和商业不能满足他们的需要的情况之下，才计划移民的。人们惊恐万状地看待的蛮族的入侵，实际上是由于其活动局限于贫瘠、寒冷和光秃的土地上而导致，而在他们的周边又都是一些富饶、肥沃的土地，生长着蛮族人所缺少的一切资源。但是，连年征战付出了极大的生命代价，不幸和伤亡接连不断，元气大伤！

我们不必再去赘述这种充满着死亡和杀戮的悲惨场景了，它们全都是因为愚昧无知而导致的，但愿各个文明民族现存的并不完美的均衡保持下去，并且随着人们逐渐更好地感觉到他们的真正的利益之所在，随着人们认识到了和平和安宁的价值，随着人们将和平与安宁变为他们的唯一目标，随着君主们不屑于征服者的那种虚假的荣耀，并且蔑视那些为了自己的一点虚荣心而怂恿君主们好大喜功的人，各大国之间的均衡将会更加的恒久。

我将很容易地举出其他好些例子以证明人是能够改变他所居住的地方的气候的。于格·威廉森先生说："住在宾夕法尼亚及其附近移民区的人发现，四五十年以来，他们那儿的气候发生了很大的变化，冬天不像以前那么寒冷了。"

宾夕法尼亚的气温与欧洲同一纬度下的那些地区的气温是不同的。为了判断一个地区的气温，不仅必须考虑到它的纬度，而且还应考虑它的位置和一直在那儿占据主要位置的风向，因为气候有所改变的话，风向也会改变的，一个地区的面貌是可以完全被耕作改变的。我们在研究风向的时候，将会相信风同样会朝着新的方向刮的。

"自从我们的殖民地建立起来之后，"于格·威廉森先生继续说道，"我们不仅能够给已经有人居住的地方以更多的热量，而且还能部分地改变风向。"特别关心风向的水手们曾经对我们说，从前，他们为了到达我们的海岸得要花上四五个星期，而今天，他们只需要一半的时间就可抵达我们的海岸了。人们还认为，自从我们在宾夕法尼亚安家落户之后，寒冷没有以前那么厉害了，雪也没有以前那么大了。

“还有其他的好多原因可以增加和降低气温的，但是人们无法向我引证哪怕一个气候改变的例子，以证明它是与当地的垦荒无关的。”

“因此我们可以合情合理地得出结论，再过上几年，当我们的下一代去开垦这个地方的偏远地区的时候，他们将不会为大雪和冰冻所困扰，他们的冬季将是极其暖和的。”

于格·威廉森先生的这些观点是非常正确的，而且我毫不怀疑我们的后代将会凭借自己的亲身体验证明这些观点的正确性。

在动物界，大部分看似属于个体的品质其实是像动物的总的特性一样是遗传和延续的。因此，人类影响动物的本性要比影响植物的本性容易得多。每个动物种属中的亚种只是通过代代遗传而永远延续的不断的变种而已，而不是像在植物的种属中那样根本就没有什么亚种，没有什么通过繁殖而产生的不断的变种的问题。人们最近在鸡类和鸽类中大量地培育了一些新的亚种，它们全都能够自己繁殖，人们对其他的一些禽类通过杂交以培育和提高其亚种，人们还不时地对外来的品种或野生的品种加以驯化培育。所有这些现代的、最近的例子都在证明，人类直到很晚很晚才了解自己的力量之强大，也证明了人类对自己的力量还没有充分了解。人类的力量完全取决于如何运用其聪明才智。因此，人类对大自然观察得越多，就越能驯服大自然，就越有办法驾驭大自然，越有能力从大自然的怀抱之中攫取新的财富，而又不致削减大自然的丰富蕴藏。

如果人类的意志始终由其智慧所引导的话，那么对于人类自己而言，我是想说对其自己的种属而言，又有什么事情是办不到的呢？谁能知晓人类无论是在精神方面还是在肉体方面究竟能将自己的品质完善到什么地步？有哪一个国家能够自我吹嘘自己已经达到让所有的人不是绝对的平等，而是不同程度地少些不幸那样的完美的政府的地步了？这样的政府关注人的生命，让人们少流血流汗，追求的是和平、富裕、幸福的时光：这是任何一个追求改善的社会的精神方面的目标。至于肉体方面，医学和其他各种以维护人们生命为目的的技艺，是不是与因战争而产生的毁灭性的技艺得到了同样的发展、同样的认知了呢？人类自古至今似乎很少考虑善事而更多地考虑作恶。任何一个社会都是善与恶交织在一起的，正如在感染人们的所有情感之中，

恐惧是最强有力的，因此在作恶的手段上是最具聪明才智者率先打击别人的思想，然后，这些将人们玩弄于股掌之中的智者们才考虑占有人心，只是在虚幻的荣光和无意义的欢愉这两种方法用得太多太久之后，人们才认识到真正的荣光是科学，真正的幸福是和平。

阅读思考：我们今天，与布封那个时代相比，在对于人与自然的关系问题的认识上有什么不同？我们处理好人与自然的关系了吗？

保护主义美学①

奥尔多·利奥波德

奥尔多·利奥波德，当代美国伦理学家，环境保护理论家。其代表作《沙乡年鉴》在国内外都流传甚广。在此文中，作者论及有关在户外的自然中"休闲"的一些相关问题，依然是基于人与自然的关系的思考，他对"休闲"活动保护主义的一些问题进行的分析讨论，对于我们现在开发旅游等仍有极大的启发意义。

除了爱情和战争，几乎没有什么事情做起来会像户外休闲这类业余爱好那样，如此逍遥自在，或按照如此不同的个人需要，具有那样一种难以捉摸的，由贪欲和利他主义所混合起来的性质。大家都认为回到自然去是一件好事。但是，好处在哪儿？做些什么才有利于向这个目标奋斗？对这类问题的解释真是众说纷纭，结果只有最不加批评的意见才不会引起争论。

"休闲"在老罗斯福时代成了一个具有名词概念的问题。当时，铁路已从城市通向农村，并开始把城市的居民成批地带到农村。它开始引起人们的注意，离开城市的人越多，人均可享有的宁静、世外桃源、野生动植物和风景的比率就越小，于是移动的人群为了追求它们而走得更远。

汽车使这种一度是缓慢的和局部的情况扩大到凡是有路可行之处和可达的最远的极限——这种情况使得40年前曾经在偏远地区的某些东西稀缺起来。不过，有些东西肯定还能够被找到。就像从太阳射出的离子一样，那些度周末的人从各个城市里散布出来，在他们走动时产生着热和摩擦。为旅游业提供的床铺和饭菜吸引着更多的离子，而且更快和更远。岩石上和小溪边的广告把那

① [美]奥尔多·利奥波德.沙乡年鉴[M].侯文蕙译.长春：吉林人民出版社，1997.

些新的还是远离风靡起来的地方的僻静的所在、优美的风景地区、狩猎区和可钓鱼的湖泊全部无遗地指示给所有的各种各样的人。官方修筑了通向边远地区的道路，然后再购买更多的穷乡僻壤的土地来吸引因为这些道路而加倍增长的离城的人群。新的机械发明与未经雕琢的自然发生碰撞，木匠工艺变成了使用新机械的技术。目前给各种粗俗玩意儿的金字塔建造尖顶的是汽车拖动的活动房屋。对那些只是从旅行和高尔夫球中就可得到乐趣的人来说，在树林和山里进行着搜索这样的情形尚可忍受，但对于那些探求更多东西的人来说，休闲成了一个正在寻觅的，却从未有所发现的自我毁灭的过程，这是机械化社会的一个巨大失败。

荒野的安谧正在遭受由汽车装备起来的旅游者的冲击，这已经不是局部现象了，哈得逊湾、阿拉斯加、墨西哥、南非正在步步退却，南美和西伯利亚也随之让步。摩霍克河上的战鼓[①]正在世界上的各条河流隆隆作响。懒散的人类不再只安稳地待在家里，他们正在把由无数生物贮存起来的原动力倾入他们的汽油箱，而且在很多年里，总是在渴望移向新的牧场。他们像蚂蚁一样挤满了大陆。

这就是户外休闲，最新的模式。

谁是这种休闲者？ 他在寻求什么？ 有几个例子会给我们以提示。

先随便找一个野鸭栖息的沼泽来看。它被一条由停在那儿的汽车组成的封锁线包围着。在沼泽边芦苇丛中的每一个猎点上，都埋伏着某个“社会的栋梁”。自动枪早就准备好了，扣在扳机上的手指在发痒，一旦到必要时刻，便会不顾每一条公共法或公益法而打死一只野鸭。他的胃口太大，以致绝不可能去抑制从上帝那儿去收集肉食的贪婪欲望。

在附近的树林里还有另外一个“栋梁”在游荡，他正在搜集着珍奇的蕨类或稀有的鸣禽。因为他的这种猎取几乎不需要偷窃或抢劫，所以他很鄙视那些猎杀者。当然，很可能，当他年轻时，他也是一个猎杀手。

在附近的某一个地方，还有另外一类自然爱好者，他们在桦树皮上写着拙劣的歪诗。无论在哪儿，都有那种专门技能的驾车旅游者，他们的休闲就是耗

---

①《摩霍克河上的战鼓》，1936年出版的一部关于美国内战期间纽约州北部摩霍克河流域的印第安人和殖民者的历史小说，1939年改编为电影，作者E.W.杜曼克兹是美国著名历史小说家。

费汽油，他们刚在一个夏天跑遍了所有的国家公园，现在则正向墨西哥城，向南方挺进。

最后，还有那些专业人员，他们正在努力通过无数的保护主义组织，给那些寻觅自然的公众提供他们需要的东西，或者是使他们想要他们必须要给予的东西。

人们或许要问，为什么这样一些不同的人应该列在同一类型中？这是因为，无论他们各自的方式如何，这里的每个人都是狩猎者。然而，为什么每个人都称他们自己为保护主义者呢？因为他们所猎取的那些东西总是要逃过他们的手心，所以他们希望靠法律、拨款、地区规划、各个部门的组织，或者其他欲望形式的某种魔力，来使这些东西原地不动。

休闲被公认为是一种经济资源。参议院的委员会用相当客观的数字告诉我们，公众在休闲上花了巨额资金。这里确实有一个经济问题——在一个可钓鱼的湖边建一个别墅，或者只在一个沼泽边上建一个捕野鸭站，其花费可能就相当于邻近的一个农场的全部成本。

这里还有一个伦理上的问题。在向那些尚未被损害的地方蔓延的过程中，各种法律和戒律也逐渐完备。我们听取各种“户外举止”的注意事项，我们训诫年轻人，我们把“什么样的人是户外运动者”的定义印出来，并且为了保证宣传而把一份贴在无论什么样的墙上时，还需要付出一美元。

然而，非常清楚，这些经济和伦理上的各种表现，都是那种出于某种目的性的力量的结果，而不是原因。我们寻求与自然的联系，是因为我们从自然中得到欢快，就如同在歌剧演出中，经济上的装置是用来创造和维持舞台效果一样。在歌剧演出的时候，专业人员依靠各种创造和保证来使舞台效果显得逼真，但是如果要说其中任何一种基本的动机，即实施的理由，是经济的，就很荒谬了。猎杀野鸭的人在隐蔽中，歌剧演员在舞台上，但他们做着同样的事情，尽管他们的装备不同。在戏剧中，每个人都在重现着日常生活中从来就有的戏剧性场面，说到底，两者都是美学上的演习。

关于户外休闲的公共政策是有争论的。谨慎的公民们在什么是户外休闲、应该做些什么才能保护基本资源的观点上，都持有不同的意见。因此，荒野协会在探讨如何才能禁止道路通向边远地区，而商会则想方设法扩大交通的范围。这两者都打着休闲的旗号。猎人捕杀老鹰，爱鸟者保护它们，他们分别凭借着猎枪和望远镜进行搜索。这些派别通常总是互相用无礼而难听的名字叫骂

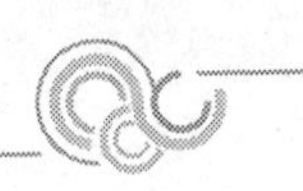

着，而事实上，这时每一方所考虑的都是休闲过程中的一个不同组成部分。这些组成部分在其特点和性质上是大不相同的。一个既定的政策可能对某一部分是非常正确的，但对另一部分可能就是很荒唐的。

因此，似乎已经是需要把各个组成部分进行分离，并对其各自不同的特点和性质进行考察的时候了。

我们从最简单和最明显的部分开始，即户外活动者可能搜索、发现、捕捉并且带走的物品。在这个目录中有诸如猎物和鱼这样的野外收获，以及鹿角、兽皮、照片和多种标本之类的收获象征和标志。

所有这些东西都是以"战利品"的思想为依据的。它们给人带来的欢悦是，或者说应当是，在探索的同时还有获得。各种战利品，无论是一枚鸟蛋、一网鳟鱼、一篮蘑菇、一张熊的照片、一朵野花的压制标本，或是塞在一个山顶石堆中的一个便条，都是一张资格证书。它表明，它的拥有者到过什么地方和做过什么事：它曾在体现着克服困难、以智取胜和镇定自若的那种历史久远的技艺中，锻炼了本领、毅力或洞察力。包含在这类战利品中的各种内涵通常是远远超过其物质价值的。

但是，战利品在其对密集性追求的反应上是不同的。猎物和鱼的产量依靠繁殖和管理可以得到增长，这样，每个狩猎者就可得到更多猎物，或者说，可以使更多的猎人得到同样数量的猎物。近10年里，野生动物管理专业已经广泛建立起来，20所大学在教授这门专业技术，进行着如何得到更大和更多的野生动物产品方面的研究。然而，如果进行得太快，这种逐渐增加的产量就要受到报酬递减律的支配。特别是集中的野生动物或鱼的管理，会由于使这些动物和鱼人工化，从而降低战利品的价值。

例如，设想一下，一条鳟鱼在孵化场里长到一定程度，然后又放到一条鱼生长过多的溪流中。这条小溪已经不再有能力负担鳟鱼的自然繁殖。污染物弄脏了它的水，森林的滥伐和各种蹂躏使河水变暖，或者使其被淤泥堵塞。没有人会认为，这条鳟鱼与一条完全是野生的鳟鱼——从高高的洛基山中某条没有被管理的小溪中捉来的——有同样的价值。它在美学上的含义是低下的，尽管捉到它可能仍需要技巧（一位权威人士说，这条鳟鱼的肝脏也由于孵化场的饲养而退化了，从而预示着它将早亡）。然而，现在还有几个捕鱼过量的州，几乎完全还依赖着这种人工喂养的鳟鱼。

一切人工的内部促进作用都是存在的，但是密集性的使用则会有逐渐把保护主义推向人为结果的趋势，从而整个战利品的价值也就随之贬低了。

为了保护这种昂贵的、人工喂养的以及或多或少是无力自助的鳟鱼，保护委员会感到，非杀掉所有那些光顾孵化场的大蓝鹭和燕鸥不可；此外，也不能放过栖居在小溪中的秋沙鸭和水獭，因为鳟鱼在孵化场长大，然后又被放入溪流。垂钓者们大概不会感到用牺牲某种野生动物来换取另一种的方式会有何损害，可鸟类学家们已经准备咬掉10便士一支的香烟头了。事实上，人工化的管理，是以损害其他可能更高级的休闲为条件而换得捕鱼权的。它付给一个公民的红利已超过了属于整个公民大众的资本存量。在猎物管理中，这种同一类型的生物学上的商业冒险活动是很普遍了。在欧洲，通过保存着很长时期的有用的猎物收获的统计资料，我们甚至知道有关食肉动物的猎物交换率。例如，在萨克森，杀死一只鹰是为了猎获10只野鸟，某一只食肉动物所换来的是3只小动物。

通常，随着动物的人工管理，接踵而来的就是对植物的损害。例如，鹿对森林的破坏。人们可以在德国北部，宾夕法尼亚的东北地区，在凯贝布，以及几十个其他未公布的地区看到这种情况。在每种情况看来，都是因为过多的鹿失去了天敌，从而不可能使它们所食用的植物有所存留，或者再繁殖。欧洲的水青冈、枫、红豆杉，美国东部的加拿大红豆杉和美国崖柏，以及西部的大果铁杉和墨西哥蔷薇，在人工饲养的鹿的威胁下，成为濒临危险的鹿食。这个植物群的组成部分，从野花到森林的树木都在逐渐枯竭，反过来鹿也会因为缺乏营养而发育不良。在今天的树林里，是不存在那种封建城堡墙上的场面的。①

在英国石楠丛生的荒地上，由于在猎杀斑翅山鸡和松鸡的过程中，野兔受到了过分的保护，从而使树木的繁殖受到了限制。在许多热带的海岛上，动物和植物区系都被山羊毁掉了，这些山羊是为肉食和打猎而被引进来的。在被剥夺了食肉天敌的哺乳动物和被剥夺了天然的可食植物的牧场之间，通过这种情况所造成的相互的伤害程度，将是很难估计的。由于这种生态管理上的错误，农业作物便处于上下夹攻的困境之中，于是，只好靠没完没了的保险赔款和带刺的铁刺网来补救了。

因此，我们可以根据我们所说的情况得出这样的结论：密集性的使用降低

---

① 在中世纪的欧洲，封建贵族们习惯于把自己狩猎的战利品的某一部分，如头、熊皮等，悬挂在城堡里的墙上，如壁炉上方，以炫耀其战绩。

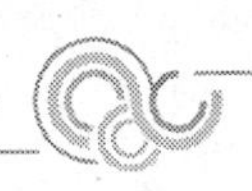

了原生战利品(如猎取的野生动物和鱼类)的质量,同时还加剧了对其他资源,如非猎动物、天然植被以及农作物的损害。

同样的贬值和损害,在非直接的战利品获取上,如照片,还不明显。坦白地说,一处每天由十多个旅游者的照相机拍下照片的风景,其自身并未受到削弱,任何其他一种资源也不会蒙受什么损失,哪怕照相机的使用率达到了100架。照相机工业是个别靠野外自然生存的无害工业之一。

这样,我们在两种作为战利品一样来追求的天然物品密集性使用的反应上,便有了基本的区别。

现在让我们来看看休闲的另一种组成,它是比较微妙和复杂的:独处于自然的感受。荒野的辩论证实,这一点正在得到一种罕见的,对某些人来说是非常崇高的价值。荒野的拥护者们与监管我们的国家公园和森林的公路建筑局达成了协议。他们同意正式保留那些无路地区。在每几处向公众开放的野外地区之外,有一处可以被正式宣布为"荒野",道路只能通到它的边缘。这在当时是曾被宣扬成极不一般的事件,当然也确实如此。在它的小道上挤满人以前,在很长时间里,它一直被描述成为青年养护队提供工作的样子,或者被描绘成是因为一场意外的火灾才迫使它被一条运送消防队员的道路分成了两部分。或许,因为广告的宣传引起的拥挤,提高了导游和搬运上的价格。于是,有人发现,荒野政策是不民主的。若非如此,当初,在一个僻静的地方刚刚被贴上"野外"的标签时,地方的商会还是沉默的,现在怎么会正津津有味地品尝着一笔从旅游者那里赚来的钱的甜头。这时更需要的是并非荒野的荒野。

简而言之,野外地区的稀罕,在更多的广告和鼓励的作用下,正在使任何欲防止其稀缺状态继续发展的努力趋于无效。

无需进一步讨论,问题已经很清楚,密集性的使用方式含有一种减少独处机会的稀释作用;而且在我们说起道路、野营点、小道、厕所之类的休闲资源的发展时,就这个组成部分来说,我们的议论是荒谬的。这类缓解拥挤的设施无补于任何发展(就增添和创建而言)。相反,它们不过是加到本来就已经很稀的清汤中的水罢了。

现在我们用那种尽管非常简单但却非常独特的分离的组成部分来做个对照。这一部分可能会被我们贴上"新鲜空气及改换环境"的标签。密集性的使用并不破坏,也不冲淡这种价值。喧喧嚷嚷地穿过国家公园大门的第一千个旅游者,和第一个一样,呼吸着近乎同样的空气,同样体验着与星期一的办公室里不同的感觉。人们甚至会相信，这种密集性的户外进攻加强了这种差别。因此，我们可以说，新鲜空气和改换环境这一组成部分，是和照相的战利品一样——可以不受损害地经受住密集性的使用。

现在我们来看看另一个组成部分：对自然进程的感知。土地和在土地之上的有生命的东西，是通过这个进程获得了它们特有的形式（进化），并以此维持着他们的存在（生态学）的。那个被称作“自然研究”的活动，尽管动摇了上帝选民的支柱，却依然是群众思想向感知发展的最初探索。

感知的最突出的特点是，它无需消费，也无需削弱任何资源的作用。例如，一只鹰扑向其目标的动作，是一个人们感知到的一个变换着的戏剧性情节；但对另一个人来说，它只是对装满食物的煎锅的威胁。这个戏剧性的场面可能会使100个陆续而来的目击者激动得发抖，而威胁只有一个——当他用猎枪做出反应时。

提倡感知，是休闲事业上唯一创造性的部分。

这个事实是很重要的，它对“美好生活”的改善的潜在力量才刚被意识到。当丹尼尔·布恩[①]第一次进入森林和那“黑暗血染的土地”时，他实际所拥有的正是一个纯粹的“户外美国”的精髓。他当时并没有认识到那一点，但他所发现的正是我们现在所追逐的，况且我们在这里谈及的是事物，而不是名声。

但是，休闲并不就是到户外去，而是我们对户外的反应。丹尼尔·布恩的反应不仅来自他所看到的事物的质量，而且来自他用以看见它们的理性的眼光。用理性的眼光来看，生态科学具有一种令人兴奋的变化，它揭示了在布恩看来仅仅是些事实的根源和功能，披露了在布恩看来仅仅是些特征的结构。我们并没有一种衡量这个变化的尺度，但我们可以肯定地说，与当今真正有资格的生态学家相比，布恩所看到的仅仅是事物的表面。植物和动物共同体的那种不可思议的纷繁复杂——被称作美利坚的那个有机体所固有的美，当时还正处于其最娇艳的处女时期，对丹尼尔·布恩来说，就如今天对巴比特先生一样，是难以觉察得到和难以理解的。在美国休闲资源上的唯一真正的发展是美国人感知能力的发展。所有我们在那种名义下所采取的增其色彩的其他行为，充其量也是企图阻止或掩饰这种淡化的过程。

在巴比特先生能够“认识”他的国家之前，还是不要让人们匆匆就得出一

---

① 丹尼尔·布恩（1734—1820），美国历史上最著名的拓荒者。

个他必须取得生态学博士学位的结论吧。恰恰相反，博士学位可能会变得像一个主持神秘宗教仪式的祭司一样冷淡无情。和所有真正的精神财富一样，感知可以被分成无数小的部分，而不失其本质。城市空地上的野草和北美红杉一样，转达着同一圣谕，但是牧场主在他的乳牛牧场上所能看见的，就不是能够给予在南海中进行探险的科学家的东西。简而言之，感知是既不可能用学位，也不可能用美金去取得的。它生长在国内，同时也生长在国外，一个几乎一无所有的人可以和一个百万富翁一样拥有运用它的良好条件。从追求感知的角度来说，休闲性的乱跑一气是缺乏依据和没有必要的。

最后，是第五个组成部分：节俭的观念。对于用其选票，而不是用其双手来为保护主义工作的人来说，这一点是不被理解的。只有当管理艺术被某个具有感知能力的人运用到土地上时，它才能被意识到。那就是说，这种享乐是为那些因为太穷而无法得到休闲的土地所有者，以及具有敏锐的眼光和生态学思想的土地管理者们所准备的。买票进入其风景区的旅游者则全然忽视了这一点，而那些雇佣政府或下属做他的猎物看守人的户外运动爱好者也同样如此。政府，本来是想要由公众代替私人来支配可供休闲的土地，却正不知不觉地把大量的其寻找机会要给公民的东西让给了野外工作的管理员们。我们林业工作者和狩猎管理人员们，也许应该为我们是野生产品的收获者去付钱，而不是去领钱。

在产品生产中发挥一种耕耘意识可能和产品本身一样重要，这一点在农业中从某种角度而言已经被意识到了，但在资源保护中还没有。美国的狩猎爱好者们不大重视苏格兰和德国森林区域的集约狩猎管理，这一点，从某些考虑着眼，是正确的；但是，他们完全忽略了由欧洲土地所有者们在管理过程中所发展起来的耕耘。当我们得出结论，我们必须用补贴来吸引农场主，以使他们去培植一片树林，或用有收费的权利来吸引他们去养殖猎物，这时候我们就会彻底承认，野外耕耘的欢悦还没有被农场主和我们自己所承认。

科学家们有一个警句：个体发育重复着系统发育。意指每个个体的发展都在重复着它的种群的进化史。这在精神上也和在物质的事物上一样，是真实的。凯旋的猎人是原始人的再生。猎取战利品是青年时期的特权，它不分种族或个人，因此无需表示任何歉意。

在现代的情形中，令人不安的是那些永远无所长进的战利品猎取者，在这些人身上，独处、感知以及耕耘的意识得不到发展，或许已经失落了。这种人是一只机械化的蚂蚁，在他知道要看看他的后院之前，他还在这个大陆上到处爬动着。

他在消费，但从来不为履行户外的义务而做任何事。为了他，休闲业的管理人员正在抹去荒野的色彩，并使它的各种产品人工化，而且还天真地认为，他正在为公众服务。

这种战利品娱乐主义者有一个怪癖，即他在以一种微妙的方式加速着他自己的毁灭。为了享受，他必须拥有、侵犯、占用。因而，他个人看不到的荒野对他是没有价值的；同时普遍地认为，一个未曾使用过的偏僻地区对社会是无用的。对那些缺乏想象力的人来说，地图上的空白部分是无用的废物，而对另一些人来说，则是最有价值的部分。（因为我将永远不去阿拉斯加，所以我在那儿所拥有的一份权利就是没有用的吗？我是否需要一条通向北极草原，育空河的大雁养殖场，科迪亚克熊，或麦金利山外的绵羊草地的道路？）

总而言之，最低限度的户外休闲也需要耗费它们的资源，比较高层次的，则至少在一定程度上，由于很少或者几乎没有耗损土地或生命，还为它们自己应履行的义务做着贡献。在缺乏相应增长的洞察力的情况下，交通运输的发展正使我们面临着休闲过程中的实质性崩溃。发展休闲，并不是一种把道路修到美丽的乡下去的工作，而是要把感知能力修建到尚不美丽的人类思想中去的工作。

阅读思考：休闲旅游的理想目标应该是什么？应该如何处理生态保护与休闲活动的关系？

逐渐消逝的自然交响乐①

戈登·汉普顿　约翰·葛洛斯曼

戈登·汉普顿，美国声音生态学家；约翰·葛洛斯曼，美国自由撰稿人。他们合作的《一平方英寸的寂静》一书，从声音的角度讨论了生态环境保护的重要问题。结合在奥林匹克国家公园录制的濒危原始声境的经历，面对与日俱增的人为噪音，作者提出了"大自然的寂静是美国消失最快的资源"这一观点。此作品叙事优美，视角独特，很有"无声的震撼力"。这里的文字选自该书的一章。

回音在某种程度上是一种原音，充满魔力与魅力。
它不仅是重复值得重复的声音，也是树林的声音。
——亨利·戴维·梭罗《瓦尔登湖》

研究工作要求的性格

我很早就在科罗拉多州威根兹旁的餐厅吃早餐，点了咖啡和蜂蜜小圆面包。这个休息区位于76号州际公路与美国34号公路会合处，前一晚我就停在这里，缩进车顶我的"虫虫"睡袋里过夜。旁边的搭棚里有一伙油田工人，他们戴的棒球帽沾满油污，我甚至看不到图案。我听到一对父子正在讨论加州的油价，可以让他们开采先前不会获利的油田。没想到简单如油价这样的事物，也能对科罗拉多这类地方的声境造成影响，而且竟然一直没有人想到该把这项连带效应计入能源成本当中。在你提到"风力"以前，我想先提一下，

① [美]戈登·汉普顿，约翰·葛洛斯曼.一平方英寸的寂静[M].陈雅云译.北京：商务印书馆，2014.

风能并不是安静的替代能源。我在加州、华盛顿和夏威夷看到的风力发电厂，声音大得惊人，而且从无人居住的地方如雨后春笋般冒出，其中有许多原本是非常安静的地点。保存静谧真的一点也不简单。

早餐后，我到商店后面拿了一个厚纸箱，一边走回福斯小巴一边撕开，它仍停在极冷的停车场里。我把一片厚纸板从车子后面塞到车子底下，然后我自己也跟着进去。每走1000千米左右，我就会检查四个气缸的气门间隙，特别是三号气缸。气门调整不当，有可能成为福斯小巴的头号杀手；但是只要正确调整好，就可以轻松预防它坏掉。释迦牟尼无意间听到一名西塔琴老师在指导学生时说："不要太紧，不然弦会断；不要太松，不然弦无法弹。这就是中庸之道。"我查阅记事本的笔记："把0.15毫米的测隙规从气门间隙插进去。"这陈述简直太过含蓄。这块不锈钢薄片滑入间隙的感觉，必须像用刚磨好的剃刀切开奶油一样。正确的调整几乎感觉不到，却是极端光滑。这就像是在人类听力的门槛上聆听。格外引人注目的是，即使在慢慢穿越落基山脉的长途旅行后，这些阀门的状况还是很棒。阀盖填塞物看起来有点粗糙，但我把它们擦拭干净，判定它们还可以用蛮久的；这些阀盖轻轻松松就弹回原位。我只花了15分钟检查，接着就上路了。

我得到的奖励是立即见到明信片般的美景：绿油油的牧草地映着蓝天和棉花球般的白云。每开几千米，就会有值得停车拍摄的风景出现。不到1小时，大约停留5次后，仪表板上的自动报警灯亮了，显示油压太低。我认为这是自动报警灯失灵，但为了安全起见，还是在路边停车，走到后面，用钥匙打开引擎盖，立即闻到烧焦的油味，听到类似玉米粒爆开前的声音。我弯腰察看，发现阀盖右边在漏油，把热交换器都浸湿了。油量计证实的确是没油了。以这辆气冷式引擎的福斯小巴来说，由于它跟刈草机的引擎一样缺乏散热器，这种情形通常意味着必须改造了，但我别无选择，只能重新覆上阀盖，撕开我浴巾的一角，把毛茸茸的织物塞到弹簧底下，希望它能顶住；然后我加了一些油，开始等待。20分钟后，我再度上路。由于不确定这临时凑合的方法能否持久，我每开几千米就会察看引擎经过的柏油路面上有没有油滴，也不时察看油量计。每次我都对自己随机应变的权宜能力感到惊讶，穆斯和戴夫肯定会以我为荣。

我走76号州际公路，经过摩根堡，然后沿着南普拉特河，经过斯特陵市。和所有的大草原一样，这片短草大草原是美国最早的农业用地之一。这片土

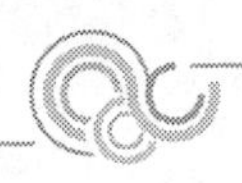

地丰厚肥沃，没有树木，牲口和农田快速扩张。我现在正笔直朝内布拉斯加州前进，奇怪的是，这里遍布着大草原，但却是植树节的起源地，拥有美国唯一一个完全由人工种植而成的国家森林。

在经过一块写着“牛肉——最理想晚餐”的广告牌后，我决定伸伸筋骨，离开公路，在距离内布拉斯加州大约20千米时，转进科罗拉多州东北角，一个看似沉睡的小镇。我很喜欢到这种没有现代活动、呈U字形的河湾小区，希望找到一些我先前没听过的新奇声音，或至少不是人造机器的嘈杂声。美国各地有许多令人愉悦的典型乡镇，都因为遭到声音破坏，愈来愈听不到球棒挥击的声音，在榆树枝丫间穿梭对话的鸟鸣，旗杆夹铿铿锵锵的声音，还有雨信鸟自动洒水装置“抽——抽——抽”的声音，以前这些声音会在微风吹拂下融为一体，就像是城镇本身的气息与话语。这类声音以前在美国很常见，如今在持续不断的马达噪音攻击下，已经很难听到；聆听者在跟小镇居民打招呼以前，可以从这类声境得知许多有关小镇及镇民的信息。

从福斯小巴两片式的挡风玻璃望出去，塞治威克的主要大街乍看之下没任何活动，所有东西看起来都处于关闭状态，但是这个小镇还没遭到弃置。有一个头发衣着都很整齐的人走过来自我介绍，原来是塞治威克镇镇长派崔克·沃特玛斯，但他看起来像是已经下班的鞋子推销员。沃特玛斯热心招待我，只差没把城镇钥匙移交给我。他带我去看兼作博物馆的市镇集会所，还带我去看真正的投票箱，一本供当选官员宣誓用的1929年《圣经》，还有老式的手绘旧银行金库（里面空无一物）。沃特玛斯希望塞治威克镇能列入科罗拉多州濒临消失的城镇名单，以便获得一些资金援助，支付废水处理新标准的高昂成本，以及小镇现代化的其他问题。1957年，塞治威克镇有504人，半个世纪后只剩182人。我很好奇这样的小镇会有什么样的声音。

镇上只有老旧的塞治威克古风旅馆可以过夜，类似供应早餐和床的B&B，老板露琵似乎很高兴看到我，尽管是周六夜，她仍告诉我，可以自由选房间。“早上，楼下有供应早餐，酒吧那里有比萨。”她说，“房价是30或35美元，随你付。如果你自己铺床的话，只收25美元。”我看了几个房间，最后选了前侧的双人套房，就位于已关闭的农民银行入口上方。

我没关窗户，所以早上是在大自然的闹钟下醒来：黎明前，燕子叽叽喳喳地飞来飞去，捉最后几只夜行性昆虫果腹。崖沙燕成群结队地筑巢，虽然在我们眼中，它们长得一模一样，但每一只都很独特，就像挤满日光浴者的沙滩，看似一片，其实人人不同。华盛顿大学心理学暨生物学教授迈克·毕奇是研究崖沙燕的社会生物学专家，他指出这些燕子能借由各自单一叫声里的声音特征来辨识对方。它们是一夫一妻制，共同分享筑巢、孵蛋和喂养幼鸟的亲职责任。最特别的是幼崖沙燕会发出由两个音构成的“迷路”叫声，而且只有它们的父母才会响应。20世纪80年代中期，我还在做单车快递的时候，毕奇教授曾邀我到他的实验室，给我看了好几本厚沉沉的相片簿，里面有崖沙燕的脸部特征，还配上了声图——这些视觉符号记录了叫声的细微变化。连最简单的叫声也含有个别禽鸟所独有的无数信息。

在荒废的主要大街另一边的人行道上，有一道白纹扭动着往前走：原来是一只臭鼬。在窗台上看够了，我收拾好录音装备，戴上头灯，准备上街，追踪塞治威克清晨的宁静，希望能增加我那声音博物馆里的收藏。

在这片几近平坦的地景上，几乎没有天然障碍，而且这里的主要声音令人惊讶，很像是远方有火车愈开愈近，然后又逐渐远去的辘辘声。我原本以为随时会听到火车的鸣笛声在整个镇上的大街和大庭院里回响，结果我错了，没有鸣笛声，辘辘声是来自76号州际公路上的卡车。

将近20年前，我曾在美国这一带录音，但是今天的鸣禽黎明大合唱比我记忆中稀疏得多，变化也少得多。五月上旬是鸣禽以歌唱来声张地盘和求偶的黄金时期，我在1990年春天经过这附近时，候鸟似乎是沿着河谷迁移，自然地融入地景。我观察到这现象后，就开始拦截北飞的鸣禽，还特别限制了录音里鸣禽歌曲的密度。那时候鸣禽很多，所以春天黎明时的合唱经常会太吵，反而不太适合录制，但今天没有这种问题。鸣禽都到哪里去了？

许多人在看到令人震惊的鸟类调查资料时，都问过这个问题。奥杜邦学会“2000年观察名单”的报告指出，美国有1/4的鸟类数目正在减少。丽色彩鹀的数目在过去30年间，剧减50%以上。深蓝色林莺甚至急速减少70%。奥杜邦的“2007年观察名单”列出59个美国本土鸟种及39个夏威夷鸟种已濒临危机。另外有119个鸟种被列为正在减少或稀少状态。2007年的坏消息不仅于此，一般认为有20种常见鸟类的数量正严重减少：

山齿鹑减少82%。

黄昏蜡嘴雀减少78%。

针尾鸭减少77%。

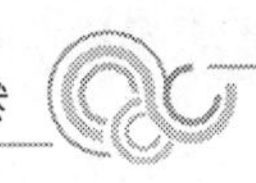

斑背潜鸭减少75%。

北山雀减少73%。

东美草地鹨减少72%。

普通燕鸥减少71%。

呆头伯劳减少71%。

原野雀鹀减少68%。

黄胸美洲草鹀减少65%。

雪鹀减少64%。

黑喉漠鹀减少63%。

鹨雀减少63%。

普通拟八哥减少61%。

美洲麻鳽减少59%。

棕煌蜂鸟减少58%。

三声夜鹰减少57%。

角百灵减少56%。

小蓝鹭减少54%。

披肩鸡减少54%。

每列举一种鸟，我就会清晰想起过去25年中，那个鸟种曾经为我歌唱或鸣叫的时刻。我小时候在华盛顿特区郊外度过童年时光，在东部的硬木森林里就常听到山齿鹑的鸣叫。想到当今和未来的世代可能永远听不到大自然的所有曲目，就令人感到心碎。美国的地景生病了，正在失去它的声音。

禽鸟唱诗班不仅愈来愈小，也开始忘记它们的曲目。1999年，我接受史密森学会委托，到夏威夷大岛火山国家公园外，为游隼基金会人工繁殖计划录制10种当地鸟类的叫声，我录到小考岛孤鸫、蚋鹟，以及当时在野外只剩大约30只的夏威夷鸦。录完后，我把这些录音带寄给哈卡拉乌森林国家野生生物保护所的野外鸟类学家杰克·杰弗里斯，他回报说，人工繁殖的鸟叫声完全不具备野生鸟的特征。鸟种可以透过人为方法来繁殖，但是它们的本土语言却没有办法。

在欧洲，自然静谧已不存在，只有芬兰和挪威等国的极北地区或许还保留一些，欧洲的所有鸟群都正在设法适应，使它们的鸣叫在噪音污染的情况下还能听得到。《新科学家》杂志2006年12月报道说，在都 市地区，禽鸣逐渐丧失音调较低的叫声，朝较高的音调转变，比较不会被交通噪音盖过。有些研究特别注意到噪音造成的其他冲击。荷兰莱顿大学的汉斯·斯拉贝克恩和艾文·里波米斯特，在《分子生物学》上共同发表了一篇文章："禽鸣与人为噪音：保育的意义与应用"，文中指出：

全球人类活动的急遽增加，已经在演化的时间尺度上，造成音调低的噪音突然增加。环境噪音可能会造成直接压力，掩盖掉掠食者抵达或相关的警示叫声，或是干扰一般的声响信号，对鸟类造成不利。禽类的声音信号有两项最重要功能，一是捍卫地盘，二是求偶。当信号效率因噪音量增加而降低时，这两个功能都会受损，直接对生存适应问题造成负面影响。公路附近有许多鸟种的数量变得较少，也有愈来愈多研究指出，在吵闹的地盘上，它们的繁殖成功率会降低。

噪音不仅存在于空中，海洋也愈来愈吵，原因在于地震探钻，以及不断增加的商业船只发出低频率的隆隆声，还有伤害性可能最大的军事声呐，科学家认为声呐可能是无数鲸鱼搁浅的原因。"我几乎一整天都待在海上。"海洋未来协会的创建人暨会长尚米歇·考斯杜写道：

许久以前，我父亲曾说，这是"一个沉默的世界"。现在我们知道这世界一点也不沉默。事实上，靠声音沟通、觅食、求偶与辨识方向的鲸和海豚，就是以这个世界为家。我很担心声音在工业、科学与军事上的使用频率过高，会使鲸与海豚受到伤害。海洋受到多种声音来源污染的情形日益严重，每次侵害都会使海洋居民生存环境的质量恶化。

对白鳍豚这种海洋生物来说，生存环境已经恶化到它们无法承受的地步。这种有"长江女神"之称的生物可以长至2米长，重可达100千克，它们没有视力，完全仰赖以声呐为主的感觉系统定向与觅食。白鳍豚是50年来第一种灭绝的哺乳动物，最后一次出现是在2004年，一名渔夫所看到。尽管有学者援引过度渔捞、兴建水坝与环境恶化，作为它们灭绝的原因，但也有研究人员假设，是因为船运交通使这种动物的声呐系统无法发挥作用。这看法合乎道理，因为海豚运用声音来觅食，并用刺耳的高频声音震昏猎物。我曾经在夏威夷科纳海

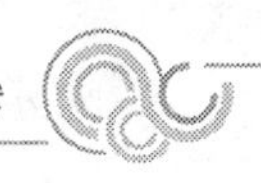

岸录到海豚的叫声，希望它们不会步上“长江女神”的后尘。

在撰写本书期间，有关海洋噪音的争论一直延烧到白宫，科学界与民众普遍担忧美国海军使用响亮的中频声呐的做法，有可能对鲸与海豚造成伤害，但布什总统无视这些忧虑，宣称海军训练“对国家安全不可或缺”，攸关“美国的最高利益”，允许它们不必遵守以保护海洋哺乳动物为目标的两项主要环境法律，以及一项限制海军使用声呐的联邦法庭判决。

5月13日星期日是母亲节。我在离开塞治威克途中到露西之家用餐，停车场上只有九辆车，餐厅里却顾客爆满。有许多母亲和祖母，可能是把厨房琐事抛开，暂时出来玩一天。

“对不起，您可能得等一会儿。”一名妇女说，我很快就了解她一定是露西本人。我在门边排队时，因为看起来不像当地人，于是有人告诉我要点露西特餐，“有饭后甜点、饮料，还有一份全餐”。今天的特餐有大比目鱼餐（9.95美元）、煎鸡排（7.95美元）、炸鸡排（7.95美元）和烤牛肉（6.25美元）。拉门墙边有一个冷饮冰箱，钉了钉子的木板上挂着二十几个喝咖啡的马克杯，那些都是顾客从家里带来的，上面标示着他们的名字，旁边有一些动物的照片和谚语（“天才在工作”）。我一边盘算到了色拉吧要拿什么，同时评估各项点心，一边跟排在我前面的一位男士闲聊。虽然我没带音量计，但这里显然是我这趟旅程中最安静的忙碌餐厅。用餐时，我觉得这个地方很容易让人感觉受到欢迎，餐厅老板亲自招呼，餐点丰富，价格实惠，附近餐桌上的对话像小声的流水声般传过来，听在耳里就像森林小溪，让人更加体会到这里的独特，几乎就像精致餐点的第四道菜一样。

吃饱后，继续上路，驶上东向的80号州际公路，准备前往内布拉斯加。开不到一小时，四周就弥漫着一股恶臭，从奥加拉拉饲牛场飘散过来。声音与气味息息相关，“noise”（噪音）这个词可以追溯到拉丁文的“*nausea*”，意指“恶心”。有害的声音与有毒的气味几乎无法让人忽视。我们演化出嗅觉，部分原因是可以保护自己不受毒素侵害，也让我们具有逃离腐烂臭味的反射本能。我们难道不该尊重这种演化的智慧？

现代规范气味的法律是由荷兰在20世纪60年代率先创立的，“EN13725：2003”是欧洲目前普遍采用的气味测量标准，规定不能有“任何会造成困扰的合理原因”存在。但是最早的气味法律是在1858年伦敦“大恶臭”后颁布的，当时遭到污染的泰晤士河恶臭，导致国会议员不得不停止办公。不久，当时有百万居民的伦敦，就兴建了第一条下水道。这起事件发生后，人类很快就了解了水污染与空气污染对健康的影响，但是对于噪音污染所造成的深远影响，了解的速度就慢得多。

声音与气味在早期哺乳动物的演化上扮演了决定性的角色，如威廉·史戴宾新在《动物的听觉》中所说的：

在演化过程中，哺乳动物运用听觉的程度，无疑比其他任何脊椎或无脊椎动物来得多。它们在生活中广泛全面地运用听力，以及它们极度多样化的声响能力，已逐渐成为科学研究的对象，我们最近才开始了解哺乳动物在聆听上的表现有多成功。这一切是怎么发生的？

早期出现的哺乳动物应该是经历过一连串复杂的适应过程，才能成功度过大型爬虫类及其他生物的统治时期。它们主要在夜晚猎食与觅食，因为体型小（事实上，跟尖鼠差不多），所以当白天大型爬虫类在外活动时，它们能安稳地窝在树上或地下洞穴。虽然它们的夜视能力可能相当不错，但无法辨识色彩。它们发展出异常敏锐的嗅觉，再加上听力方面的改善，让它们得以在夜晚活动。

想想看：哺乳动物具有绝佳的聆听能力。我们也是绝佳的聆听者！人类的听力范围远远超过说话与制造音乐的能力，如果把我们的听力以频率范围和分贝程度绘制成图的话，很快就会看出人类说话的声音位于此范围的中央部分。我们能制造的音乐范围比这更广。钢琴上的最低音是C（27赫兹），最高音是C8（4186赫兹），远超过我们平常的发声范围。而我们能听到的声音，则是远远超过短笛和定音鼓的声音范围，远及大自然的声音。

大自然经常低语，像是红杉种子轻轻飘落在冻结雪面上的声音。大自然有时也会咆哮，我听过自然声音传扬最远的距离是276.8千米，大约相当于华盛顿州的宽度。当时是1980年5月18日，我在靠近加拿大边境的北瀑布国家公园，以假蝇作饵钓鱼。我原本以为是炸药，但当时是周日早上，怎么会有炸药？数分钟后，不同方向也传来这种爆裂声响。数小时后，天空飘下灰。圣海伦火山爆发了！声音的传播速度大约是每秒339米，圣海伦火山爆发的声音花了13.5分钟传到我那里，这时间足够让我钓到一条虹鳟，在周日享受烤得热滋滋的早午餐。随后的声响事实上并不是真正的回音，而是声音从差异很大的传播路径，

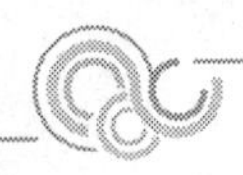

在不同的温度与气压下，以不同的速度传播的结果。

我在内布拉斯加的北普拉特市外围，驶上美国北83号公路穿越沙丘大草原。这片乡域覆满青草，丘陵绵延起伏，只有在偶尔经过的河流旁才看得到树木，在这样的地方，很难想象森林的存在。但是19世纪80年代，内布拉斯加大学的植物学教授查尔斯·贝西博士却提议用手种出一片森林，除了提供居民木柴之外，还能销往东部市场。今日，内布拉斯加国家森林的管理面积高达900平方千米，树木大约占据220平方千米，最早全是用苗圃内的树苗以人工种植而成。换句话说，这座国家森林并不是自然形成的，但我仍希望能有聆听的好机会。

植树节起源于内布拉斯加，最早是由名叫史特林·墨尔顿的底特律记者发起，他搬到没有树木的大平原，写到树林在防风、稳固土壤、提供庇荫与木材等方面的好处。他提议内布拉斯加将1872年4月10日定为第一个植树假日，根据估计，当天内布拉斯加种下了超过100万棵树。不到10年，这个构想广受欢迎，演变成全国性的活动。今日，全球共有31个国家有植树节，包括冰岛与突尼斯。

我在塞德福德转入2号公路，往东驶向贝西，然后继续开往贺尔锡，打算在那里补充日用品。但是自我上次于1998年春天造访后，贺尔锡已经改变了，它似乎面临了与英戈马和塞治威克相同的命运。以前铁路工人经常留宿的唯一一家汽车旅馆已经关门。没有杂货店，没有加油站，甚至没有可以买零食的便利商店。无论当初是铁路促使这个小镇诞生，还是因为有了小镇才兴建铁路，总之现在铁路都不在这里停留。柏林顿北方铁路公司的火车仍然隆隆经过镇上，日夜都可听到引擎的怒吼，还有火车经过平交道时的鸣响，但是它们已经不在这里停留。一名年轻的母亲喟叹说：“这里是个小镇，一个正在凋零的小镇。”

看来今晚我得拿罐头食物当晚餐了。我开回贝西，那里有内布拉斯加国家森林的行政人员、游客中心和一个新的休闲综合区，还有游泳池、排球场、篮球场和网球场，甚至还有棒球场。我打算到那里稍微架高的草地区，也就是被称为求偶场的地方去聆听。

每年春天，长相类似鸡的尖尾榛鸡都会聚集在这些求偶场，表演年度求偶的歌曲与跳舞仪式，这仪式已经持续了数千年或至少也有数百年之久。它们若不是在这方向，就是另一个方向90米左右的地方，总之不脱离求偶场。这些求偶场已经绘在地图上，附近也建造了隐秘的观察站，提供拍摄或欣赏它们的人使用。

我花10美元向一位女士买了一张塑化地图，她说这些隐秘观察站采取“先到先用”原则，还教我看地图。“你可以找标有风车图案的小数字，这个森林里有超过200个风车。我们有一些领有许可证的人在这里养牛。”她解释说这些风车是为了抽取地下水而建造的。“现在应该有人会把牛带出来，你可能看得到。如果你打开任何一道栅门，一定要记得关上。”她告诉我，到隐秘观察站的最佳时机是日出前一个半小时，而这里的日出在早上6点左右。没有任何一本旅游小册子曾提及这些求偶场的美妙音乐会。

由于我会在明天凌晨天未亮以前抵达，所以想事先到聆听地点做准备。我先开上柏油路，经过一个混合了一些阔叶树的松林，然后沿着一条石子路穿越一片片林间草地。最后，我经由铺了沙的双线道路，穿过范围广大的草地，停在一座风车旁。这座风车是15米高的钢铁结构，上面转动的大轮是以18块金属叶片构成，这些金属即便旋转速度慢，仍会发出铿铿铿铿的声音，跟带有鸣铃的浮标在起伏的波浪中发出的不和谐音类似。这种1分钟平均50加权分贝的声音，对草地是很严重的入侵，因为声音在草地上可以传得比森林地区远。另一个问题是这些噪音时断时续，意味着它在音量低的情况下，比持续的噪音还听得清楚。幸好，我预定要聆听的时间，比风在日出后开始吹动的时间早得多。

我设法驶过一些沙丘上松软的路基，看到一条响尾蛇早在我的车轮驶过前就迅速迂回地溜下路面。那条蛇无疑是察觉到我正逐渐接近。蛇虽然没有外耳，但它们的内耳还是可以感觉振动。我经过另一座风车，驶下一段斜坡后，抵达长满青草的小圆丘，这时我隐约看到一个低矮建筑，于是在500米外停车，前往察看，原来那里是为观众而非听众设计的。数个观察孔大得足以让相机的镜头伸出去，但它们是从会阻绝声音的三夹板上割出来，而不是能让声音通过的织物。一道下午的微风吹过松动的玻璃天窗，引起一阵咔嗒声。同样是在微风吹拂下，织物垂帘上没有绑住的带子，轻轻拍打着建筑，就像滴着水的水龙头，让人有一种受到欢迎的感觉。

很难相信这个求偶场会有跟伍德斯托克音乐节类似的日出摇滚音乐会，但是仔细研究地面后，我发现地上有类似鸡的足印，在隐秘观察站前方大约10米处，有因为经常使用而裸露的地面，数量很多。这个求偶场显然经常被使用，我知道雄尖尾榛鸡会像滚石乐团歌手米克·杰格一样昂首阔步地走路，伸展翅

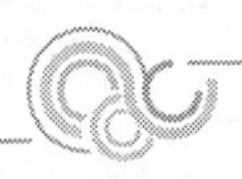

膀，头垂低又抬高，因为有交配的机会而兴奋到无法控制，不停扑腾跳跃，唧唧咕咕地大声叫着，臀部不停摇摆。理论上，我的麦克风可以架在任何地点，但我希望这场表演能发生在舞台中央。我还找了两个靠近地面又有绿草庇荫的地方，觉得草地应该能使声音增色；我希望会有微风轻柔的低语，让聆听的人更能体会风吹过大草原的辽阔。在走回福斯小巴前，我提醒自己要记得用一些重物固定天窗。

在拿"Dinty Moore"炖牛肉罐头当晚餐后，我宿于福斯小巴车顶，很快入睡。后来我在满天无法计数的星辰下醒来，草原上一片宁静，可能只有20加权分贝，甚至更低。草地发出轻轻的沙沙声，大约23加权分贝，在短短不到20秒的微风吹过前，最高达到30加权分贝。我拿好装备，靠头灯健行回隐秘观察站。在黑暗里，照亮的圆锥形空间让人有一种亲切感，每次点头，光线都会轻轻抚过草深的山腰。天气寒冷，我希望冷到响尾蛇不会出来。

抵达隐秘观察站后，我拿出两包电池压在天窗上头，再把麦克风放到定位，然后把电线连到隐秘观察站里，透过录音系统聆听。在头15到30秒内，只有一道微风经过，就像吹过草丛的气息。在大约10分钟后，我听到从非常遥远的地方传来的角百灵的鸣叫声，然后是一阵几乎听不清楚的隆隆声。15分钟后，一只西美草地鹨在300米外一棵玉兰光秃的茎上唱歌，声音就像微风一样细腻，然后近处传来"噉，噉，噉——啊"的叫声。

一只尖尾榛鸡已经悄悄走过来，正站在10米外，而我高度敏感的麦克风甚至没有侦察到。

"哇噗，哇噗，哇噗"，它的翅膀快速拍扑，飞到一个好位置。"哼嗡嗡嗡嗡嗡"，非常远的地方传来飞机的嗡嗡声。

"吧噗，吧噗"，第二只雄鸟的尾巴急速抖动了一下。

"啊啦——唉。啊啦——唉。啊——呼。啊——呼。"第三只尖尾榛鸡飞到。

求偶场很快热闹起来，十数只雄尖尾榛鸡摆出比赛的姿势，每只都以更加滑稽的姿势，努力超越其他雄鸟，希望能受到被引来观看的四只雌鸟之一的青睐。

在将近45分钟的时间内，原先几乎听不到的隆隆声愈来愈清晰。一声汽笛响起，几乎可以确定是火车的隆隆声，可能是从塞德福德平交道传来的。火车的汽笛声引来远方草原狼一阵嚎叫，但尖尾榛鸡似乎不受影响，即使又听到从其他平交道传来的三声鸣笛，它们仍继续神气活现地摆姿势和唱歌。最后，一只雌鸟走到两只雄鸟中间，把自己献给选中的最爱。它们交配的速度太快，我没看到，但是在它们分开后，我倒是有看到几根绒毛般的羽毛掉落。

我一动也不动地在隐秘观察站坐了数小时，戴着耳机从最大的观察孔往外看，仿佛自己在舞台中央般聆听。后来一只羚羊从求偶场中央漫步而过，打散了这一场尖尾榛鸡秀，鸟儿们纷纷展翅，在长长的滑翔后飞走。尖尾榛鸡离开后，我听到松鸡科的另一种成员——草原榛鸡，从远方传来“咔——呜呜，咔——呜呜，咔——呜呜”的声音。那声音是从另一个求偶场传来的，或许那里正在举行另一场狂野舞会，真是令人惊喜的早晨。

松鸡科里的迷人成员艾草榛鸡，今天没有表演。相较于它们的近亲尖尾榛鸡，艾草榛鸡就像B-52型轰炸机。我曾经在科罗拉多州沃尔登市外，于一片漆黑里，躺卧在覆满霜的高草原上，等待第一道阳光升起，这时一只巨无霸般的松鸡自头顶飞过，发出“呼呜呜呜呜”和“嘶嘶嘶嘶嘶”的声音，开始古老的求偶仪式。这些雄鸟为了争取雌鸟的青睐，发出巨大的响声，以及出自喉咙的吼声。在这种时候，你必须保持绝对静止，也必须藏匿身形，因为这些动物极度畏缩，一见到不请自来的客人就会立刻飞逃。由于我事先已经架好录音设备，所以藏身在一个橄榄球场外的地方。

然而，最近钻取天然气的装备大量增加，再加上随之而来的卡车交通，日夜不休的噪音对艾草榛鸡交配活动造成的破坏，远超过在空中赏鸟和聆听鸟声的人。根据一项研究所做的记录，怀俄明州深入地底钻取天然气的设备，已经让艾草榛鸡族群的规模减少了一半。尽管化学污染等其他因素可能也是原因之一，但主要嫌犯是噪音：在400米外仍高达70加权分贝。

加州大学戴维斯分校一名寻求科学证据的演化学暨生态学助理教授葛儿·派崔西里，率领一支研究生团队，到四个不同的求偶场，把扩音机藏在石头里，播放钻气地点和相关卡车交通的录音。即使他们用的是小扩音机，也把噪声源控制在一个地点，但是初期结果仍然显示噪音造成的效应相当严重。派崔西里说：“我们发现我们制造的噪音让求偶场的鸟类减少。播放钻气噪音时，到求偶场的鸟类减少了25%，可见钻气噪音的确会造成妨碍。钻气噪音包含很多低频发电机之类的噪音，也有敲击和转动的高频噪音，而且这些声音一直持续不断。它们一天24小时，一周7天钻个不停，接连数月。”

就算没有壮观的交偶仪式，早晨的鸟啭也总是能带给我喜悦。生气勃勃的

声音令我想起孩童醒来时的天真喜悦与热情。我想这已经变成我的世界观，我看这世界的方式。无论前一天发生了什么事，无论事情有多糟，只要聆听黎明时活泼的大合唱，我总是能恢复精力，找到新的热情。爱因斯坦曾经说，一个人总会在一生的某个时刻，有意识或下意识地决定，生命的本质是美好的或恶劣的。这种世界观会影响他们所做的每一件事。我相信生命的本质是美好的，我也在破晓时的鸟类大欢唱中找到我所需要的一切证据，特别是在今天的草原上。

我的福斯小巴朝东驶向早晨的阳光。今天早上录音时的火车噪音并没真的困扰我，因为我对火车有特别的好感，觉得它们经过平交道时响起的鸣笛声，总会令人想起一些景色，也因为在距离很远的情况下，即使高亢的鸣响也会变得缓和，形成多层次的音调在山坡上回响。

和大自然一样，火车也有节奏，也能创作音乐。我录制过欧洲、亚洲和美国一些著名火车的声音。在火车强大的引擎里，每个连锁装置都会发出声音，让我们把这种节奏与搭火车旅行的经验连接起来。铁道本身也有音乐，从载物沉重的火车经过时的震荡声，到每节车厢或货车经过轨道缝隙时所发出的“喀哩喀——喀啦喀”声。在比较老旧的铁道上，这些缝隙是在两条铁轨上交替出现，因此搭乘座车或卧铺时，可以听到一种美妙的立体声效。货车车厢也一样。我第一次懂得欣赏火车的声音，是在1981年我第一次跳上货运列车，去记录那些露宿车上的流浪汉故事。

我一直想录制铁轨“喀哩喀——喀啦喀”的声音，因为在美国大多数地区，随着一节节的铁轨逐渐变成连续不断的铁轨后，这种声音也逐渐消失，变成现代版的“嗞——咻”。所以，在堪萨斯州和密苏里州的大多数地区，我会把福斯小巴沿着铁轨开，一边听一边寻找一节一节式的铁轨。我在桥上和转弯处找到一些“尚未改善”的铁轨，但它们的长度太短，无法形成美妙的铁轨节奏。一般一吨重的车轮在慢慢驶出调车场，经过铁轨之间的缝隙时，会发出“喀哩喀——咚——嗒，哔——嗒——喀连”的回响声，而且愈来愈快。然后在经过转辙器时，会突然爆出“砰——唉克拉特——喀哩——嗒”的声音，接着才驶到主线道，这时节奏真的会形成歌曲，当车轮轮缘绕过第一个弯道时，会发出水晶玻璃似的“咿咿咿咿咿”声。葛伦·米勒的“查塔努加火车”，约翰·丹佛的专辑《全体上车》，以及约翰尼·卡什的“我听到火车来了”，全都是向火车对美国音乐的贡献表示敬意。

在内布拉斯加州和密苏里州之间的路上，我注意到挥手的人愈来愈少，这些令人鼓舞的挥手似乎跟当地人口成反比。在人口稀少的乡村地区，每当与反向来车交会时，彼此都会把手举出窗外或在驾驶盘上挥动，比出友善的手势，表示对彼此的尊重，也暗示如果你在路上抛锚，另一辆车会停下来帮忙。车辆愈多，会挥手的人愈少。当然，现代交通量一直处于稳定增加中。

抵达密西西比河后，虽然实际上还没到我的华盛顿之旅的一半，但至少心理上我觉得自己已经完成了一半路程。我朝北走，要去密苏里州汉尼拔镇外处理一些未完成的事。汉尼拔是因为美国最著名作家马克·吐温而兴起，他的《哈克贝利·费恩历险记》可能是最多人读过的美国小说，但我想许多人应该没听过书里描述的声音。至少我第一次在小学读这本书时没有听过。一直要到1990年，在我进行横越美国的声音萨伐旅时，我努力想在密西西比河谷寻找没有噪音的地方记录声音，为了打发两次录音机会之间的空当，我拿起一本《哈克贝利·费恩历险记》重读。由于我当时就坐在那本书里描绘的地景之中，所以当我读到第十九章开头那一段时，我那趟冒险之旅也跟着有了改变：

两三个日夜过去，或许我该说这些日夜是游过去的，反正这些日夜过得安静、顺畅又愉快。我们的一天是这么度过的：这里的河大得像怪物，有时宽达一英里半；我们趁夜里逃亡，白天停船躲藏；夜晚将尽时，我们会停止划行，把木筏系好，挑选的地点几乎总是沙洲下的死水；接着把三叶杨和柳树砍断，将木筏藏在它们中间。我们把绳子摆好，然后溜进河里游泳，清爽一下；之后在沙质河床上停留，河水只到膝盖，望着日光来临。四野一片宁静，完全静止，仿佛整个世界都已安睡，只有牛蛙偶尔鬼叫两声，应该是牛蛙吧。沿着水面望过去，第一个看到的东西像是模糊的线，其实那是另一边的树林；其他什么都看不见。然后是天空里出现一块苍白；然后更多苍白出现；然后河水开始变得柔和，不再一片漆黑，而是灰色；你可以看到远方有小暗点漂过，那些是做生意的平底船之类的，还有长黑的条纹，可能是木筏；有时可以听到尖锐的划桨声或混杂的声音，由于四下非常安静，声音传得很远；不久，你可以看到水上有一道条纹，从形状看来，应该是沉木，急流冲击着它，让它变成那形状；水上的薄雾缭绕升起，东方渐渐

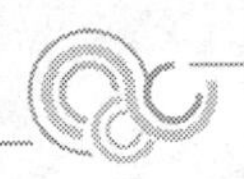

变红，河水也是，远远另一边河岸上的树林边，看得出有一栋小木屋，那里可能是锯木场，或只是假装成锯木场，你可以随处扔一只狗进去；然后轻柔的微风吹起，拂过身上，带来一阵清爽，也闻得到树林与花的芳香；但有时会恰恰相反，因为他们把死鱼留在地上，像是长嘴硬鳞鱼之类的，形成恶臭。接着是整个白天，万物在阳光中微笑，鸟儿欢唱！

我很快读完，又从头读了一次，这次特别注意马克·吐温对声音的描述。他一再证明自己是一位卓越的聆听家，他利用鸣禽来预测天气变化，同时正确指出雷雨在一天中抵达密西西比河谷上下游的正确时间，知道暴风雨一般是由南向北移，愈靠近河的上游，它们发生的时间就愈晚。借由研究马克·吐温的书，我得以避开密西西比河谷嘈杂的现代世界，即使只有一小段时间，我也因此找到绝佳的录音地点，他肯定也会喜欢那里：一个"万物在阳光中微笑，鸟儿欢唱"的地方！

后来我读了马克·吐温的自传，对于他在密苏里州汉尼拔镇和佛罗里达镇的生活有更多了解。在搜寻马克·吐温儿时常去的地方时，我总会静心聆听，以前的他肯定也是如此，因为他是极度重视静谧的人。只要听到房里时钟的嘀嗒声，他就会离开。朗读时，他一定会要求节目单的纸质必须含有大量布料，也就是说，必须是不会制造噪音的纸。在他的两部伟大作品《哈克贝利·费恩历险记》和《汤姆·索亚历险记》里，马克·吐温把他笔下的英雄从男孩变成男人，在静得令人惊异的背景里，成为自由思考的独立个人。哈克独自在密西西比河上转型，决定即使会有可怕的下场，也要帮助吉姆。汤姆的转型则是发生在寂静的洞穴里。

马克·吐温自传里有一段文字引起我的注意，内容描述寇勒斯舅舅位于佛罗里达镇外的农场：

沿一块地走下去，有一栋小木屋跟房屋并排立着，就在横木栅栏旁；树木茂密的山丘往下陡降，经过粮仓、玉米谷仓、马厩和加工储藏烟草的屋子，最后到清澄的小溪，它歌唱着流过含有沙砾的溪床，蜿蜒前进，不时自悬垂的群叶与藤蔓形成的阴影下飞跃而过——这里是涉水的好地方，还有一些游泳池，那里禁止我们前去，但也因而成为我们常去的地方。因为我们是基督的子民，很早就学会禁果的价值。

塞缪尔·克莱门斯（马克·吐温的真名）小时候就是在寇勒斯舅舅农场上的一个“游泳池”里，遭遇濒临死亡的经验。他被拉出水面时已经没有生命迹象，是由他舅舅的一名奴隶救活的。他后来就是根据这名奴隶，塑造出与哈克一起乘木筏逃走的同伴吉姆。他那次差点溺死的经验令我感到好奇，如果他从未写下一个字会如何？如果年轻的塞缪尔当天就死了，又会如何？因此在1992年，我沿着密西西比河旅行，先从伊塔斯克湖顺河下到新奥尔良，接着溯河而上，我决定试着找出那条溪，马克·吐温对那条溪上的音乐知之甚详。在马克·吐温博物馆馆长的建议下，我最后采取逐门访问的方式来寻找线索，最后找到一位名叫雷诺斯的人，他指着附近一座长满树的山顶说，那就是寇勒斯农场的住宅所在地，在它下面就可以找到那条溪。

然而，即使那时是5月，那条溪却呈现干涸状态，岸边显然已遭到过度放牧牛群的破坏，水池也因淤泥而堵塞。旧农场的住宅都已消失，溪里也没有溪水流动，我只能在心里回味马克·吐温描述的音乐。望着布满石块的溪床，我可以听到吐温说：“清澄的小溪，它歌唱着流过含有沙砾的溪床，蜿蜒前进，不时自悬垂的群叶与藤蔓形成的阴影下飞跃而过。”我突然有所领悟：那些石头就是音符！我可以收集一些那里的石头，在附近找一条溪来演奏它们。

我真的这么做了，只不过不是在附近，因为那附近的小溪河全都遭遇相同的命运，而且就算找到仍然顺畅流动的溪流，附近也充斥着各种人为噪音。我一直走到435千米外，爱荷华州的新阿尔宾，才终于得偿所愿，但相当值得。“清澄的小溪”是一支愉快的曲子，我认为它在美国最伟大的聆听者之一的生活中，重新创造了一个重要背景。这支曲子在我的网站和iTunes上都找得到。

如今，经过了15年，我重返旧地，造访这座我个人用来纪念年轻的塞缪尔·克莱门斯的圣所。我想看看寇勒斯舅舅农场的现况，并在事先电话联系后再度停在雷诺斯的家门口，一栋两层楼的白色房子，装有红色的百叶窗和屋顶，跟地面等高的小前廊上有一张白色摇椅。我才刚走到通往前门的廊道，一只混血的小可卡猎犬就冲上来，对着我的腿汪汪叫，然后是一只看似梗犬的狗和一只老当益壮的猎狐犬。接着芭芭拉·雷诺斯走出来，跟我打招呼。

“我们从1971年就住在这里，”她在外面的草坪上告诉我，“在我们之前，这

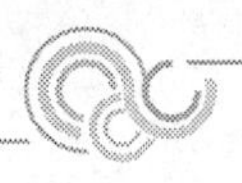

块地的主人是比尔的祖父母。比尔的祖父知道这里是马克·吐温度过童年的地方，不过我想这应该不是他们买下它的原因。他们是跟一家保险公司买的，我猜应该是再前一任的屋主失去它的。”

她指向北方，“那里是寇勒斯的地方，就是那片树丛那里。”她说现在那块地属于名叫凯伦·亨特的女士，亨特在1981年完成硕士论文，探讨的主题是盐河河谷早期农场的文化影响，而且跟我一样知道寇勒斯农场在历史上的重要性。她急着保护这里不受未来的开发影响，也希望这里能成为州立古迹，所以在1991年向比尔买下这片0.1平方千米的土地。她即将在这里进行考古挖掘，希望能找到这座建筑物的地基，甚至是文物。

“下面就是小溪。”我指向老房舍旧址下方。

“对，那里就是小溪。”

我请她准许我再收集一些石头，希望能有更多取自清澄小溪的石头。得到允许后我立刻沿着雷诺斯家的车道朝下开，途中看到一棵枝叶茂密的大橡树下挂着一只轮胎秋千，然后沿着山丘开到几近平坦、也几近干涸的溪旁，现在那里只剩先前溢流留下的浅水坑。这片能左右水流能量的斜坡，就像一个大圆丘，溪床上的石灰岩块是水流下缓坡时所弹奏的音符。沿着这条属于雷诺斯家的小溪岸散步时，我烦恼地想着，若是没有获得认可，这里可能永远不会受到保护。我看到一些比较脆弱的岩石音符已经被沉重的牛蹄踩碎。

我该收集哪些石头或音符？我看到许多风化的岩石，如同月球表面般坑坑洼洼，我选了几十个不同大小的代表，想象这些不规则的石块会在流水的抚触下发出什么声音。我来回福斯小巴许多趟，用布把石头一一包裹起来，放进特别为这场合携带的硬质塑料冷藏箱里。稍后若这里能列为受法律保护的声响古迹，我会满心欢喜地归还这些石头，否则它们就会留在我这里。我希望也能拥有这支管弦乐团的另一篇乐章，所以收集了许多较为光滑、经过水磨光且没有凹孔的石头，这些可以提供不同细致水声之间的静默期。但我仍不满足，又抱走好几块的石头，因为它们的外观和触感很特别。最后，我拿下挂在颈上的“寂静之石”，把它放在最深的水池中央的一块岩石上，拍了一张照片，以前马克·吐温肯定在这里游泳过。然后我就离开了，很快就沿着印第安人乔的营地与水滨抵达汉尼拔镇的“Fed-Ex”取件点，花了许多钱寄走大部分收集到的石头，只象征性地留下一个帽子的量，放在福斯小巴里的木制火炉旁陪伴我。

我开到芝加哥郊区，第二度暂停旅程，因为我得飞回西雅图，参加奥吉的华盛顿大学毕业典礼。我的飞机订在5月25日，也就是明天，我得在上飞机和别的乘客比邻而坐之前，把自己清理干净。于是我住进离奥黑尔国际机场不远的旅馆。这次我没有上网找最便宜的旅馆，而是根据营销保证选了"AmericInn"，这家连锁旅馆在美国半数的州都设有据点，它保证提供"一天完美的终点：一夜的宁静休息"。我在电梯中得知，其他旅馆是以餐厅里的美味牛排特写来吸引客户，但AmericInn展现的是填有专利隔音泡沫物质的"SoundGuard"石砖照片。

这里很适合测试AmericInn是否真能提供它们保证的安静，因为旅馆大门距离繁忙的55号6线道州际公路，只有用力投掷棒球的距离。我在旅馆大厅外测到的交通噪音是69.5加权分贝，两道门之间是50加权分贝，到了大厅是55加权分贝，那里有电视持续发出的声音。其他的声音记录如下：

电梯等候处：45加权分贝。

电梯起降期间：55加权分贝。

我二楼房间外的走道：35加权分贝。

房间窗户边，可以清楚看到下午3点的公路交通：37加权分贝。

因为天气热打开空调后的窗户边：53加权分贝。

那天晚上10点55分，空调关掉后，我再度测量窗边的音量，读数是30加权分贝。这旅馆在窗户方面做得很仔细，分为3片窗玻璃，而且都可以打开。窗户打开时，交通噪音会涌入房间，使读数增加至55加权分贝。这表示，光是这扇由3片玻璃构成的窗户，就可以造成25加权分贝的音量差别。我也注意到我完全听不到隔壁房的声音或电视声。把浴室门关上、把灯闭掉后，我测到28加权分贝——真的很惊人，比我原先的预测低得多。我睡得很熟，AmericInn太棒了，感谢你们给我一个安静的夜晚。

退房前，我上网看了一下累积的电子邮件，其中一封是西雅图居民罗苹·布鲁克丝写来的，她在信中赞扬"一平方英寸的寂静"的构想，也写到一些不满：

“一平方英寸的寂静”计划令人赞叹，发人深省，这几个月我一直期待能亲自造访那里。去年秋天我从“Triple A”的会员信息得知这项计划后，一直想等天气比较暖和后到那里旅行。不过我很好奇，您为什么要带那颗原始的“寂静之石”去做“宣传之旅”？对我来说，这破坏了它原先具有的精神与象征目的。在我等待漫长多雨的冬季结束，去到这个特殊地方，结果那块原始之石却不在那里，我肯定会非常失望。更糟的是，它不只是离开一个礼拜或一个月，而是一整个夏天。这当然会降低这趟旅行的吸引力，现在我不确定自己是否会去。

我回信给她说，照现在的情况来看，我会返家一小段时间，而且会带着“寂静之石”回去。我问她：“你有没有兴趣跟我一起带着‘寂静之石’沿霍河河谷健行过去？”

接着我先把福斯小巴停在万豪套房旅馆的自费停车场，然后搭旅馆巴士到奥黑尔机场，阿拉斯加航空的登机层。我早到了，办好登机手续后，到处逛了一会儿。

美国稍有规模的机场中，有哪个不是一直处于工程进行状态？这次是建筑物本身正在施工，巨大的噪音以87加权分贝的最高音量，从全白墙面的另一边传过来，那里有两名工人正拿着焊接机和研磨机在处理横梁。我发现这道临时墙的内侧贴了一张告示，上面写着：

注意：芝加哥市航空局已将此地区划为可供个人与团体分发文宣、呼吁捐款之适当地方，并可进行其他受“美国宪法第一修正案”保护之活动。但芝加哥市允许使用者利用本地方表达构想或意见，并不代表本市支持该构想或意见。

既然在这里可享有言论自由，我也打算行使这项权利，至少在本书中行使，因为当时在那个地方，根本没人听得到我的声音。自然人声介于55至60加权分贝，但这个自由言论区的兴建噪音比人声高出27加权分贝，也就是说，这些噪音的能量强度比我说话的声音高出400倍！在这里，能听到谁的声音啊？在施工噪音的漩涡里贴这个告示，根本不是支持言论自由权。要记得1787年时，独立纪念馆前的圆石子路尽管有碎石，却安静无声，因此我们的祖先才能在不受噪音干扰的情况下起草美国宪法：“我们，美利坚合众国的人民，为了组织一个更完善的联盟，树立正义，保障国内安宁……”美国宪法的每一个字都有其含义。“Domestic”（国内的）是形容词，意指“固有的，或在一国之内生产或制造的”；非外国的；本土的。“Tranquility”（安宁）：名词，意指“安宁的品质或状态；平静；和平；安静；宁静”。我主张宪法赋予我享有安静的权利，但有人听得到我的声音吗？

若森林里有一棵树倾倒，但因噪音太大而听不到，这样算是有制造声音还是没有呢？

阅读思考：寂静、自然的声境的价值是什么？在生态环境保护中应怎样思考声音与环境的关系？

珊瑚的海滨[1]

蕾切尔·卡森

蕾切尔·卡森(亦常被译成卡逊),美国海洋生物学家,博物学家。其经典著作《寂静的春天》因引发了现代环保运动而被称为"环保圣经",极大地改变了世人对于环境问题的认识。然而人们常常因其在环境保护领域中的突出影响,忽略了她作为博物学家的工作。此文,选自她的"海洋三部曲"中《海滨的生灵》一书第5章。从中,我们可以看到拥有科学家和博物学家双重身份的卡森对自然的仔细观察与热爱,体验其中的博物情怀。

我感觉每个沿佛罗里达礁岛群全程旅行的人,恐怕都无法忽视这水天世界的独特:这里水天相接,散落着红树覆盖的岛屿。这片礁岛群有其自身强烈而独特的气息。与大多数其他地方相比,也许在这里,过去的记忆和未来的暗示都与当下的现实更紧密地联系在一起。光秃秃的、侵蚀得坑坑洼洼的岩石上雕刻着珊瑚的样式,昭示着已死的过去的荒凉。而当人们泛舟海面,俯瞰五颜六色的海底花园时,又能感受到热带生命的充溢和神秘,迎面而来的是一种生命的悸动;在珊瑚礁和红树林沼泽里,未来的预兆依稀可见。

这样的礁岛群在美国仅此一处,这样的海滨事实上在整个地球上都很少见。在近海,活珊瑚礁围绕着岛链的边缘,而有些礁岛本身就是已死的旧珊瑚礁的残余,这些珊瑚礁的建造者也许在一千年前繁荣于一片温暖的海中。这里的海滨并不是由无生命的岩石和沙子构成的,而是由生物的活动创造的,这些生物像我们一样,身体也由原生质组成,只不过它们能把海水中的物质转变成礁石。

全世界的活珊瑚礁都只能生活在温度通常高于21℃的水域(即使偶尔达到

① [美]蕾切尔·卡森.海滨的生灵[M].李虎,侯佳译.北京:北京大学出版社,2015.

该温度以下，也不能持续很长时间），因为只有在温暖的水域中，珊瑚动物才能分泌出钙质的骨架，形成珊瑚礁的宏伟结构。因此，珊瑚礁以及所有与珊瑚礁海滨有关的结构，都局限于南北回归线之间的区域。此外，它们只出现在大陆东岸，在这里温暖的海水按照由地球自转和风向决定的洋流模式，自热带向极地流动。大陆西岸则不适宜珊瑚生存，因为在西岸，来自深海的冷水形成上升流，还有寒冷的沿岸海流流向赤道。

因此在北美，加利福尼亚和墨西哥的太平洋沿岸缺少珊瑚，而西印度群岛海域供养着大量的珊瑚。在南美的巴西海滨和热带东非海滨，珊瑚也生长旺盛，还有澳大利亚东北海滨，那里的大堡礁筑成了一道绵延千余英里的有生命的长城。

美国境内唯一的珊瑚礁海滨就位于佛罗里达礁岛群。这些岛屿向西南的热带海域延伸近300千米。先是位于自迈阿密向南一点比斯坎湾入口处的桑兹岛、埃利奥特岛、旧罗德岛；然后其他岛屿继续向西南方向延伸，隔着佛罗里达湾围绕着佛罗里达陆地的末端；最后礁岛群的一端远离大陆，形成墨西哥湾与佛罗里达海峡的一道狭长分界，靛蓝色的墨西哥湾流从这里穿过。

礁岛群面海的一侧有一片5～11千米宽的浅海区域，这里的海底形成一片坡度平缓的台地，深度通常不到10米。一条深达20米的不规则海峡（霍克海峡）横穿这片浅海，小船可以在其间航行。一道由活珊瑚礁形成的壁垒构成了礁坪在面海一侧的边界，矗立在更深海域的边缘。

这些礁岛可分为性质和成因不同的两组。东部的岛屿从桑兹岛到红海龟礁岛摆出一道180千米长的平滑弧线，它们是更新世珊瑚礁暴露的残余。最近一次冰期之前，这珊瑚礁的建造者在温暖的海水中生长繁茂，但现在这些珊瑚，或者说它们的遗迹，已成为一片干地。礁岛群的东部形状狭长，覆盖着矮树林和灌丛，暴露于外海一侧的是珊瑚灰岩构成的边界，内侧是红树林沼泽的迷宫，穿过红树林再向内侧则是佛罗里达湾的浅海。礁岛群的西部被称为派恩群岛，它们与东部岛屿不同，构成它们的石灰岩起源于间冰期浅海的海底，现在抬升到只是稍微高于海面的高度。然而在整个礁岛群中，不论是珊瑚动物建造的礁岛，还是海洋漂流物沉积固化形成的岛屿，都是由大海的“手”塑造而成的。

这处海滨，从它的存在和意义两方面来说，不仅体现了陆地和水体之间的不稳定平衡，而且有力地说明了一种至今仍在持续发生的、由生物体的生命过

程带来的变化。当人们站在礁岛群间的桥上，放眼数千米，可见水面上点缀着红树覆盖的岛屿，直至数千米外的地平线，此时也许能够更清晰地体会到这一点。这里像是沉浸在过去中的梦幻之地。但是，只见桥下漂浮着一株绿色的红树幼苗，又细又长，一端已开始发育生根，开始在海水中向下延伸，准备抓住途中遇到的任何一处泥泞的浅滩，牢牢地扎根其中。一年又一年，红树林在岛屿之间搭起桥梁，它们还扩大陆地，也形成新的岛屿。海水从岛屿之间流过，带着红树的幼苗，也为建造近海珊瑚礁的珊瑚动物带来浮游生物，这些珊瑚筑起坚如磐石的壁垒，也许有朝一日这壁垒也会成为陆地的一部分。珊瑚礁海滨就是这样建成的。

为了认识鲜活的现在和未来的前景，就有必要铭记过去。在更新世，地球至少经历过4次冰期，当时到处是严苛的气候，巨大的冰盖向南方蔓延。每到冰期，地球上都有大量的水冻结成冰，全球海平面下降。每两次冰期之间是气候温和的间冰期，此时冰川融化，水回到大海，全球海平面又回升。自最近一次冰期——威斯康星冰期以来，地球气候的总体趋势是逐渐变暖的（尽管不是始终如一地持续变暖）。威斯康星冰期之前的间冰期称为桑加蒙间冰期，佛罗里达礁岛群的历史就和这段时期有很大关系。

如今形成东部礁岛群材料的那些珊瑚，就是在桑加蒙间冰期筑起珊瑚礁的，也许距今只有几万年。当时海平面或许比现在高30米，并淹没整个佛罗里达台地的南部。在台地东南倾斜的边缘之外，珊瑚开始在稍深于30米的温暖海水中生长。后来，海平面大约下降了10米（这是在一个新冰期的早期阶段，从海上蒸发的水在极北地区形成降雪的时候）；然后海平面又下降了10米。在这变浅的水中，珊瑚更加繁茂地生长起来，于是珊瑚礁长高了，其结构渐渐接近海平面。海平面下降一开始对珊瑚礁生长有利，然而到后来却造成了它的毁灭，因为在威斯康星冰期，随着冰层在北方的增长，海平面下降得太低，以至于礁石暴露在海面上，于是生活其上的珊瑚动物全部死亡。接着，这些珊瑚礁曾经又一次被海水短暂地淹没过，但这并不足以使那些建造它的动物恢复生机。后来，礁石又露出海面并保持至今，除了较低的部分还淹没在水中，如今成为不同礁岛之间的水下通道。古老的礁石暴露在外的地方，在雨水的溶解作用和海水飞溅的拍击之下，受到侵蚀，分崩离析；许多地方古老的礁岩块清晰地暴露出来，甚至能够从中辨认出珊瑚的种类。

这些珊瑚礁曾经是活的，形成于桑加蒙间冰期的海中；在比较晚近的时代，积累形成了西部礁岛群的石灰岩。在桑加蒙间冰期的时候，珊瑚礁靠陆地的一侧正在发生累积。当时，距礁岛群最近的陆地位于其北240千米处，因为现今佛罗里达半岛的南端在当时是全部浸没在水中的。许多海洋生物的残骸、石灰岩的溶解和海水中的化学反应，这些因素促进了覆盖浅海底部的软泥的形成。随着其后海平面的改变，这些软泥聚结固化成为一种白色的质地细腻的石灰岩，其中含有许多形似鱼卵的碳酸钙小球；由于它的这种特征，它有时被称为“鲕状灰岩”，或“迈阿密鲕状岩”。紧挨着佛罗里达陆地南侧的就是这种岩石。它形成了佛罗里达湾的海底，位于近期沉积物之下，然后在大派恩礁岛到基韦斯特之间的派恩群岛或西部礁岛群，这种岩石位置升高，露出大海表面。在大陆上，棕榈滩、劳德代尔堡和迈阿密这几座城市就建在这种石灰岩的山脊，当海流扫过半岛旧时的海岸线、将软泥塑造成弯曲的长条状时，便形成了这种地形。迈阿密鲕状岩暴露在大沼泽地的地面上，呈现为具有奇怪不平坦表面的岩石，有些地方升高形成尖峰，有些地方又凹陷为溶孔。太米阿米小道和迈阿密至基拉戈公路的建造者沿路挖掘出这些石灰石，并用它建造了这些公路的路基。

知道了这些过去的事情，我们就能从今日的情况看出这种模式的重复，看到早先地球过程的重演。现在，和当时一样，活珊瑚在近海逐渐增长；沉积物在浅海中累积；而海平面，虽然肉眼看起来几乎不变，但肯定是在变化着的。

珊瑚海滨之外围的海水，在浅滩处呈现绿色，远处呈现蓝色。一次飓风过后，或者甚至是一次长时间的东南风过后，就会出现“白色海水”的现象。这时，一种浓稠的、奶白色的、富含钙质的沉积物从珊瑚礁中被冲刷出来，或者从礁坪表面的深海床中被搅动起来。在这些日子，潜水面罩（或许还有氧气罩）可要被弃置不用了，因为水下的能见度比伦敦大雾中好不了多少。

“白色海水”是由非常高的沉积物比例间接导致的，这样的情况在礁岛群周围浅滩中普遍存在。人们只要从岸边涉水向外，哪怕只走出几步，就一定会注意到白色的泥沙状物质漂浮水中，并沉积在水底。肉眼就能看出它像雨一样落在每一处表面。它那微细的尘土落在海绵、柳珊瑚和海葵身上；它填塞掩埋了长得较矮的藻类，并在暗色块状的大型蜂孔海绵上覆盖一层白色。涉水者搅起一团团云雾般的沉积物；风和强劲的水流使它移动。这些物质的积累以惊人的速度进行着，有时在一次飓风过后，两次涨潮之间就能积起六七毫米厚的沉积物。这些沉积物有几个不同的来源：有些是物理来源的，是动植物遗骸解体

的结果，来自贝壳、沉积石灰质的藻类、珊瑚骨架、蠕虫或蜗牛的管状外壳、柳珊瑚和海绵的骨针、海参的骨片；也有一部分来源于水中碳酸钙的化学沉淀，而这些碳酸钙则是从佛罗里达南部地表大量广泛分布的石灰岩中浸出的，由河流和大沼泽地的平缓径流带入大海。

现今的礁岛群链向外数千米处，是活的珊瑚礁，形成了浅滩在朝海一侧的边缘，俯瞰着一道陡峭的斜坡通向佛罗里达海峡的深渊。珊瑚礁从迈阿密南侧的福伊礁岛延伸到马克萨斯岛和海龟岛等礁岛，整体来说，它们勾勒出了18米的等深线。不过，在这条线上常有些地方升高，比这个深度浅一些；也不时有几处露出海面，成为小型近海岛屿，许多这样的地方都标有灯塔。

当人们泛舟珊瑚礁之间，透过一个玻璃底小舱向下凝视，会发现很难勾勒出整个地形，因为视野所及的范围太小了。就算是更近距离探索的潜水者，也很难意识到自己正处于高山之巅，水流像山风一样掠过，柳珊瑚就像山顶的灌丛，林立的鹿角珊瑚像嶙峋的石块。朝着陆地方向，海底平缓地从这山顶向下倾斜，进入宽阔的、充满水的山谷——霍克海峡；然后再次爬升，突破水面，形成一连串地势低洼的岛屿——佛罗里达礁岛群。但在这珊瑚礁面海的一侧，海底迅速降低（到达足以使海水呈蓝色的深度），形成蓝色的深海。到水下大约18米深处，还有活珊瑚在生长。再往下，也许是因为光线太暗，或者沉积物太多，便不再有活珊瑚，而是一个死珊瑚礁的底座，形成于海平面低于现在的某个时期。外面水深180米的地方，有一块干净的岩石海底，称为波达尔斯海台；这里动物群落丰富，不过这里生长的珊瑚并不形成珊瑚礁。在500～900米的深度之间，沉积物再次在斜坡上累积起来，这道斜坡向下延伸到佛罗里达海峡的沟槽，那正是墨西哥湾流的通道。

至于珊瑚礁本身，则有千百万的生物都成了它的一部分，其中有植物也有动物，有活的也有死的。珊瑚礁的基础是许多不同物种的珊瑚，它们把石灰质塑造成小杯子模样，又用这些小杯子搭建出许多奇怪而美丽的形状。但除了珊瑚，还有其他生物也参与了建造，珊瑚礁的空隙中都填满了它们的壳或石灰质的管，或者是珊瑚岩，由来源极其多样的石块黏结在一起。有一群群的蠕虫构筑着管状外壳；还有螺类的软体动物，它们扭曲的管状壳可以缠结成庞大的构造。钙质藻类能在活体内沉积石灰质，本身形成珊瑚礁的一部分；或者在靠陆地的一侧海域大量生长，死去时它们的成分进入珊瑚沙，然后再由珊瑚沙形成石灰岩。还有角珊瑚或称柳珊瑚，其中有海扇和海鞭，它们的软组织中都含有石灰石骨针。这些石灰质，与来自海星、海胆、海绵和大量更小的生物所含的石灰质一道，最终会随着时间的推移和海水中的化学反应，成为珊瑚礁的一部分。

有的生物建造珊瑚礁，也有的生物破坏珊瑚礁。隐居穿贝海绵会溶解石灰石；会钻洞的软体动物会令石灰石密布洞穴，犹如筛子；蠕虫则会用尖利的颚啃食岩石，削弱其结构，以此让这样一天提早到来：到那时，一块珊瑚礁将屈服于波浪的力量而脱落，或许会沿着面向外海那一侧，滚落到更深的水域。

这整个复杂群落的基础是一种看似简单的小生物：珊瑚虫。这种珊瑚动物长得跟海葵大体相似，它有一个圆柱形的双层管，基部闭合，顶端敞开，触手像王冠一样围绕在口部。重要的区别——珊瑚礁能够存在的原因在于：珊瑚虫能分泌石灰质，在自己周围形成坚硬的杯状物。这件事是由外层的细胞来做的，就像软体动物的壳是由软组织的外层——外套膜分泌的。这样一来，长得像海葵的珊瑚虫就住进了由坚硬如石的物质形成的隔间。珊瑚虫的"皮肤"向内弯折形成纵向皱褶，而这整个皮肤都在活跃地分泌石灰质，因此这些杯状物的边沿并不光滑，而是有向内突出的隔板，形成星形或花形图案，观察过珊瑚的人们对这种图案都很熟悉。

大多数珊瑚都是由许多个体组成群体的。而每一个群体中的所有个体，都来自同一个受精卵，这个受精卵发育成熟后，开始通过出芽生殖形成新的珊瑚虫。这种群体的形状是该物种的特征——枝状的、巨石状的、扁平的、壳状的、杯子形的。珊瑚群体中间是实心的，因为活珊瑚虫只是占据群体表面，依物种不同，分布或密或疏。越是巨大的珊瑚群体，组成它的个体常常越小；比一人还高的枝状珊瑚，组成它的珊瑚虫可能只有3厘米长。

珊瑚集群中坚硬的部分通常是白色的，但也可能会有微小的植物细胞为它们染上色彩，这些植物住在珊瑚的软组织中，形成互利共生关系。在这类关系中，有一种很常见的交易：植物获得二氧化碳，而动物则利用植物释放的氧气。然而，珊瑚与植物的共生关系也许有更深刻的意义。这些藻类植物中黄色、绿色或棕色的色素属于一类叫作类胡萝卜素的物质。最近的研究表明，共生藻类的这些色素也许会对珊瑚的繁殖过程有影响，起到"内在关联因子"的作用。通常情况下，藻类的存在看来对珊瑚有益，不过在光线昏暗的时候，珊瑚动物也会将这些藻类排出体外，来摆脱它们。这也许意味着，在光线微弱或黑暗时，植物的整个生理过程有所改变，导致代谢产物变成了有害物质，于是

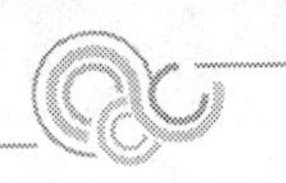

动物只好把它们的植物客人赶出家门。

珊瑚礁群落中还有别的奇怪的关联。在佛罗里达礁岛群，以及西印度群岛地区的其他地方，一种隐螯蟹会在活着的脑珊瑚群体表面弄出一个炉子形状的空洞。随着珊瑚的生长，这种蟹设法留出一个半圆形的通道，这样它在幼年时期可以从这里进出巢穴。但是，人们认为隐螯蟹一旦长大成年，就被困在珊瑚里面了。对于这种佛罗里达隐螯蟹生存的细节，人们还了解得很少，不过在大堡礁珊瑚群的相近物种中，只有雌性会形成这样的"虫瘿"。雄性隐螯蟹很小，显然它们会拜访被困于洞穴之中的雌性。这个物种的雌性以从流进洞穴的海水里的滤食生物为生，它的消化器官和附肢都是高度特化的。

在珊瑚礁及近岸区域，遍布着大量的角珊瑚或者叫柳珊瑚，有时比普通的珊瑚还要多。紫罗兰色的海扇向着水流铺展它的花边，在海扇的整个构架上，有无数张嘴从小孔探出，触须伸进水里捕捉食物。有一种被称为火烈鸟舌蜗牛，裹着坚固而极光滑的壳，常常生活在海扇上。柔软的外套膜延伸出来覆盖着外壳，这层膜是一种苍白的肉色，上面有许多大致呈三角形的黑色花纹。叫作海鞭的那种柳珊瑚则更加常见，形成茂密的海底灌丛，通常高及腰际，有时能有一人高。珊瑚礁的这些柳珊瑚有紫丁香色、紫色、黄色、橙色、棕色，还有米黄色。

结壳海绵在珊瑚礁壁上铺开它们那黄色、绿色、紫色和红色的垫子；偏口蛤和海菊蛤之类奇异的软体动物附着其上；长着长棘刺的海胆给洞穴和裂缝打上了毛扎扎的深色补丁；一群群浅色的鱼在珊瑚礁壁前轻快地游动。独行的捕食者——灰笛鲷和梭鱼，正在那儿等着抓住它们。

到了晚上，珊瑚礁就活起来了。夜幕降临之前，小小的珊瑚虫躲着阳光，缩在它们的保护壳里。而这时，从每一处石质的枝丫、尖塔和穹顶外壁上，都探出它们长着触手的头来，取食浮向海面的浮游生物。小型甲壳动物和许多种其他微型浮游动物，一旦在漂流或游动中撞上珊瑚的一枝，马上就会成为珊瑚虫的武器——无数的刺细胞的受害者。尽管浮游动物个体很小，但要想安全穿过一丛鹿角珊瑚那纵横交错的枝条，看起来仍是机会渺茫。

珊瑚中的其他生物也对夜晚和黑暗做出了反应，许多生物从它们白天作为藏身之所的石窟和裂缝中钻了出来。就连那藏在大型海绵中的神秘动物群，小虾、端足类和其他海绵孔道深处的不速之客，到了晚上也都沿着幽暗狭窄的坑道爬上来，聚集在入口边缘，仿佛在朝外打量着珊瑚礁的世界。

每年有那么几个夜晚，珊瑚礁上会发生不同寻常的事情。南太平洋有一种著名的矶沙蚕，只有当某个特定月份的某个特定月相出现时，才会聚集成惊人的产卵群体；矶沙蚕还有一种不那么著名的近缘种，是一种相近的蠕虫，分布在西印度群岛地区的珊瑚礁群，或者至少局部分布在佛罗里达礁岛群。在干龟群礁、佛罗里达角和西印度群岛的几个地方，多次有人观察到这种大西洋矶沙蚕的产卵行为。在海龟岛这种行为总是出现在7月，通常是下弦月的时候，有时也会在上弦月。矶沙蚕从来不在新月时产卵。

矶沙蚕栖息在死珊瑚礁上的洞穴里，有时占用其他生物挖出的隧道，有时自己咬下岩石碎块，开凿孔洞。这种奇怪小生命的生活似乎被光照统治着。小时候，矶沙蚕拒斥光照——拒斥阳光，拒斥满月的光甚至很黯淡的月光。只有在夜晚最黑暗的几个小时，这光线造成的强大抑制解除后，它才会冒险离开洞穴，爬出几厘米，啃食岩石上的植物。然后，当产卵季临近时，矶沙蚕的身体发生了显著的变化。随着性细胞成熟，每只动物的后1/3的体节都会改变颜色，雄性变成深粉红色，雌性变成灰绿色。此外，身体的这部分被卵或精子撑大，壁变得十分薄而脆弱，且在这部分和身体前部之间发育出一条明显的束带。

终于，这些身体大变的矶沙蚕迎来了这个夜晚，它们对月光做出一种新的反应——它们不再排斥月光，不再把自己囚禁在洞穴中，相反，月光把它们引出来，以上演一种奇怪的仪式。矶沙蚕们退出洞穴，推挤出膨胀的、薄壁的后端，身体后端马上开始一系列扭曲的运动，呈螺旋状扭动着，直到身体突然从薄弱的地方断成两截。这两截身体面临不同的命运——一截留在洞穴中，继续过着畏畏缩缩寻寻觅觅的黑暗生活；另一截向上浮到海面，成为这一大群成千上万只矶沙蚕的一员，加入到这个物种的产卵活动中。

在夜晚的最后几小时，蜂拥而上的矶沙蚕数量迅速增加，到黎明时，珊瑚礁海域几乎是被它们真正地“填满”了。当第一缕阳光出现，这些虫子受到光线的强烈刺激，开始剧烈地扭曲、收缩，它们薄壁的身体爆裂开来，把卵或精子释放到海水中。已释放一空的虫体可能还会无力地游动一小段时间，被赴宴的鱼类所捕食，但很快所有剩下的虫体就都沉到底部死去了。不过，受精卵还浮在海面，在深达数米、广至2万平方米左右的范围内悬浮着。这些受精卵中正发生迅速的变化——细胞的分裂和结构的分化。当天傍晚之前，这些卵就形成了微小的幼虫，在海水中以螺旋状游动。幼虫在海面上生活大约3天，然后它们就成为珊瑚礁中的穴居者，直到一年以后，它们也会重复同样的产卵行为。

沙蚕的一些近亲也在礁岛群和西印度群岛附近周期性产卵，它们会发光，能在黑暗的夜晚营造出美丽的烟花表演。有些人相信，哥伦布所写的他在10月11日晚上“大约登陆前4小时，月亮出来前1小时见到的神秘光亮”——也许就是这些“火刺虫”的一次表演。

潮水从珊瑚礁处涌进来，扫过浅滩，碰到岸边升高的珊瑚岩就停下了。在某些礁岛上，岩石被风化、磨蚀得非常平滑，有着平坦的表面和圆润的外形；但在其他许多礁岛上，海水的侵蚀造成了粗糙的、坑坑洼洼的表面，反映了成百上千年以来海浪及随浪溅出的盐末的溶解作用。这种岩石表面就像风暴肆虐的海面在此冻结了，或者也许像月球表面。小洞穴和溶解形成的孔洞延伸到高潮线上下。在这样一个地方，我总能强烈地意识到我脚下是古老的、死去的珊瑚礁；而那些样式已经破碎模糊的珊瑚，曾经是精雕细琢的容器，承载着鲜活的生命。如今，珊瑚礁的建造者都死了，成千上万年前就死了，但它们创造的东西留了下来，成了鲜活的现在的一部分。

蹲伏在凹凸不平的岩石上，我听见空气和水流过这些表面，发出的喃喃低语——那就是这个非人类的潮间世界的声音。很少有生命的迹象来打破这沉郁的孤寂。也许会有一只深色身体的等足类动物——海蟑螂——除了从一个阴暗的凹坑迅速爬向另一个的那一小会儿以外，它都不敢在亮光和天敌的锐利目光中暴露自己。珊瑚岩里有成千上万只这种动物，但在夜幕降临以后，它们才会成群地出来寻食小块的动植物废屑。

在高潮线上，微型植物的生长把珊瑚岩变成了深色，染出一条神秘的黑色线，在全世界的岩石海滨都由这条线标示着大海的边界。因为珊瑚岩表面杂乱、沟壑纵横，海水通过缝隙和凹坑，从高潮带岩石下流入，这样一来，黑色区域就渲染了参差不齐的突起和孔穴的边缘；而颜色较浅、带黄灰色调的岩石，则在那些凹坑的地方形成一条线，就在那条潮位的控制线之下。

壳上有显眼的黑白条纹或格子的小型螺类——蜒螺，挤进珊瑚的裂隙和空洞中，或者在暴露的岩石表面歇息，等潮水回来，它们就可以吃饭了。另一些长着圆壳，壳表面有粗糙念珠状花纹的螺，属于滨螺这一类。与许多其他同类一样，这些表面有念珠状花纹的滨螺正准备登陆，它们生活在岸边高处的岩石或木材下面，甚至进入陆地植被的边缘。黑色的拟蟹守螺就生活在高潮线以下，为数众多，以岩石上的藻类薄层为食。活着的螺类被某种无形的力量留在这一潮位线附近，但最小型的寄居蟹会找来它们死后废弃的壳，在里面安家，然后把这些壳带到沿岸的较低位置。

这些被严重腐蚀的岩石上住着石鳖，它们原始的外观可以追溯到软体动物的一些古老类群，而石鳖现在是这些类群的唯一代表。它们卵形的身体正好可以在退潮时嵌进岩石上的凹坑，身体表面覆盖着由8块横向平板一节节连接起来组成的外壳。它们紧紧地抓住岩石，就算大浪冲刷着那表面倾斜的轮廓，也不能把它们冲下来。当高潮水没过石鳖时，它们就开始爬出来，又开始从石头上刮植物吃，它们的身体随着齿舌（锉刀似的舌头）的刮擦动作前后来回移动着。一只石鳖每个月只能挪动几厘米，因为它这不爱动的习性，藻类的孢子、藤壶的幼虫，还有管虫都在它壳上安营扎寨。有时候，在阴暗潮湿的洞穴里，石鳖会叠罗汉，一只趴在另一只背上，每只都从下面那只的背上刮藻类吃。这些原始的软体动物也许是地质变化的一个因素，当它们在岩石上取食时，每次除了刮下藻类外，还会连带着刮下微量岩石颗粒，于是在这一古老种族过着简单生活的成千上万年间，对磨损地球表面的侵蚀过程可谓“有所贡献”，地表因此变得平缓。

在其中一些礁岛上，一种名为石磺的小型陆生软体动物生活在小岩洞的深处，这些岩洞的入口处常常长满一群群贻贝。尽管它是一种软体动物且属于螺类，石磺是没有壳的。它属于一个主要由蜗牛或鼻涕虫组成的类群，其中许多种类没有壳，或者壳是隐藏起来的。石磺栖息于热带海滨，通常生活在被侵蚀粗糙的岩石形成的海滩。退潮时，小小的黑色鼻涕虫成群地列队走出家门，蠕动着挤过挡路的贻贝，通常从每个洞里爬出十几只，和石鳖一样从岩石上刮取植物为食。刚出来的时候，每只身上都有一层黏液膜，使它们看上去潮湿而乌黑发亮；在风和阳光的作用下，这种小鼻涕虫干燥成为一种深蓝黑色，表面有微弱的、模糊的亮色。

在这过程中，石磺似乎是沿着随机或不规则的路线爬过岩石的。当潮水退至最低，甚至当潮水开始回升时，它们都还一直在觅食。到了回升的海水即将淹到它们之前的半小时左右，在一滴水溅入它们的巢穴之前，所有石磺都停止取食，开始返回家中。尽管它们出来的路蜿蜒曲折，返回时却是走直达路线。每个社区的成员都返回自己的巢穴，纵使回家的路经过严重腐蚀的岩石表面，还可能与其他石磺返家的路线交叉。属于同一个巢穴社区的每一只个体，都几乎在同一时刻开始返回，尽管觅食时它们可能相隔甚远。其中的刺激因素是什么？不是回升的海水，因为这时候海水还没有碰到它们，当海水再次拍打岩石

时，它们已经安全地躲在自己的巢穴中了。

这种小动物的整个行为模式都很令人费解。它的生存，为什么会再次被引向其祖先千百万年前就抛弃了的大海边缘呢？只有在潮水退去之后，它才出来活动，然后，它以某种方式感知海水即将回来，仿佛想起了近几百万年来自己与陆地的亲近，于是它赶在潮水把它卷走之前，匆匆回到安全的地方。它是如何获得了这种既向往、又拒斥海洋的习性？我们只能提出问题，却无法做出解答。

为了在觅食途中保护自己，石磺备有发现及驱赶敌人的手段。它背上的小突起能够感知光线和经过的阴影。此外，与外套膜相连的较粗的突起具有腺体，能分泌一种乳状的强酸性液体。如果这种动物被突然打扰，它就会喷出几股这种酸，一股股液体在空气中分散成喷雾状，可达13~15厘米以外，相当于自身体长的十几倍。德国动物学家森珀研究过菲律宾群岛的一种石磺，他相信这双重的装备能保护石磺免受海滩上跳跃的鳚鱼（跳跳鱼）捕食——这是一种产于许多热带红树林海滨的鱼类，在潮水以上的地方跳跃，以石磺和螃蟹为食。森珀认为石磺能够发现一只正在接近它的鱼，并通过释放白色酸雾来赶走敌人。在佛罗里达和西印度海域的其他地方，没有这样跳出海水捕食的鱼类。然而在石磺必须去觅食的岩石上，螃蟹和等足类快速爬行，横冲直撞，很有可能把石磺推进海水中，因为它们并没有能抓住岩石的结构。不论出于何种原因，这些石磺通过释放化学物质来避免跟螃蟹和等足类动物接触。

在热带高、低潮线之间的带状区域，对几乎所有生命来说生存条件都是恶劣的。太阳的热量增加了退潮时暴露的危害。一层层流动的、能造成窒息的沉积物，在平坦或坡度平缓的表面积累下来，赶走了许多种动植物，它们在北方更清澈更寒冷的海域的岩石海滨生活得更好。这里没有新英格兰那种大片分布的藤壶和贝类，只有零散的几小块，在不同礁岛上的分布有所不同，但都不是很多。这里也没有北方那种大型岩藻森林，只有零散生长的小型藻类，包括各种质地硬脆的、分泌钙质的形态，它们都无法为大量的动物提供庇护所或安全保障。

如果说小潮涨落之间的这片区域，整体来说不适宜生存，不过倒是有两类生物——一种动物一种植物，寻到了乐园。它们在这里生活得如鱼得水，在别的地方都没法进行这样大量的繁衍。这种植物是一种特别漂亮的藻类，长得像一个个绿色的玻璃球聚集成不规则的团簇。它们就是法囊藻，又叫海瓶子，是一种绿藻，会形成大型囊状物，内含一种汁液，与周围水体的化学组成有一定关系，其所含的钠离子与钾离子比例会随着阳光强度、暴露于海浪的程度和它周围其他条件的变化而变化。在突出的岩石之下，或者在其他有庇护的场所，它会形成一片片和一堆堆翠绿的小球，半埋在堆积很深的沉积物中。

这个珊瑚礁潮间带的"动物代表"是一类螺，它们的整个结构和生存方式与这类软体动物典型的生活方式形成了显著的对比。它们名叫蛇螺。它的外壳并不是普通腹足类的螺旋状或圆锥体，而是一种松散的、展开的管状，很像许多蠕虫都会建造的那种钙质管。生活在这一潮间带的这些物种已经聚集成群，它们的管状外壳则是一团一团，挨挨挤挤地纠缠在一起。

这些蛇螺的天然本性，以及它们与近缘软体动物在形式和习性上的不同之处充分表现了它们周围的环境，以及生命随时准备适应一种空缺生态位的能力。在这珊瑚礁平台上，潮水每日涨落两次，每次涨潮涌来的海水都从海里带来新的食物供给。只有一种方式能够完美地利用这丰富的供给，那就是：停在一个地方不动，水流经过身边时从中取食。在其他海滨，这种方法为藤壶、贝类和管虫之类的动物所使用。这通常并不是一只螺的生活方式，但是为了适应环境，这些非同寻常的螺类已经定居下来，放弃了典型的流浪生活。它们不再独居，而是已成为极度群居的状态，生活在挨挨挤挤的群体中，壳紧密地互相缠绕着，以至于形成了早期地质学家所说的"蠕虫石"。而且它们放弃了从岩石上刮取食物或者捕猎并吞食更大型的其他动物，这些属于螺类的生活习惯；而代之以将海水吸入体内，并从中滤出微小的浮游饵料生物。它们的鳃从顶端伸出，像网一样在海水中拖过——这一结构可能在所有螺类软体动物中都是独一无二的。对于生命体的可塑性及其周围环境的反应，蛇螺给出了清晰的诠释。一次又一次地，一群又一群相差甚远、并无亲缘关系的动物，都遇到了相同的生存问题，并且都为相同的目的进化出各种不同的结构来解决问题。因此，在新英格兰海滨，大批藤壶从潮水中搜寻食物，用的是在它们的亲戚中会成为游泳附肢的器官的变异结构；在海浪扫过南部海滩的地方，鼹蟹成千上万地聚集，用它们触须上的刚毛滤出食物；而在珊瑚海滨这里，这种拥挤集群的奇怪螺类，则用它们的鳃过滤涌来的潮水。虽然不是完美的、典型的螺类，它们却充分利用其世界中的机会、完美适应于环境。

低潮带的边缘是一条深色的线，由许多具有短刺的钻岩海胆勾勒而成。珊瑚岩上的每处洞穴和凹坑都被它们小小的深色身体密密麻麻地覆盖着。我对

礁岛群中的一处海胆天堂记忆犹新。这是在东部岛屿中的某个岛上、面向外海的海滩，岩石形成一处陡降的台阶，下部略微凹陷，严重侵蚀产生了孔穴和小岩洞，许多洞穴顶部是露天的。我曾站在潮水以上的干燥岩石上，向下看着这些以水为底、以石为壁的小岩洞，在一个洞穴里发现了25~30只海胆，而这个洞的大小还不及一只容量35升的篮子。这些洞穴在阳光下闪着绿色的水光，在这光线下海胆圆球状的身体呈现一种有光泽的红色，与黑色棘刺形成丰富的对比。

过了这个地方，海底的斜坡就比较平缓了，下部不再向里凹陷。在这里，那些在石头上打洞的家伙似乎占领了每一处能提供遮蔽的位置，它们令人产生一种错觉，仿佛海底每个不规则的地方旁边都有一些阴影。不太确定它们究竟是用表面上那五颗短而坚固的牙齿在岩石上挖出洞来，还是只是利用天然的凹坑作为避风港来对付偶尔会席卷这一带沿岸的飓风。出于某些高深莫测的原因，这种岩石钻孔海胆及世界上其他地方的相近种类都只生活在这一特定的潮汐水位，由看不见的纽带联系着这一水位，而无法到珊瑚礁坪以外更远的地方转悠，尽管在那儿有很多其他种类的海胆。

在钻岩海胆生活的区域上下，从白垩质沉积物中钻出来挨挤成群的浅褐色管状生物。当潮水离开它们时，它们的组织缩回，隐藏起来一切表明它们是动物的迹象；这时人们也许会忽略它们，还以为它们是某种奇怪的海洋真菌。当潮水回来时，它们就展现出动物的本性，呈现最纯翠绿色的触手冠从每个浅褐色的管中伸展开来，这些类似海葵的生物开始搜寻潮水带来的食物。这些群体海葵目动物生活在这种地方，它们生存的关键，在于保持触手的纤弱组织高于那造成窒息的沉积物粉尘，在沉积物较深处，这些动物能把身体伸长为细线状，虽然通常情况下，它们的管子都是短而粗壮的。

在许多礁岛上，面向外海的一侧海底坡度平缓，可以蹚水走400米或者更远。一旦越过在岩石上钻孔的海胆、蛇螺、螺类，以及绿色与褐色的宝石海葵所生活的区域，由粗砂和珊瑚碎片构成的海底便开始缀有深色的一片片海龟草，在礁坪上也开始有更大型的动物栖息。深色的大块头海绵，生长在水深只够没过它们庞大身形的地方。小型的浅水珊瑚能以某种方式在纷纷扬扬的沉积物中幸存，这对较大的珊瑚礁建造者来说可是致命的；它们坚硬的结构呈现粗壮的枝状或半球状，挺立于珊瑚岩表面。柳珊瑚的生长方式类似植物，像是一丛矮灌木，呈微妙的玫瑰红、褐色或紫色色调。在这些海绵与珊瑚之内、之间和之下，到处都是热带海滨五花八门、变幻无穷的动物群，有许多在这片温暖海水中自由游荡的生物，都在礁坪之上爬行、游泳或滑行。

蜂孔海绵既笨重又迟钝，外表上完全看不出它们的黑色大块头里面有什么活动。偶然路过的人无法从中读出任何生命迹象。不过，如果你盯着看的时间足够长，也许有时能看见一些圆形开口从容不迫地关闭，这些开口穿透海绵那平坦的上表面，其尺寸足以探进一根手指。这样的开口对蜂孔海绵的生存习性来说很重要，它们只有保持海水不断循环穿过身体才能存活，这一类中最小的生物也是这样。它们垂直的侧壁上生有小孔径的入水口，其中几组入水口覆盖着筛板，上面有众多孔洞，由这些几乎垂直延伸到海绵内部的入水口，又反复分支形成越来越细的孔道，渗透到整大块海绵，然后向上通往较大的出水口。也许向外的水流能防止这些出水口被沉积物堵塞；至少，出水口是海绵上唯一呈现纯黑色的部分，因为它煤黑色的身体表面撒满了面粉般的白色沉积物。

海水在通过海绵的时候，在孔道的壁上留下了一层微小的饵料生物及有机物碎屑；海绵的细胞接受这些食物，细胞挨个传递这些可消化的物质，并把废弃的物质送回水流中。氧气进入海绵细胞，二氧化碳则被排出。有时候在母体海绵内完成早期发育阶段的小海绵幼体也会脱离母体，顺着这些暗流进入大海。

这些精致的孔道，以及它们所提供的庇护和食物，吸引了许多小生物寄居在海绵体内。有些小生物，来了又走；其他小生物，一旦定居在海绵体内，就不再离开。其中的一种永久定居者是一种小虾——枪虾，这来源于它们开合自己的大螯时，会发出的响声。

尽管成年枪虾受困于海绵体中，但幼年枪虾将从黏在母虾附肢的卵中孵化出来，随着水流进入海中，并在潮水与洋流中生活一段时间，漂浮游动，或漂向远方。偶尔运气不好的话，它们将进入毫无海绵生长的深水区，但是大多数幼虾将及时到达生长着大量蜂孔海绵的水域，并继承它们父母奇怪的生活方式，钻进孔洞中。它们在孔洞中游走，并从海绵壁上获取食物。它们一边挥舞着触须和大螯，一边沿着柱状的孔洞爬行，好像为了察觉前方更大或带有威胁性的生物，海绵中有许多种类的寄居者，如其他虾类、端足类、等足类、蠕虫等——当海绵足够大的时候，寄居者的数量可至成千上万。

我曾经在礁岛群的滩涂，打开一些小蜂孔海绵，听到了寄居在其中的枪虾挥舞着爪子发出警告的声音，随后，这些琥珀色的小生物就匆忙地钻进更深

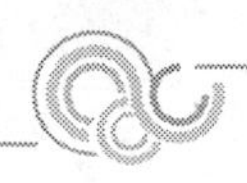

的洞穴中。我也曾在一个退潮后的晚上蹚入海滨，并听到相同的声音。这些细碎的敲击声从所有露出水面的珊瑚礁中传出，令闻者抓狂，并且难以定位。当然，这附近的敲击声来自某块礁石，然而当我跪下来仔细检查时，它却陷入了静默，但四周随即又响起了如同精灵发出的敲击声——除了近在咫尺的这块小礁石。

我找不到礁石里的小虾，但是我知道，它们和我在海绵里看到的那些是亲缘种。每一只虾，都有一个几乎和它身体一样大的锤子似的大螯。大螯前端的两只螯指，有一只可以活动，上面长有一个活塞，适入另一螯指中的一处孔穴；活动之螯指张开举起的时候，很明显是被一种吸力所保持，要合上螯指，就必须额外地施力，克服吸力之际，活塞啪地扣入孔穴，导致孔穴中喷射出一股高速水流。喷出的水流可以击退敌人或者帮助捕获猎物，猛地缩回的螯形成的气泡也可以击晕猎物。不管这样的机械运动有什么价值吧，热带和亚热带的浅滩地区那些数量众多、不停地挥舞着它们的螯的枪虾，用连续不断的噼里啪啦的噪音占据了水下世界，对水下探听设备造成了极大的外部干扰。

在5月初的一天，我在俄亥俄礁滩上意外地遭遇热带海兔。我走过一片生长着异常茂盛海藻的礁坪，视线被海藻中突然移动的几个黏糊糊、一足掌长的动物吸引住了。它们浅棕色的表皮上有着黑色的圆圈，当我小心地用脚触碰其中一只时，它立刻喷出一团蔓越莓汁一样颜色的液体来掩护自己。

我第一次遭遇海兔是在去加利福尼亚北海岸之前。那是一只和我小手指差不多大的生物，在一个石堤附近平静地吃着海藻。我轻轻地把它捧到眼前仔细观察，确认了它的身份后又小心地把这个小生物放回海藻中，而它继续进食。我必须大幅修正我的思维印象，才能接受这些热带生物，它们似乎只存在于神话故事书中，就像开天辟地以来第一个小精灵的亲戚。

巨型西印度海兔生活在佛罗里达州群岛、巴哈马群岛、百慕大群岛和佛得角群岛。它们的生活范围主要在近海，但是在产卵季节它们便转移到浅滩（我在低潮线附近发现了它们），以把它们的卵产到扭结的海藻叶片上。它们属于一种海螺，但是外壳已经退化，只剩一片内部残迹包裹在柔软的外套膜组织中。两个突出的触角有如耳朵，兔形的身体也让它因此得名“海兔”。

不论是因为它奇特的外表，还是因为它御敌时喷出的液体，都使海兔看上去十分毒辣，在民间传说中的旧世界，海兔总是拥有一席之地。普林尼认为触碰海兔可导致中毒，并建议用驴奶和磨成粉的驴骨煮在一起来解毒。《金驴》

（*The Golden Ass*）的作者阿普列尤斯对海兔的解剖结构十分好奇，他说服了两名渔夫给他带了一个标本，却因此被指控行巫和投毒。15世纪，还没有人敢冒险出版海兔内部解剖的书籍，尽管当时的流行观点称它为一种蠕虫或海参，有时又认为它是一种鱼，但是1684年雷迪准确描述了它至少和海蛞蝓存在着一定的类缘关系。在过去的一个世纪或更早以前，人们已经广泛认识到了海兔天性无害，尽管它们在欧洲和英国知名度不低，但是主要生活在热带水域的美国海兔，却鲜为人知。

这也许是因为它们很少会在产卵期迁徙到潮水中。海兔这种雌雄同体动物，它的作用即可以是雌性又可以是雄性，亦可以是雌雄两性，产卵时，海兔一次会排出大约2.5厘米长的绳索状卵带，它持续地进行这个缓慢的排卵过程，直到卵带到达一定长度，有时甚至可达20米，里面含有大约10万颗卵。粉色或橘色的卵带缠绕在周围的植物上，形成卵团。这些卵和幼体与大多数海洋动物有着相同的命运——许多卵被破坏，被甲壳类动物或其他捕食者吃掉（捕食者甚至是自己的同类），许多孵化出的幼年海兔在浮游生物时期没能幸存下来。幼年海兔随水流漂浮离岸，它们在深水区中变态成形并寻找海床。它们在朝岸迁徙的过程中，不断改变食物，同时身体的颜色也随之改变：首先它们呈现的是深玫瑰色，接着变成棕色，成年后又变成橄榄绿。对于某个欧洲品种的海兔，它们已知的生命历程与太平洋鲑鱼神奇地一致。成年后，海兔会转向海岸边产卵，这是一条不归之路，它们将不会再次出现在近海岸的食草地中，而是在这次孤独的产卵之旅后死亡。

珊瑚礁坪世界被各式各样的棘皮动物所占据：在移动的珊瑚沙中，在珊瑚礁上，在海柳、海藻构成的海洋花园中，海星、海蛇尾、海胆、沙海胆以及海参，都纷纷安家落户。生物链的原材料从海洋获取，经过一系列循环又回到海里，周而复始，这些对海洋世界的经济十分重要。有些在地球演化的进程中也很重要，在这个过程中，岩石消磨而去，被碾成沙粒；海床泥沙堆积、移动、分拣以及重新分布。它们死后的骨骼又为其他动物提供钙质或者促进礁石的建成。

群礁之外，长着长刺的黑色海胆沿着珊瑚墙基挖洞，每只海胆都埋入自己挖的小坑中，仅将长刺竖起，于是潜水者沿着礁体移动时，可以看到一片黑色羽毛构成的森林。这只海胆也行走在其他礁坪上，它在靠近蜂孔海绵底部的区域筑巢，有时它觉得没有必要躲躲藏藏，就会选择在更开阔的沙质海床上休息。

经测量，一只发育完全的海胆，身体（胆壳）直径将近10厘米，加上刺长可

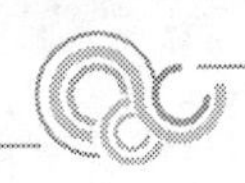

达30~40厘米。海胆是为数不多的触碰可致中毒的海滨动物，如果碰到了其中一根刺，中招部位就像被黄蜂的蜇刺扎过一样疼痛，对儿童或者过敏体质的成年人来说更加严重。很明显，长刺上面的黏液含有刺激物或毒素。

这只海胆对周围环境特别敏锐。一只手靠近它，就会令它竖起全身的长刺，并且警告性地转向入侵者，如果入侵者的手来回移动，那些长刺也会跟随着手的转动不断变换方向。根据西印度群岛大学教授诺曼·米洛特所述，海胆全身遍布神经感受器，会根据光线强度的改变来感知外界环境，它们能以最快的速度感应到光线突然减弱所预示的危险。从这种程度上来说，海胆事实上可以"看到"经过附近的移动物体。

通过某种神秘的方式，海胆遵循着大自然中的一个伟大规律，那就是——在满月的时候产卵。在夏季的每个朔望月，月光最亮的夜晚，海胆的精子和卵子会被排入水中。不论这一物种的所有个体是受到了什么样的刺激而做出了反应，总而言之它保证了一个物种的延续所需的大量的、并同时产生的生殖细胞。

某些礁岛附近的浅水中，生活着一种"石笔海胆"，由于它粗短的刺而得名。这种海胆有独居的习惯，单独的个体会躲藏在接近低潮线的礁岩中。这种生物行动迟缓，感知迟钝，完全注意不到入侵者的出现，当它被抓起来的时候，也不会用它圆管状的足紧抓地面做出一点挣扎。它属于现代棘皮动物科中硕果仅存的古生代的时候就已经存在的成员；如今，这一物种同它们生活在千百万年前的祖先相比，并没有发生多大的变化。

另一种拥有细短刺的海胆，能呈现出多种多样的色彩：绿色、玫瑰色或白色。它们有时会大量出现在长满龟草的沙床上，用一些海藻、贝壳和珊瑚碎片伪装自己的管足。像许多其他种类的海胆一样，它在地质学上也发挥着重要的作用。这种海胆用它白色的牙齿啃食贝壳和珊瑚礁，削下的碎片随后进入它的消化道，并通过里面的研磨器，在体内将这些有机碎片磨平、碾碎、抛光，最后变成了热带海滩上的沙子。

这些珊瑚礁上遍布着海星和海蛇尾的族群。网瘤海星，这种最大的海星有着粗壮结实的身体，整个族群常聚集在远水滨的白色沙中，数量庞大。但海星个体有时会为了寻找海藻茂盛的区域，而单独在近岸徘徊游荡。

红褐色的蓝指海星有一个奇怪的习性，就是它会自断一只腕，断掉的腕会重新长出4只新的腕，这看起就像一颗"彗星"。有时这种动物会将中央盘断成两半，再生可能会产生六腕或七腕的海星。这种分裂方式似乎是海星在性成熟之前的一种繁殖方法，成年海星会停止分裂生殖，而通过产卵来繁殖。

海蛇尾居住在柳珊瑚的根部、海绵下方或其内部，有时在基座松动的岩石之下，或是在珊瑚礁受侵蚀形成的一个个孔洞里。海蛇尾的腕长而灵活，每只海蛇尾都由好几条“椎骨”组成，使它们看起来像沙漏，并可以进行曼妙优雅的活动。有时它们依靠两条腕的尖端进行“站立”，并随着水流摇摆，像芭蕾舞演员一样优雅地摆动着其他手腕。它们先向前伸出两条腕抓牢，再用力将身体或圆盘以及剩下的腕拉过去，通过这种方式在海底爬行。海蛇尾以软体动物、虫类以及其他小动物为食；反之，它们会被许多鱼类和其他捕食者猎食，有时也会沦为寄生生物的牺牲品。一种小小的绿海藻会寄生在海蛇尾的皮肤里，它会溶解海蛇尾的钙质板，使其手腕断裂。又或者，一种怪异的退化的小桡足动物也会像寄生虫一样居住在海蛇尾的性腺里，并破坏它的性腺致使其不育。

让我终生难忘的，是我第一次遇上一只活的西印度筐蛇尾时的情景。当时，我正在俄亥俄小岛上，在没膝的海滨涉水而行，我发现一只筐蛇尾正在海藻中，随着潮水缓缓漂移。它上表面的颜色与幼鹿的皮毛颜色相近，下表面有浅色的斑纹。它的那些不断搜寻、探索、尝试着的腕足，使我想起了藤蔓植物向外生长时伸出的用来固定自己的精致卷须。我在它旁边站了好一会儿，深深地迷失在它非凡而又脆弱的美丽中。我完全没想过要“收藏”它，打扰这样一只生物，似乎是一种亵渎。最终，为了在涨潮前去探寻礁石的其他部分，我只得继续前行；当我返回的时候，这只筐蛇尾已经不在那里了。

筐蛇尾是海蛇尾和蛇星的近亲，但是在结构组织上存在明显的不同：筐蛇尾的五条腕都分成一个个V型的小支，小支上又不断细分直到形成一个由卷须构成的“迷宫”，这些分支便组成了这种动物的外围。早期的博物学家为了满足自己奇特的品位，便以希腊神话中的怪物，蛇发女妖三姐妹的总称戈耳工给这些筐蛇尾命名（她们有可怕的外表，可以使人变成石头），所以由这些奇异棘皮动物组成的族群统称为筐蛇尾科。想象中它们的外表也许像“蛇一样弯弯曲曲的”，但是其效果却是美丽、优雅与高贵的。

从北极地区到西印度群岛，只有一种或两种筐蛇尾生活在沿海水域，更多的筐蛇尾则生活在离水面将近1英里以下的幽暗海底。它们也许会沿着海床爬行，用它们的足尖缓缓移动。正如亚历山大·阿加西很久之前形容的一样，这种动物“好像在用足尖走路，腕足的分支如栅栏般包围着它，伸向地面，而

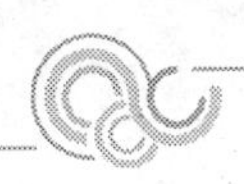

中心盘则构成了一个顶盖”。它们会攀附在柳珊瑚或者其他固定着的海洋生物上，并且伸入水中。

这些分支组成了一张布满细孔的网，以便猎捕小型海洋生物。在某些地区，筐蛇尾的数量不仅丰富，而且会为了一个共同目的成群聚集。附近的筐蛇尾的腕足缠绕成一张活生生的大网，用以捕捉所有在海水中探险的小鱼，或者那些小鱼仅仅是无助地被海水携带着，送抵这数百万只贪婪的卷须。

在沿岸目睹一只筐蛇尾，似乎是一件稀罕事，这种经历总是让人难以忘怀；但是，其他的某些棘皮动物（比如海参）就完全不是这样罕见了。我一旦走到潮滩的略远之处，就总是会碰到它们。它们个大、体黑，形状就像用来给它们命名的黄瓜一样，当它们懒洋洋地躺在白色沙滩上时特别显眼，即使有时它们的部分身体还被海沙掩埋。海参在海洋里的作用大致可以和地里的蚯蚓相比——吞下大量沙子和泥土并在体内消化。大多数海参用强有力的肌肉操纵一丛平钝的触须，铲起海底的沉积物送入口中，接着从这堆残渣中分离出食物颗粒并送入体内。也许有些石灰物质也因此被海参分泌的化学物质所溶解了。

海参因为数量众多，且活动方式特殊，深深地影响了珊瑚礁和海岛附近海底沉积物的分布。据估计，在方圆不到3千米范围内的海参，一年内可以使1000吨海底沉积物重新分布。而且有证据显示，它们的活动甚至可以影响到极深的海底。海底的沉积物缓慢而又不断积累，层层有序叠加，地质学家从中可以了解到许多地球演化的历史。但是有时沉积层也会受到很大的干扰，比如，从维苏威火山等一些古老的火山口喷发的火山灰碎屑，并不仅仅存在于记录并代表了火山爆发的薄沉积层中，而且散布在其他时期的沉积层中。地理学家认为这是深海海参的“杰作”。其他深海挖掘的证据和海底样本，也表明海参群体生活在很深的海底——它们先是在一片海底区域活动，接着又因为在那幽深的海底食物短缺（而不是随着季节变化）而进行移动或者大规模迁移。

除了在一些食用海参的地区，海参鲜有天敌，然而当它们遇到严重干扰时，还是会采用一种奇怪的防御机理。这时，海参会剧烈收缩身体，并通过体壁的一个裂口喷射出自己的大部分内脏器官。这种举动有时是自杀性的，但是大多数时候，这种生物能够继续存活并长出一副新内脏。

罗斯·奈格里博士和他在纽约动物学协会的同事们最近发现：西印度群岛的大型海参（亦见于佛罗里达群岛）会产生一种在已知动物中毒性最强的毒素，大概是作为一种化学防御的武器。实验表明，即使是很小剂量的这种毒素，也能影响所有种类的动物——从单细胞生物到哺乳动物。当海参喷射出内脏时，和海参同处一个水族箱中的鱼类都会死亡，对这种自然毒素的研究表明许多和其他小生物共生的小生物过着危险的生活。海参会吸引一些这种共生动物或曰共食伙伴。这种海参的体腔内经常生活着一种小珍珠鱼，也称为潜鱼，海参的呼吸源源不断地供给它富氧海水。但是，这种共食的小潜鱼，事实上是生活在随时会爆裂的毒囊旁边，它的福祉甚至生命，看来总是处在危险之中。

很明显，这种珍珠鱼还没有形成对这种海参毒素的免疫力，罗斯·奈格里博士发现，如果海参受到侵扰，即使喷射内脏的行为还没有发生，它的“房客”珍珠鱼也会半死不活地漂游出海参体腔。

礁坪内侧浅水中到处散布着云影似的暗斑，每个都是由茂密生长的海藻推高了海沙堆积而成的，并形成了一个湿淋淋的小岛，为许多动物提供安全和庇护之所。群岛附近的一片片草滩很大部分由龟草组成，其中可能混杂着粉丝藻和浅滩藻。这些都属于最高等的植物——种子植物，因此它们也和海藻有所不同。海藻是地球上最古老的植物，它们总是生长在海水或者淡水中。但是种子植物仅仅是从大约6000万年前起源于陆地的，现在生长在海里的那些种子植物却是陆生植物的后裔——很难解释这个过程是如何发生的。现在它们生长在海水中，它们在水下开花，它们的花粉可以随水流传播，它们的种子成熟、脱落，并随着潮水漂向远方。海草在沙地和漂浮的珊瑚断枝里扎根，会比无根的海藻生长得更牢固；它们茂盛生长的地方会防止近海的沙土被水流冲走，就像陆地上的沙丘草会防止干沙被风卷走。

有许多动物在龟草生长的群岛上寻找食物和庇护。巨型海星网瘤海星就生活在这里，同样在这里生活的还有女王凤凰螺、驼背凤凰螺、郁金香带纹旋螺、冠螺以及酒桶宝螺。一种奇特的、表面有鳞甲的鱼，也就是角箱鲀，会贴近海底游荡，并穿过附着海龙和海马的海藻丛。小章鱼躲藏在海藻根部，它们受到追逐时，会下潜至深水区柔软的海沙中，从视线中消失。在海藻根部隐藏着许多各种各样的小生物，它们生活在幽暗冰冷的深水中，在夜幕的掩护下才会出来活动。

但是在白天，人们可以在草场中通过清澈的水下观测镜看到许多大胆的海洋生物，又或者，在更深的草场上方潜水时，通过潜水面具也可以观察到它们。在这里，人们最容易发现很熟悉的大型软体动物，因为它们死后的空壳在沙滩上或者贝壳收藏展上很常见。

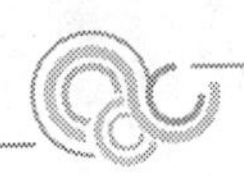

海藻中有女王凤凰螺，早期维多利亚风格的壁炉前都会摆着这种螺壳，即使在今天，佛罗里达州街头每个出售旅游纪念品的摊位，都可以看到陈列着成百的女王凤凰螺。但是由于过度捕捞，女王凤凰螺在佛罗里达群岛已经变得越来越罕见，现在人们从巴哈马群岛进口这种螺来制作贝雕。经过千万世代生物和环境的缓慢作用，女王凤凰螺外壳的重量和大块头、尖锐的螺顶以及身披厚甲的螺纹，都显著地提升了它的防御能力。尽管为了驱动它厚重的壳和庞大的身躯在海底运动，它不得不依靠奇怪的闪跃和杂技动作，但女王凤凰螺似乎是一种敏感而警觉的生物。这也许要归功于它们长在两个长管状眼柄上端的眼睛，这对眼睛使它们的警觉性得到提高。女王凤凰螺眼睛的活动和指向的方式，毫无疑问地表明了它们能感知周围的环境，并将信息传递到相当于大脑的神经中枢。

尽管女王凤凰螺的力量和警觉性使之能适应掠食性生活，但也许它们更应该被认为是一种食腐动物，只是偶尔才捕捉猎物。尽管它们的天敌数量少之又少，并且对它们无可奈何，但是，女王凤凰螺已经和另一生物形成了一种很有趣的共生关系：一种小鱼习惯性地寄居在它的体腔里。由于女王凤凰螺的身体和足部都蜷缩在壳内，所以里面并没有多少空间，但是，还是可以容得下一种2.5千米长的天竺鲷。不论有什么样的威胁，天竺鲷会立即钻入螺壳内深处的外套膜内，当女王凤凰螺缩回壳内，合上镰刀状的螺厣，天竺鲷就会暂时性地失去自由。

对于其他想钻入它壳中的小动物，女王凤凰螺就表现得不那么包容了，许多海洋生物新生的卵以及海生蠕虫的幼虫、微型虾甚至是鱼，或者没有生命的颗粒比如沙粒，都可能在螺壳内游动或漂浮，并寄居在壳内外套膜中，令宿主烦躁。为此，女王凤凰螺的回应是采用一种古老的防御方式——隔离异物，这样它细腻的内部组织就不会再受到刺激。外套膜分泌出珍珠质，在螺壳内层同样存在的珠光物质，将异物层层包裹。通过这种方式，女王凤凰螺就可以产生（不时发现于其体内的）粉色珍珠。

游泳者漫不经心地在龟草上方漂流，如果他有足够的耐心和观察力，也许能看到其他生活在珊瑚沙上的生物，其中扁平的海草叶片竖直向上，并随着水流摇曳，伴随潮涨潮落，或是靠拢海岸，或是趋向海里。如果游泳者观察得非常仔细，他也许会看到"一片草叶"（它的样子和颜色以及摇曳姿态与海草都太过相似）从海沙中脱离并在水中游荡。海龙缓慢、不慌不忙地在海草中游动，有时候它令身体垂直地悬浮着，有时候又水平地在水中游动。海龙纤细的头部以及它瘦骨嶙峋的长吻，探测性地伸进龟草叶丛中或整个潜至根部，搜寻小型动物作为食物。捕食时，海龙的颊部会迅速膨胀，然后一只小甲壳类动物就被它吸入管状的嘴里，就像人们用吸管喝汽水一样。

海龙有一种奇特的繁殖方式——雄海龙将卵放入育儿袋中，独立完成孵化和养育幼鱼的任务。交配过程中，海龙的卵子会受精并被雌海龙放入雄海龙的育儿囊中，在那里受精卵成熟并孵化；遇到危险时，幼鱼会一次又一次回到育儿囊中，即便它们早已具备了在海里随心所欲地游动的能力。海藻中的另一居民——海马，伪装非常成功！只有最犀利的眼力，才能发现一只静止的海马——它用灵活的尾巴紧紧抓住一片海藻，小小的瘦骨嶙峋的身体探出去，在水流中宛如一株植物。海马的身体包裹于骨环所形成的甲胄中，这取代了一般的鳞片，似乎是鱼类用厚重鳞甲抵御天敌的方式的进化。甲胄的边缘层层相接相扣，形成了脊、节和刺并组成了独特的外壳。

海马经常生活在漂浮而不是扎根了的植物中，这样的个体汇同各种植物、相关的动物、无数海洋生物幼虫，构成稳定的北漂队伍，随着洋流，或是向北汇入广阔的大西洋，或是向东漂向欧洲或漂入马尾藻海。由此"航海家"海马有时会搭乘墨西哥湾暖流的顺风车，在海水和风的共同作用下，随着水流和它们附着的马尾藻种子，被带上南大西洋的海滨。

在某些由龟草形成的丛林中，里面生活的所有小动物似乎都会形成和周围环境一致的保护色。我曾在这种地方用网打捞出一小撮龟草，在满手的缠绕的海藻中，发现了几十只不同种类的小动物，它们有着令人惊叹的鲜绿色，有绿色的有关节的、蟹脚细长的蜘蛛蟹，有草绿色的小虾。也许最美妙的感受来自角箱鲀，这种鱼的残骸经常在高潮线上被发现。像成年角箱鲀一样，这些小角箱鲀的头部和身体好像被灵活地装在骨箱里，固定而不能活动突出的鱼鳍和尾部是唯一可以活动的部分。从尾端到向前突出的小牛角，这些小角箱鲀是它们生活的海草中的一抹绿。

一些海龟会生活在珊瑚礁附近，因而在群岛间交界处的海峡，时不时会发现有海龟正在光顾这片布满海草的浅滩。玳瑁游向远洋，很少会游回岸边。但是绿海龟和蠵龟会游向霍克海峡的浅水处或是佛罗里达礁岛群之间潮快流急的水道。这些海龟光顾长满海草的浅滩时，经常会在草丛中找寻"发福"的饼海胆，或者它们也会捕食一些海螺。除了它们的同类，海螺基本没有比大海龟更

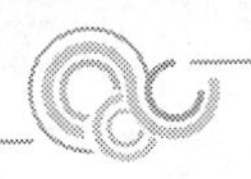

危险的天敌。

蠵龟、绿海龟或者玳瑁海龟，不论游了多远，在产卵季都必须回到岸上。珊瑚礁或石灰岩群岛上没有适合产卵的地方，但是在“千龟群岛”上的一些小沙岛上，蠵龟和绿海龟从海中游上来，像史前野兽一样笨拙地向沙滩爬行，在沙滩上挖洞以便产卵。然而海龟最主要的产卵地是在塞布尔角、佛罗里达州海滨以及向北远至乔治亚州和卡罗莱纳州的沙滩上。

如果说海龟只是偶然光顾海草草场觅食，那么各种凤螺则是每日不停地在海草丛中捕食，它们既彼此互相捕食，又都捕食各种贻贝、牡蛎、海胆以及沙海胆。所有的凤螺中，最主要的捕食者是深红色纺锤状的天王赤旋螺。若非亲眼看见，你想不到它进食的样子有多么可怕：当庞大的像螺壳一样的砖红色身躯将猎物团团包围，简直难以相信这么大团的肉体还能缩回螺壳之内。即便是作为贝类杀手的皇冠螺都难以与之匹敌。没有哪种美洲螺类在体型上可以和它相媲美（30厘米长的天王赤旋螺是很常见的，大的可达60厘米长）。酒桶宝螺常常以海胆为食，但它们又被天王赤旋螺所捕食。不过在我随意探访凤螺栖息地的时候，却难以注意到这种不停的捕食。

长满海草的海底世界，在白天似乎是一个宁静祥和的地方，所有生物似乎都处在一种吃饱喝足的半睡半醒状态。一只海螺爬过珊瑚沙，一只海参在海草根部慢悠悠地挖洞，或是海兔的暗影飞快闪过，这些可能是仅有的可见的活跃生命的标记。白天是生物们的静养时刻；生物隐藏在岩壁和礁石的角落或缝隙中；或是在海绵、柳珊瑚或空贝壳的掩护下爬行。在岸边的浅滩中，许多生物必须避免阳光直射，因为阳光会刺激它们敏感身体而且会把自己暴露在捕食者面前。

这个梦中世界看上去寂静无声，只居住着行动迟缓或根本不动的生物，在白天结束时，却迅速地苏醒过来。夜幕落下后，当我在礁坪上漫步时，一个充满恐慌和紧张的奇妙新世界在我眼前拉开帷幕，替代了白天宁静的慵懒。这时，捕食者和被捕食者就出现了。长刺的龙虾从一个巨大的海绵庇护所中偷跑出来，并在开阔的水域一闪而逝。灰色的鲷鱼和梭子鱼在群岛之间的海峡中巡弋，并在飞快地追逐中钻入了浅滩。螃蟹从潜藏的洞穴中爬出；形状各异、大小不一的海螺从岩石下偷溜出来。当我蹚着水朝着岸边走去时，突然，水漩涡里有若隐若现的阴影从我脚边蹿过，我感觉到了在我的眼前上演着以强凌弱的古老戏码。

如果我在晚上站在停泊于礁岛之间的小船的甲板上仔细倾听，我会听到大型动物在附近的浅滩中活动而发出的哗啦哗啦声，或是一个大体积的东西拍打水面，就像刺鳐一次次跳到空中并落下的声音。打破这宁静夜晚的众多生物之一便是颌针鱼；它们的身体又长又细且充满力量，装备着似乎在鸟类中更适用的尖利的喙。这种小颌针鱼在白天的时候会游近岸边，像稻草一样浮在水面上，从码头或是海堤上就能看见它们。到了晚上，那些游向外海的成年颌针鱼就会回到浅滩进食，或独自游弋，或成群结队。它们从水中跃出或贴近水面游动，在宁静的夜晚，远远就能听到它们制造出的噪音。渔夫们说颌针鱼会朝着光跳跃——如果晚上有人在颌针鱼捕食的地方乘着小船并点着灯，这种行为是非常危险的，因为颌针鱼会跳过小船。也许人们有理由相信，如果在平静的夜晚里，将探照灯的灯光投向某些礁岛附近的海面，即便没有发现鱼的踪影，也经常听到十几条或更多的大鱼跳出水面的哗啦哗啦声。鱼们通常从探照灯的右侧跃出水面，好像试图逃离这个光源照射的范围。

这一片珊瑚礁海滨，是被淹没的近海礁块和有棱有角的浅水礁坪组成的水下世界；同样也是红树林的绿色世界，它宁静而神秘，总是充满变幻莫测的生命力，强大到可以改变这个小天地的面貌。珊瑚控制着群岛向海的一面，红树林则占领着内侧沿岸的海滩，甚至能完全覆盖许多小群岛，延展至水面，从而减少了岛屿之间的空隙，在以前仅有礁坪的地方建立起小岛，从海中创造出陆地。

红树植物，是植物王国中的远程移民者之一，它们不断地把自己的幼苗送到离母株几十、几百或上千千米之外的地方，建立起新的领地。在美洲热带海滨和非洲西部海滨生活着同样的物种，也许美洲的红树植物是很久以前通过赤道洋流从非洲迁移过去的——这样的迁移可能在不知不觉中一次又一次地进行着。红树植物是如何抵达热带美洲的太平洋海滨的？这是一个有趣的问题。并没有连续的洋流系统能够带着它们漂流绕过科恩角，另外向南的冷流也会成为一大障碍。无法确定红树植物起源于多早以前，已确认的化石记录似乎只能追溯到新生代，但是也许它们的历史可以追溯到中生代末期，分隔了大西洋与太平洋的巴拿马山脉产生的时期。红树植物通过某些途径，从大西洋漂流到太平洋海滨并生根。它们远距离的迁徙方式至今仍然神秘。红树植物一定是将它们的幼苗分播到太平洋的大洋流中，至少有一种美洲红树植物长在了斐济和汤加的岛屿上，而且似乎它们也漂向了科科斯群岛和圣诞岛。有些则现身于1883

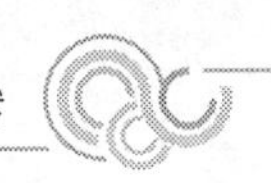

年遭到火山喷发而毁灭的喀拉喀托岛，成为那里的新移民。

红树植物属于植物中进化程度最高的种类——种子植物，它们的早期形态形成于陆地，因此它们是“重返大海”的植物学范例，这种现象总是令人着迷。在哺乳动物中，海豹和鲸鱼也是这样返回了祖先的家园。海草甚至比红树林走得更远，因为它们永远都生活在水下。但是，它们为什么要返回到咸水中呢？红树植物或其祖先种类也许是因为生存竞争，而被挤出了拥挤的栖息地。不论是什么原因，它们成功在环境恶劣的海滨世界扎根，并建立起自己的种群；目前，没有任何植物可以威胁到它们的领地。

一棵红树植物的“冒险故事”开始于成熟的绿色幼苗离开母株，落入沼泽底部。这个过程也许发生在退潮时期，当所有水都流出去时，幼苗就会落在交杂的树根之间，等待着海水将它托起，并在退潮时带它向海中漂去。每年在佛罗里达南部海滨，可以产生数十万计的红树林幼苗，也许只有不到一半的幼苗能够在母株附近生长。剩下的将漂向大海，它们的结构使之可以一直漂浮在水面，随着水流移动。它们可能在海上漂流数月，对大自然的兴衰变迁视若平常，在暴雨、骄阳和海洋的重重打击下幸存下来。最开始的时候，它们水平地躺着漂流；但随着时间的流逝，它们的组织发育到了一个新的生命阶段，于是逐渐地以垂直的姿态进行漂流——它们未来的根端向下，做好了准备，以亲密地接触未来赖以生存的泥土。

这些红树植物幼苗在漂流的旅途中，可能会停留在岛屿边缘的一些由海浪日积月累点滴泥沙而构成的小浅滩上。红树幼苗随着潮水漂到浅水区，根茎下端轻轻地碰触浅滩，慢慢地嵌入到沙土中。随着海潮不断上涌的海水，帮助这些幼苗更加牢固地固定在沙土之上。可能就在这之后，会有更多的幼苗在它们旁边定居。

一旦这些红树幼苗固定在沙滩上，它们马上就开始了生长。这些幼苗会长出层层的根茎，而根茎向下生长形成一圈树根扎到泥土里，支撑幼苗更牢固地连接沙滩。这些迅速生长的根系与腐烂的植物、浮木、贝壳、珊瑚等各类碎片缠绕在一起，而它们的上层和海绵等其他的海洋生物共同生长。从这样简单的开端，慢慢地演化出一座岛屿。

经过二三十年的生长，这些红树幼苗逐渐成熟。成熟的红树林可以在很大程度上抵御住海浪的侵袭，可能只有飓风的力量才能摧毁它们。飓风每几年才会光顾一次。红树林得益于根系强有力的固定作用，只有少部分会在风暴中被连根拔起。但是，高高卷起的风暴潮会直接越过沼泽地带，冲向远处的陆地，并将大海中的盐分带进树林中。叶子和一些小树枝会被风刮落冲走；而如果风暴非常强大，大树的枝干就会被风摇动、冲击，直到树皮被剥落、吹走，使得树干裸露在狂风暴雨和盐水中。这可能是只有佛罗里达州海岸边的那些红树林才经历过的可怕历史。但这样的灾难很罕见，比如在佛罗里达州西南部，即使整个岛屿中的红树林都已经成熟，其生长过程还是没有经受过任何严重的破坏。

在一片红树林中，巨大而扭曲的树干，盘根错节的树根，以及组成了整个树冠的深绿色枝叶，都给红树林带来了一种神秘的美感，红树林边缘的树木直接浸泡在海水中，由此慢慢地延伸到由红树林组成的黑色沼泽中。这些树林和由它们构成的沼泽，共同构成了一个光怪陆离的世界。当海水随着潮汐没过外层的树木、渐渐渗透到沼泽中时，海水带来了许多海洋浮游生物的幼体，作为红树林世界的小移民。随着岁月的推移，大部分移民都在红树林里找到了适宜自己生存的环境，有些定居在树木的枝干或是根系上，有些定居在潮间带的软泥上，还有些则定居在浅滩的底部。而红树林可能是浅滩地区唯一的树木，更确切地说是唯一的种子植物；这里生存的其他动植物都通过一系列生物学上的关系，和它紧紧相连。

在潮汐影响范围内的红树林的枝干上，密密麻麻地长满了牡蛎，它们的壳上有许多指状的凸起，帮助它们更好地固定在树枝上，从而使它们保持不被底下的软泥覆盖。在晚上退潮之后，浣熊们就出动了，它们穿梭在根系之间，弯弯曲曲地在软泥上行走着，寻找贝壳中的牡蛎作为它们的晚餐。黑香螺也大量地取食这种生长在红树林中的牡蛎。招潮蟹们在软泥中挖掘隧道，并在涨潮时藏匿在隧道的深处，它们取食沙砾或泥土表面的植物碎屑。雄性招潮蟹有着一件特别的武器：一只巨大的钳子，它们像拉小提琴一样，不停地挥舞着它们的钳子，看来既用于防御，又用于交流。雌蟹有两个像是汤匙一样的前爪，而雄性由于其中一个进化成钳子而仅拥有一个。红树林下的泥土中富含着有机质，但同时极度缺乏氧气，红树林只得通过气根进行呼吸，以减轻缺氧对其深埋于地下的根系带来的不良影响，而招潮蟹在泥土中的活动则可以将空气带入软泥中，有益于红树林的生长。海蛇尾以及其他一些奇奇怪怪的掘洞甲壳类动物同样生存在根系中，而鹈鹕和苍鹭则在头顶上的树冠中栖息和筑巢。

在这些生长着红树林的海滨，一些开拓型的软体动物和甲壳类动物开始试着离开海洋到陆地上生存。在红树林和沼泽中，一些在涨潮时会被淹没海草根

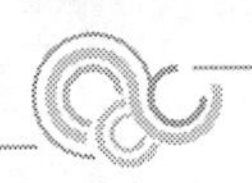

部的区域，生存着一种小海螺，它们正相互竞争着朝陆地进发呢！这就是美东尖耳螺，住在咖啡豆大小的壳里，卵圆形的壳上有着和它们生存环境相似的绿色和棕色相间的花纹，涨潮的时候，它们会爬到红树林的根或是一些草的茎上，尽可能地延迟与海水接触的时间。即使是蟹类也在进化陆地形态。这些紫色爪子的西伯利斯陆寄居蟹们隐居在最高潮汐漂流物之上的地带，那里陆地植物点缀着海岸，只有在繁殖季节，它们才会重新回到海水中。它们数以百计的个体隐藏在植物枝干间或是浮木的下端，等待着雌性携带的卵做好孵化准备。当时机到来时，寄居蟹便冲入海中，把年轻后代释放到祖先曾经生活过的水域。生活在巴哈马和佛罗里达州南部地区的白蟹是即将到达进化终点的种类，它具有空气呼吸机制，几乎可以算得上是一种彻底的陆地居民，它看似已经切断了它身上所有与大海的联系；只留下了一个春季的时间，这些白色螃蟹会像旅鼠一样竞争着涌向大海，在大海中产下它们的下一代。白色螃蟹新的一代，一旦完成了在海洋中的胚胎阶段生活，就离开海水，寻找通向陆地的途径，过与它们先辈一样的生活。

这个由红树植物构成的沼泽和树林的世界，绵延数百英里，从佛罗里达半岛的南端开始，沿着墨西哥湾一路北上，最终一直到达塞布尔角的北端，穿过整个万岛群岛。这是世界上最壮观的红树林沼泽之一，野性十足、人迹罕至。从空中掠过，可以看到红树林正在发挥着巨大作用。从空中俯瞰，万岛群岛表现出一种特别的形状和结构。地质学家们将这些岛屿形容为“一群游向东南方向的鱼群”。每一个鱼形岛屿在它们的头部都有由水潭构成的“眼睛”，而这些小鱼的头都朝着东南方。你可能会猜想，这些岛屿在形成之前可能只是一些受到海浪作用的沙子累积而成的小山隆。随着红树林的到来，把这些小山隆转变成了岛屿，用生意盎然的绿色森林，明确了这一片沙洲的形状和趋向。

今天，通过几代人的观察，我们可以看到有些小岛屿已经连为一座大岛，还有些大陆延伸出去，连接了一座岛屿。沧海桑田的变化，就展现在我们的眼前——大海变成了陆地。

这些由红树林构成的海滨，未来将会是个什么样子？如果根据过去一段时间的演化，我们可以预测：如今面积广大的一片只有几座岛屿的海洋，将变成陆地。但这只是当今人类的一些幻想。一片不断上升的海洋，也完全可能书写出一段别样的历史。

与此同时，红树林也在不断地生长，它们默默地在热带的环境下扩大它们的范围，不断生长出牢固的根系，依靠着潮汐，将它们的下一代一个接一个地送上远航的旅程。

在近海平静的夜晚，大海上的月光被搅碎成银色的波光，海流不断地涌向海岸，生命的脉搏涌动在珊瑚礁上。已经有数以亿计来自大海的珊瑚虫，证明了它们存在的必要性。通过快速地代谢，珊瑚虫将桡脚类动物的组织、海螺幼虫和细小蠕虫，通通转化成自己身体的一部分。于是珊瑚们慢慢地生长、繁殖、出芽，在珊瑚礁体上的每一只珊瑚虫都增建了属于它们自己的石灰质虫室。

随着时间的流逝，千秋万代的生物都慢慢地汇入时光的长河之中，珊瑚礁和红树林这两派建筑师，共同构筑出神秘的未来。但是，无论是珊瑚礁还是红树林，都无法决定它们构建出来的世界将会在何时变成陆地，或将会在何时重新成为海洋；将决定这些时机的，唯有海洋本身。

阅读思考：人们关注珊瑚有什么意义？作者在博物观察中体现出了什么样的情怀？

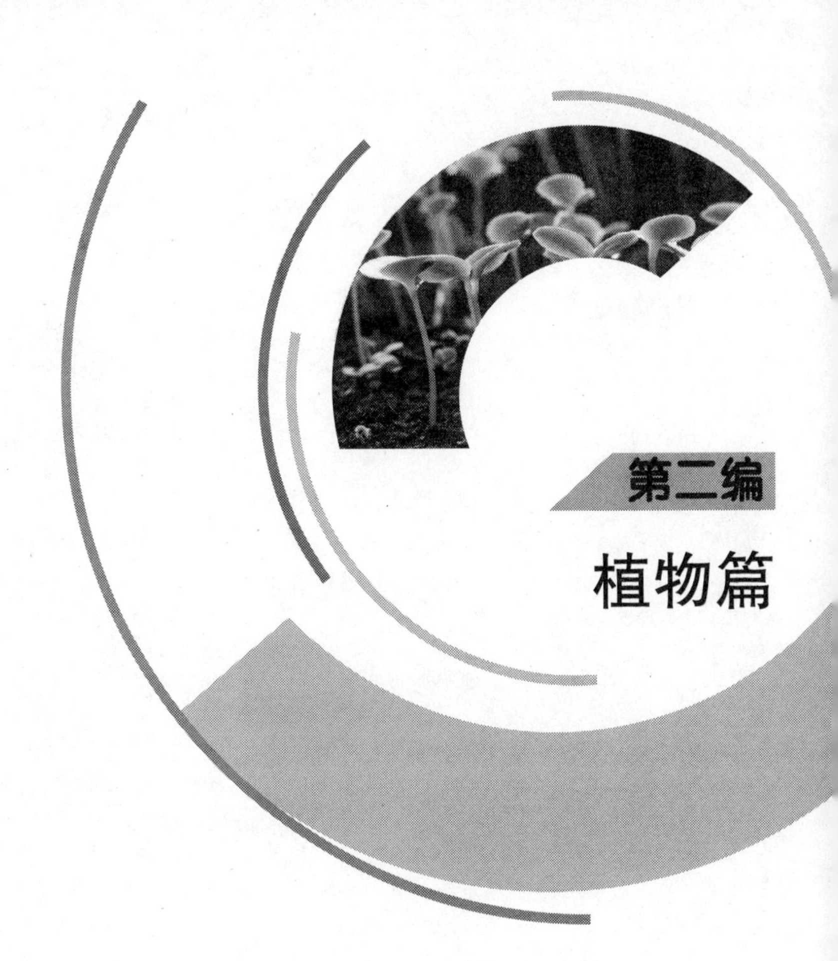

第二编

植物篇

随处可见的平凡杂草[1]

理查德·梅比

理查德·梅比，英国博物学家和主持人，著有多部畅销读物并获多种大奖。在我们过去的观念中，杂草似乎已经成为整洁有序环境的对立物，经常看到为了整治环境而去人工拔除野草，而没有意识到杂草作为自然系统中重要成员的生态和美学价值。此文选自其《杂草的故事》一书，标题为编者所加。

倘若有什么植物妨碍了我们的计划，或是扰乱了我们干净齐整的世界，人们就会给它们冠上杂草之名。可如果你本没什么宏伟大计或长远蓝图，它们就只是清新简单的绿影，一点也不面目可憎。我与杂草的缘分始于我和植物的第一次近距离接触，而这次相遇是我生命中一次意外的惊喜。

那时我只有二十五六岁，在外伦敦的一家出版社做编辑。每天我都要从位于奇尔特恩的家出发去城乡接合部上班，从伦敦周围沉静的乡村一路行至城市中略带荒凉的角落，我很喜欢这段充满矛盾之美的旅程。企鹅出版集团的教育部可不是什么充满浪漫气息的文艺沙龙，笼罩着这里的只有悬铃木投下的树影。成立教育部是为了开发一种新型的教科书，这样一个先锋部门连选址也不同寻常，一反传统地挑在了希思罗机场北面1.6千米的地方。这里地处米德尔塞克斯郡的边缘地带，大片大片的荒地正慢慢被高科技产业占领。在我办公室的窗户下面，大联盟运河载着散落水面的漂浮物源源不断地向伦敦流去，河岸边是来自世界各地的外来植物。运河往西是交错混乱的采砾场和废弃的垃圾场，它们都古老得可以追溯到维多利亚时代，如今那片采砾场更已淹没在水下。拾荒者是那里的常客，他们到处翻捡的情景让人感觉他们似乎正站在某个第三世

① [英]理查德·梅比.杂草的故事[M].陈曦译.南京：译林出版社，2015.

界的贫民窟外。向北则是错综混乱如迷宫一般的废车场和拖车停车场，德国牧羊犬是那里的统治者。总之这里到处是不知从何而来的垃圾，它们成堆成片地散布在整个区域。而最让我开心的是，这里长满了茂密的杂草。

那时我的工作主要是为辍学的学生编写一些有关时事和社会研究的书籍。当时最时兴的就是这种"联系时事"的读物。这些书籍（其实更像是杂志）中的内容是一些我们希望读者能够理解但也有一定政治难度的东西，目标读者群是那些长期颠沛流离的人。而每当我望向窗外那些绿意汹涌的杂草，就仿佛看见那样一个多变不定的世界正飞快地向我们走来。

这片杂草并没什么美丽可爱之处，完全不是英国田园诗中那种野花烂漫的景象，甚至与英式风格沾不上半点边。但它们充满了生机——不加雕琢的、无处不在的、光合作用下的勃勃生机。老旧的垃圾场里，茂密的毒参从碎石中钻出，茁壮地生长着。爬着小虫的喜马拉雅凤仙花散发出清洁剂的清香，几乎把脚下的废玻璃瓶遮得严严实实。来自中国的醉鱼草长得足有9米高，好几种植物都层层叠叠地被它笼在身下。虎杖来自日本；开着洋红色花朵的宽叶山黧豆则来自地中海；曼陀罗开出的鹅颈花朵精致美丽，不过它们分布得如此之广，以至于我们已无法确知其原产地。在这几种植物之下，生长着更加不起眼的杂草，它们默默地装饰着铺满塑料和玻璃的土地。这里还有用来做苦艾酒的艾草，还有三种茄科植物；款冬的叶子是马蹄形的，刺缘毛连菜的叶子则布满斑点，就像刚被工业用酸喷过一样。孜然芹、起绒草和张牙舞爪的葫芦在这里长成一片——这幅景象除了在这种废弃之地可能出现，在英国别处是绝对见不到的。这些杂草营造出了一种梦幻的气氛，仿佛"废墟"这个词成了一句咒语，轻轻一念便把不可能变成可能。

午休时我常在这片荒草丛生的世外桃源中散步，一边为杂草的繁茂昌盛而惊叹，一边带点天真烂漫地感到它们这种从废墟中重生的力量与我们为之努力的工作是多么契合。这些植物就像我们并肩作战的战友，而在这里它们战胜了工业时代的废墟。

这段经历是我与植物世界结缘的起点，也永久地影响了我对那些常被蔑称为"杂草"的植物的态度。我更喜欢从另一个角度看待它们，看看我们能从它们蓬勃的生机中得到什么正面的启示。不过我承认，我这种60多岁的老头对追寻米德尔塞克斯郡奇观的热切劲儿是有点古怪，甚至可能有点不负责任。毕竟按大部分标准而言，它们都是最糟糕的那类杂草。它们中有许多是逃逸到野外的

物种，有许多是入侵物种。它们从管理严格的园林和医药公司农场中叛逃，然后四处作恶。有几种杂草极具毒性，至少有两个品种后来表现出了很强的入侵性，以致政府将它们列入了黑名单，写明“在野外种植或导致其在野外生长”是违法行为。但对于杂草而言，环境决定着一切，无论什么植物长在如此残破不堪的地方都会变成杂草。它们被生长环境背负的罪名连累，长在哪里就被认为与那个地方是“一路货色”。那些从垃圾堆中萌芽的植物，自己也变成了某种垃圾——植物垃圾。

实际上，杂草的名声以及随之而来的命运是基于人类的主观判断的，妖魔化它们还是接受它们完全取决于我们，但鉴于杂草对环境的种种影响，这一点并不总那么显而易见。自《创世记》将“荆棘和蒺藜”作为人类在伊甸园中犯错后的长期惩罚，杂草们似乎就背上了许多超出自身本质的东西，人们常常忘了它们就像细菌一样，只是随处可见和不言而喻的普通生物，而非什么文化符号。数千年来它们与农作物争夺资源，奋力反击。中世纪时它们引起过大规模中毒事件，还因此被冠以恶名，暗示它们是魔鬼的幼苗。如今，尽管每年为了对付它们而喷洒的农药比防治虫害的多得多，它们依旧能让粮食减产10%~20%。

而它们造成的问题也日益严重。由于全球贸易的发展，一类全新的杂草正向全世界散播。独脚金是一种美丽的寄生植物，在原产地肯尼亚，它的花朵被用来铺洒在迎接贵客的道路上。1956年它来到了美国东部，在这里它使成千上万平方米的农田颗粒无收。作为一种林地花园的观赏性灌木，虎杖在维多利亚时代被引入英国。在之后的一个多世纪中，我们只顾着欣赏它精致的花柱和雅致的枝叶，直到现在才发现它是英国最危险的入侵植物。如今想要把伦敦东区奥运会场馆区域的虎杖清理干净，据估算所需的资金为7000万英镑。在这些植物从美景变成杂草的过程中，它们自身没有任何改变，改变的只是所处的地点。

仅从上面的两个例子中，我们就能清楚地看到所谓“杂草”的矛盾性和多变性。一个地方的观赏性植物到了另一个地方就成了可怕的入侵物种。几个世纪前还是粮食或药物的植物，现在却可能从云端跌入谷底，变成森林中的不速之客。而把杂草改造为食物、孩子的玩具或文化符号也并不困难。藜就是一种经历了所有这些文化变迁的植物。这种植物最初长在海岸边，后来成了新石器时代农夫常用的堆肥原料，之后因为它的种子油分很足，尽管并不是理想的作物，人们还是选择它进行了种植。再后来，由于人们口味的转变，它成了遭人厌嫌的有害植物，因为它会妨害甜菜等作物的生长（有讽刺意味的是，藜与甜菜属于同一个目），直到成为现代饲料之后它才又挽回了一点地位。

当然，一切都取决于你对杂草的定义是什么。这定义，就是杂草背后的文化故事。我们如何、为何将何处的植物定性为不受欢迎的杂草，正是我们不断探寻如何界定自然与文化、野生与驯养的过程的一部分。而这些界限的聪明与宽容程度，将决定这个星球上大部分绿色植物的角色。

在杂草的定义中，最为人所熟知也是最简单的一种当属“出现在错误地点的植物”，也就是说杂草长在了你本希望长出其他植物或者根本不希望长出植物的地方。这个定义还算贴切，也能解释一些事情。比如英国蓝铃花本属于森林，可一旦到了花园里，它们往往会疯狂地长满整个园子，变成招人烦的杂草；而来自地中海地区的西班牙蓝铃花一旦从花园逃逸，就会变成可怕的入侵者，进入当地的树林，威胁到本土“真正”的蓝铃花。但这些例子中的“适宜”与否有许多微妙之处，并不是简单的一个生物归属地就可以解释的。花园是私人领地，蓝铃花入侵时人们会感觉自己那份私密仿佛也被入侵；同样，入侵到英国的西班牙蓝铃花可能会激起你的民族主义情怀，甚至激发出一种审美上的爱国主义：看哪，土生土长的蓝铃花多么柔软，它们弯曲的花茎充满凯尔特风情，与不列颠的树林如此协调，哪像西班牙的花朵那样唐突粗糙，花茎弯得也不像样子。

可是这个定义是十分粗糙的，并且会引出什么才是“正确地点”的问题。以梣树为例，对它们而言这世界上最正确的地点莫过于它们生活的温带树林了。可一旦梣树与其他更具有经济价值的树木长在一起，再加上它们蓬勃的生命力可能会影响护林人的收成，护林人就会管它们叫作“杂树”。在这个例子中，客观意义上的“正确地点”让位于“领地”——一个更加私人化、更具有文化意义的空间。

杂草的判定标准也可能随时间发生戏剧性的变化。一名澳大利亚维多利州的早期移民就还清楚地记得，一种与他们一起来澳大利亚的苏格兰植物，是如何从故国情怀的纪念品变成非法入侵者的：“有一天我们看见一株大翅蓟长在一根圆木旁边，离马厩不远——很明显是有种子从马饲料中漏出来，在这里生根发芽了……我们把它用报纸小心翼翼地包起来，并用石头压住。没几天工夫，这株小草就长得十分漂亮，我们四处向人炫耀，自豪得不行。可当时谁也

没想到，20多年以后，这种来自苏格兰的蓟草会遍布整片大陆，而且这种草成了有害物种，一些郡县和地区甚至需要设立特殊法案，强制性地从私人空间中拔除它们。”

还有一些杂草的定义，则着重表达了杂草在文化上的其他不适宜性或不利性。拉尔夫·沃尔多·爱默生[①]倾向于从可用性的角度出发，将杂草简单地定义为“优点还未被发现的植物”。这个定义给得既慷慨又友善，暗示即便是已被定罪的植物也还有翻身的可能。但就像藜的故事告诉我们的那样，有没有优点全在于当时的人们如何看待。有许多植物曾一度被认为是有用有益的，可一旦这些益处过时了，或是人们发现享受这些益处需要付出不小的代价，它们便会立即失宠。罗马人把宽叶羊角芹引入英国，本是冲着它既有缓解痛风的药效，又可当作食物。但2000年转眼过去，经过几场医学革命的洗礼，这种植物再无药用价值，却变成了英国花圃中最顽固难除、惹人厌恶的杂草。

杂草另一个不受欢迎和饱受诟病的特征是毒性。美国最臭名昭著的杂草是毒漆藤，尽管它造成的经济损失远不是杂草中最多的，但它的形象已经随着杰瑞·莱贝尔和迈克·斯托勒[②]制作的歌曲而深入人心。这对搭档曾制作过几首以杂草为主题的摇滚歌曲，如托尼·乔·怀特[③]原唱、猫王多次翻唱的《做野菜沙拉的安妮》。在关于毒漆藤的那首歌中，毒漆藤被比作一个惯耍心机的女人，她会“深入你的皮肤”，然后“你会需要一片海洋/炉甘石洗剂的海洋”。实际上，炉甘石洗剂对缓解皮肤接触毒漆藤后的症状没什么用处。不管你跟这种植物的接触多么短暂，接触的地方都会立刻变红。只要一片破损的叶子轻轻扫过你的皮肤，噩梦般的体验就会随之而来。皮肤会红肿、起水疱，并且无法控制地发痒。如果你对这种毒素敏感（通常来说胖人比瘦人更容易敏感），你的发热和水肿可以持续好几天。你不需要跟毒漆藤直接接触，一次握手，一条毛巾，甚至只是不小心摸到刚从树林里回来的人所穿的鞋，就足以让你染上“漆酚接触性皮炎”。即使你足不出户，只要窗外的篝火里有几片毒漆藤的叶子，

---

① 拉尔夫·沃尔多·爱默生（Ralph Waldo Emerson，1803—1882），美国思想家、文学家、诗人，确立美国文化精神的代表人物。

② 杰瑞·莱贝尔（Jerry Lieber，1933—2011）和迈克·斯托勒（Mike Stoler，1933— ）均为美国传奇创作歌手，因为猫王埃尔维斯·普莱斯利写歌而闻名。

③ 托尼·乔·怀特（Tony Joe white，1943— ），英国民谣摇滚歌手。

飘过来的轻烟也足以让你染上这种皮炎。

与毒漆藤一比，异株荨麻的威力只能算是蚊子叮咬的级别；而颠茄倘若要发挥毒性，需要中毒者直接食用植物，目前对颠茄毒素感兴趣的基本只有研究它的科学家了。可是颠茄的果实不但乌黑诱人，还有致命剧毒，这使它难以见容于诸多郊野公园和国家信托基金会管辖的产业，业主们生怕没将它们清理干净而惹来游客投诉。出生于英国萨福克郡的杰出植物学家弗朗西斯·辛普森[①]就曾担心，这样粗暴统一的处理方式会威胁到老费利克斯托一个少见的颠茄品种——与普通颠茄的深紫色花不同，这里开出的颠茄花是让人心醉的淡紫色。辛普森说："这些植物和它们的果实面临着一种危险，即有一天被一群过分热心的人找到，然后毁于他们之手——这样的毁坏经常发生在颠茄身上。如果有机会，我一定要去老费利克斯托把它们的果实摘回来，保护它们，帮它们延续下去。"

如果说因为知道某种植物能够杀死我们而对其产生负面印象是可以理解的，另一种厌恶情绪可就算不上理性了。有些植物被贬为杂草，只是因为我们在道德层面不赞许它们的行为。寄生就是个十分昭著的恶名，寄生者从其他植物那里夺取营养，罔顾寄主的安危。常春藤更是冤枉，明明不是寄生植物却被人诬为寄生植物。它们依附在树上单纯是为了获取支撑，并未从树木身上拿走半点营养。常春藤若是长得过于茂盛，它们的重量确实可能给树木造成伤害，但这个平淡的事实哪有树汁吸食者、植物吸血鬼来得更有话题，更适合作妖魔化的基础呢？

哪怕仅仅是外形丑陋或姿态不美，也可能会被当作弱点或道德层面的缺陷。我记得那些矮小、羞涩、瘦弱的孩子在学校里被叫作"杂草"的场景；而把像繁缕和猪殃殃这样矮小、孱弱、匍匐在地面的植物归为杂草，简直就像在欺负它们的弱小，这进一步说明了杂草的定义是多么弹性十足又自相矛盾。约翰·拉斯金[②]在为花朵寻求审美标准和道德标准的路上走得很远。他认为，有些植物是"半成品"——以夏枯草为例，它能在没喷农药的草坪上迅速蔓延，用自己紫色的花朵和苞片给青草镀上一层紫铜般的色泽，而这正是无数草坪爱好

---

① 弗朗西斯·辛普森(Francis Simpson,1912—2003)，英国博物学家和作家。

② 约翰·拉斯金(John Ruskin,1819—1900)，又译作约翰·罗斯金，英国维多利亚时代的作家、艺术家、评论家。

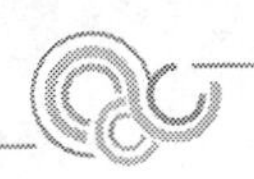

者憎恶它的理由。“它的花瓣特征很不正常，”被视为维多利亚时代审美趣味代言人的拉斯金这样写道，“哪有植物会在花朵中央长出成簇的刚毛，哪有植物的花瓣呈现如利齿鱼下颌般的参差边缘，哪有植物看上去像是动物喉咙里生病的腺体。”拉斯金难掩的厌恶与人类常在植物中区分阳春白雪和下里巴人的行为如出一辙。19世纪的园艺作家J.C.劳登[①]就曾邀请他的读者们“将植物与人两相比较，把土著品种(即野生植物)与原始人对应，把园艺品种(即人工培育的植物)与文明人对应”。

即便是“野生”这个特点本身，倘若出现在不正确的时间、不正确的场合，也会被认为是有失体面的出身。臭嚏根草(这个名字会给人先入为主的不良印象)遍布整个欧洲的白垩土质森林，它们那一簇簇柠檬绿色的花朵轻轻地垂着，每朵花的边缘都有一道细细的红色镶边。每年2月它们就早早地开了花，在灰暗的冬天里自顾自地闪光，像暗夜里的星辰。它们如今理所应当地成了园艺界的宠儿，可有谁知道，1975年，当杰出的植物栽培者贝丝·查托[②]女士在英国皇家园艺学会的展览上第一次展出它时，她差点被取消参展资格——因为她带来的臭嚏根草来自野外，所以它被划分为杂草。

不过，英国皇家园艺学会的傲慢比起休斯敦极端严苛的法令，就是小巫见大巫了。太空城休斯敦的地方法规中明确规定“任何房地产所辖土地内，倘若覆盖或部分覆盖有杂草、灌木丛、垃圾和其他任何会令人不悦、有损市容、有碍卫生之物”乃是违法行为。在这一大段枯燥的法令中，杂草被定义为“任何高度超过20厘米的非人工种植的植物”——若按这个标准，美国2/3的本土植物到了休斯敦都会变成违法植物。美国农业部在制定植物黑名单时，也是费了不少功夫才找到较为适用的统一标准，但农业部也承认“我们国家的植物中有一半以上都是不受部分人欢迎的品种”。

如果按照这种标准，我们每个人都能列出一个自己的杂草名单。我的名单会包括油菜和桂樱。只要被自己不喜欢的植物侵扰，就有权利成为正义的一方，对它们横加评判和指责。在这种思维方式下，恐怕没有哪种植物能逃脱变

① J.C.劳登(J.C.Loudon，1783—1843)，英国植物学家、园林设计师和墓地设计师，也是作家和园艺杂志主编。

② 贝丝·查托(Beth Chatto，1923—)，英国植物学家、园林设计师和作家，曾创建贝丝·查托花园。

成杂草的命运。我曾与已故的著名玫瑰种植家汉弗莱·布鲁克一起拍摄过一部短片，他在萨福克郡有一片瑰丽无比的花园，里面种植着约900种不同的原生种玫瑰和古典玫瑰。他从来不修剪这些心爱的花丛，也很少为它们除草。一位法国记者这样评价他的花园："与其说是玫瑰花园，倒不如说是玫瑰丛林。"可他的花儿都生得那样好，他园子里的"莫梅森的纪念品"①，源自约瑟芬皇后玫瑰园的品种，茂盛浓密，即便是深冬的寒气也无法阻挡它们绽放出飘着檀香香气的、层层叠叠的乳白色花朵，而每到这时，汉弗莱总会采下一束送给伊丽莎白王太后，以装点她的圣诞节早餐桌。

短片的拍摄结束后，我们把当时已经70岁的汉弗莱带到了一家当地的酒吧，他在酒吧里喝到微醺，然后因为举止不端被人丢了出来。从酒吧回去的路上，我们经过了一座郊区花园，花园主人挑了一些荧光红和荧光橙色的现代玫瑰种在其中。汉弗莱看见此景，晃晃悠悠地停了下来，盯着那片玫瑰，那眼神仿佛是看见一个卖废品的人把一块合成木板粘在了一张奇彭代尔式的木桌上，然后他冲着那个倒霉的种花人大喊："你们这些不懂花的蠢货！"

杂草不仅指那些出现在错误地点的植物，还包括那些误入错误文化的植物。

所有这些杂草的定义都是从人类的角度出发的。它们是妨碍了人类的植物，它们抢夺农作物的营养，破坏园艺设计师精心的布置，不按我们的行为准则生存，还给游手好闲之人提供了讨厌又坚实的藏身之处。但它们是否可能有一个植物学的，或者至少是生态学上的定义？我的意思并不是说杂草们可能具有生物学上的亲缘关系，事实上被叫作杂草的植物遍布每一个植物类群，从简单的藻类到雨林的大树。但它们至少有一个行为特征上的共同点：哪里有人类，它们就在哪里欣欣向荣。它们并不是寄生虫，因为即便没有了人类它们一样可以生存，但我们就像它们的绝佳拍档，只要有我们在侧，它们就能发挥出最好水平。我们砍伐森林，我们刨地挖土，我们耕种，我们丢弃富含营养成分的垃圾，无论我们对脚下的土地做什么，它们总会跑来添情增趣。它们从耕

---

① 这种玫瑰享有"玫瑰与芳香之后"的美誉，它的由来可追溯及拿破仑的妻子约瑟芬，她非常喜欢玫瑰和蔷薇，"莫梅森的纪念品"为她最钟爱的品种。此名得自俄罗斯的某位公爵，他在约瑟芬皇后的英梅森堡花园中得到此玫瑰的样本，从而将其正式命名为"莫梅森的纪念品"。

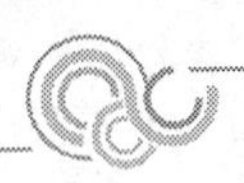

地里冒头，它们在战场边发芽，它们点缀在停车场里，它们不识趣地挤进绿草带。它们利用着我们的运输系统、我们对烹饪美食的热情、我们对包装分类的痴迷，最重要的是，它们利用了我们搅乱世界、打破所有常规的时机。假如我告诉你，如今世界上杂草生长最繁盛的地方正是那些除草最卖力的地方，你可能会觉得这是句废话，但这句废话应该引起我们的思考，除草是不是令杂草越除越多？

作为人类的老朋友和追随者，杂草与人类比邻而居的画面十分中性，并无太多恶意侵扰的色彩。不仅如此，它们实际上发挥着许多积极的作用。我们与许多杂草都保持着共生的关系，这意味着人类从中获得的益处一点也不比植物少。杂草寻常易得，熟悉好认，无论家里有什么需求，它们永远是手边最便利的选择。杂草是最早的蔬菜，是最古老的药材，是最先使用的染料。在如何让杂草物尽其用这一点上，人类的才智发挥得淋漓尽致。木贼是一种长在排水不畅的土地上的顽强杂草，它的叶子上生有许多小小的硅粒，因此这种植物十分粗粝，并曾经被用来打磨镴制器皿和箭杆。灯芯草本是喜欢紧实性好的土壤的入侵者，可人类却把它的草芯泡在油脂里制成了烛芯。

许多被我们称为杂草的植物都有着很高的文化价值。雏菊在英国有35种以上的别名；虞美人这种英国本土的野花，象征着我们对第一次世界大战、第二次世界大战中死去士兵的怀念。孩子们尤其容易注意到身边的杂草，大人眼中的坏名声和惹人厌的品质，却可能颇得孩子的欢心。他们把鼠大麦的种子挂在头发上，拿车前草当手枪更是他们玩熟了的游戏；不仅如此，天性好奇的他们还总能迅速发现新来的物种。喜马拉雅凤仙花的种荚爆炸力强劲，这使得它的种子能够弹出很远，而这也正是它作为外来物种能够传播得如此广泛的原因，如今它因此成了一种竞赛的主角，孩子们争相挤爆它的种荚，比谁的种子飞得更远。J.K.罗琳[①]明白孩子们对奇异植物的迷恋，所以霍格沃茨魔法学校里有一大堆怪异诡秘且让人讨厌的杂草。巴波块茎是一种黏稠的、黑色的、像鼻涕虫一般的植物，它能够蠕动，且周身长满满是脓液的肿块，皮肤一旦碰到就会长出疖子。魔鬼网是一种可怕的藤蔓植物，无论哪个倒霉蛋靠近它，都会立刻被它的枝蔓卷住。有趣的是，可以解除魔鬼网威胁的是一句与蓝铃花有关的咒

---

① J.K.罗琳（J.K.Rowling，1965— ），英国当代女作家，著有哈利·波特系列小说。

语，而蓝铃花正是一种“好”植物，而非杂草。

杂草还有其他的好处。民间故事里常有一些关于它们的模糊描写，如农民们会在两茬粮食之间把杂草堆成肥料，把它们从土壤里掠夺的营养又还回土壤中去。我已故的朋友罗杰·迪金[①]有一畦菜地，每当除草不利时，他总为自己找借口说“杂草能帮菜根保持水分”。杂草总让我们头疼，但它们的存在也许有生态学上的意义。它们在这星球上的生存时间之久、境遇之成功，表明从进化的角度来说它们是高度适应地球环境的，它们为自己争得了一席之地。当然，它们的这种成功并无什么目的性，即便有，它们的目的也不太可能是专门来破坏我们的宏伟大计。跟所有其他生物一样，它们只是为了生存而生存。但倘若我们审视一下长久以来人类与杂草爱恨交织的历史，思忖杂草在整个生态格局中的角色，可能会得到新的启发。即便只是粗略地一瞥，我们也会注意到，杂草好像更善于在荒芜的土地上扎根，在破败的景致间生长，而它们所带来的坏处也许远少于人类归罪于它们的坏处。

可是到了21世纪，植物中出现了更可怕的种类，它们侵略的野性爆发得更加彻底，它们的恶名不再只是个人好恶或文化差异所致，这些植物中的恶霸能够侵害整个生态系统、破坏农作物、毁掉园林景色。这种超级杂草是科幻小说最爱的反派之一。比如某种外星植物的种子落到了地球上，几个小时之内就疯狂繁衍，迅速覆盖了整个地球，甚至还能跟人类进行杂交。再如某种转基因作物把自己抗除草剂和抗病的基因传播到了野生燕麦身上，于是一个终极植物怪兽由此诞生，而颇具讽刺意味的是，这样的怪物完美契合了以人类为中心的杂草定义：由人类一手创造的猖獗的植物。在现实世界中，这样的超级杂草已然存在，只不过它们并非外星人入侵的结果，而是人类对自然世界肆无忌惮的破坏所造成的。有时候，一种植物成为杂草，继而成为纵横多国的凶猛杂草，是因为人类把其他野生植物全都铲除，使这种植物失去了可以互相制约、保持平衡的物种。1964—1971年，美国向越南喷洒了多达1200万吨的橙剂。臭名昭著的橙剂是一种混合物，组成成分包括苯氧乙酸类除草剂、二噁英和松节油，被用作落叶剂。美军使用橙剂是为了让整片雨林树叶尽落，从而使越共的部队无处藏身。这一行为可害苦了大量越南百姓，并且已经被《日内瓦公约》所禁止。但这个禁令对这片越南雨林而言已经太迟了，40多年过去了，这片森林依旧没

---

① 罗杰·迪金（Roger Deakin，1943—2006），英国作家、纪录片制作人和环保专家。

能从当年的破坏中恢复过来。当年生长着茂密雨林的地方，如今只有一种叫作丝茅的坚韧草类。丝茅是东南亚森林地表植被的组成物种之一。每当树木落叶，丝茅便会旺盛地生长一小段时间，可一旦树荫重新遮住阳光，丝茅就会默默地退去。所以，当越南的森林因为橙剂而永久性落叶后，丝茅便疯狂地长满了整片林地。人们一次又一次地焚烧丝茅，却似乎只是一次又一次地助长了它们的长势。人们尝试在这片土地上种植柚木、菠萝甚至是强大的竹子以遏制丝茅，却一次次地失败了。于是丝茅不出所料地被当地人称为"美国杂草"。最近丝茅躲在美国从亚洲进口的室内盆栽的包装里潜入了美国，如今正在美国南部各州肆虐，不得不说这种复仇颇有些诗意。

另有一些可怕的杂草则纯粹是人类的短视所致。有箴言说杂草只是长在了错误地点的植物，如今这话又有了新的诠释。人类移栽了许多物种，尤其是可以用来装饰花园或当作粮食的植物，就是为了让它们在新环境中能够所向披靡。它们常常被迁移到距离原生环境几千千米的地方，从而避开啮咬植物的害虫和原产地的病害，但也脱离了这些因素的制约。这些都市入侵者们多来自于土壤肥沃的亚热带，其破坏力更不可与寻常杂草同日而语。澳大利亚是受害最为严重的地区，超过2500种外来物种对当地的野生生物造成了巨大伤害。从全球范围来看，这一类"外来入侵者"所造成的危害，使它们成为继气候变化和栖息地减少之后第三大威胁生物多样性的因素。

某种植物即便本性温和，一旦到了新环境里也可能性情大变。千屈菜是英国最美丽的花卉之一。约翰·艾弗莱特·米莱斯[1]在画作《奥菲莉娅》中描绘了奥菲莉娅溺死的场景，河岸上那一束束洋红色的花枝正是千屈菜。这种花优雅含蓄，喜欢长在溪边或沼泽地，很少走远。它的英文名直译自拉丁文*Lysimachia*，意为"冲突的拯救者"，而古罗马作家、博物学家老普林尼认为千屈菜对平静和谐有强大的促进作用，"如果把它放在易怒公牛的牛轭上，便可平息怒气"。但这种花于19世纪初来到了新大陆，它很可能就藏身在某块从欧洲湿地挖出来的压舱石下，搭了一趟顺风船，无论如何，它的到来注定会在当地引起强烈的反应。压舱石被丢弃在了海岸边，于是千屈菜就在这里生根发芽。这里不是英国，地上地下都没有讨厌的虫子啮咬它、牵制它，于是它如同雄心勃勃的开拓者一般一路向西。站稳脚跟后它又开始沿河道而上，把河岸两

① 约翰·艾弗莱特·米莱斯(John Everett Millais,1829—1896)，英国画家。

边覆盖得严严实实，绵延数千米，逼得本土物种几乎要在当地灭绝。哈德孙河湿地变成了一片密密实实的紫色丛林，连麝鼠也钻不进去。到了2001年，千屈菜甚至蔓延到了生态脆弱的阿拉斯加沼泽。

不过好在千屈菜只能在湿地环境中肆虐，这或多或少是种安慰。植物迁移的规模如此之大，种类如此之多，极端强大的有害植物——能四处蔓延、生长迅速、绿叶蔽天、常年不凋、无孔不入、能适应各种气候的恶魔之草，竟还没出现在现实生活中，并横扫从亚马孙巴西坚果果园到赫布里底群岛[1]土豆田的各种植被，也真够让人惊讶了。这种植物之所以还没有出现，也不太可能会出现——的原因在于一个与植物有关的重要事实，而这个事实也将帮助我们找到一个能暂时缓解杂草问题的方法。

"出现在错误的地点"是当今世界一个十分寻常的问题。各种各样的事物从一种文化进入另一种文化，这让双方都不知所措，但有时也会带来新的契机。杂草就是这庞大的外来大军中的一员，所到之处，它们总是不受欢迎。倘若简单地把我们对外来植物的态度与我们对外来人口的态度相对比，或是轻佻地认为人们对入侵植物合理的担心乃是某种植物版的仇外，都是不对的。杂草带来的问题是确有其事、客观存在的，而我们给予它们的反应和处理方式也往往是理性的。不过，我们在文化层面对外来者的回应却都十分相似。杂草的典型形象是不被信任的入侵者。它们抢走了本属于本土植物的空间和资源。它们的粗鄙使它们成了植物中的底层公民。它们那往往来自异邦的出身和几乎总是异端的行径，都在不停挑战着我们忍耐的限度。我们有没有对它们多一些忍耐并尝试着接受它们，或者努力阻止它们离开原生环境、入侵我们精心雕琢的小天地？这熟悉的多元文化的难题，竟在杂草生态学中也得到了重现。

人们最担心的是意外融合所带来的后果。杂草在全球范围内取得的优势可能会令全世界的物种趋向于单一，有特色的物种和当地的物种会被侵略性强且在任何环境都能生长的物种驱逐出去，后者被政治学家斯蒂芬·迈耶[2]称为"适应性强的多面手"。"总会有足够多的生物不断地覆盖着这个星球，"他在他的著作《荒野的终结》中写道，"但覆盖着的生物却不再相同：它们的多样性越来越小，来自异乡的物种越来越少，越来越没有新意，越来越难让人感受到我们

---

① 英国赫布里底群岛，位于苏格兰沿海。

② 斯蒂芬·迈耶(Stephen Meyer，1952—2006)，麻省理工学院政治学教授。

灵魂深处对大自然的敬畏和赞叹。生态系统会围绕人类形成，大自然中缤纷让位于单调，瑰丽让位于苍白，喧闹让位于死寂。”

这一切已经发生。早在20世纪初，许多常见的杂草已是遍布四海。例如，蕨菜、繁缕、萹蓄、小酸模、异株荨麻和旋花，这些本是英国的土著品种，如今足迹也遍布五大洲。无论是欧洲、北美洲还是澳大利亚，城市里最常见的杂草品种都是一样的。实际上传播最广的杂草都来自欧洲，这是当年的殖民统治所遗留下的颇具讽刺意味的副作用。不过，如今的世界贸易为所有潜在的杂草都提供了同样理想的机会。于1997年汇编的“世界上危害最大的杂草”前18位名单中，只有3种欧洲植物——藜、田旋花和野燕麦。剩下的大部分是来自热带的凶猛杂草，包括排名第七的丝茅和排名第一的香附，而香附更是被公认为“世界上危害最大的杂草”。

杂草肆虐之下，几乎没有地方幸免于难。法国洛特的勒弗村一向以忠于法国传统文化为自我定位。这里的房子以当地石板为盖，以栗树的木材为框架。周围的树木都是循古法种植保养的当地树种。但在2008年，我走在勒弗村的羊肠小道上时，犹如身处国际植物园中：墙边和路上是已经适应当地环境的小花凤仙花（来自俄罗斯）、橙色凤仙花（来自北美洲）、喜马拉雅凤仙花（来自喜马拉雅山脉）、倒挂金钟（来自智利）、醉鱼草（来自中国）、小蓬草（来自北美洲）、苏门白酒草（不是来自苏门答腊，而是南美洲）和雄黄兰（原产于南美洲，后由一个法国人培育）。美国诗人加里·斯奈德在攀登美国西部的一座名山——塔马尔派斯山时，便与入侵植物来了个亲密接触：“我们正走在被泥土掩了一半的防火道上，想要穿过草场。东边峡谷无风处是一片密林。加利福尼亚州本土植物协会的志愿者站在路边，穿着塔马尔派斯山保育俱乐部的T恤，正在拔除植物根茎。我问他们在拔什么，他们答道：‘贯叶泽兰，一种从墨西哥传过来的入侵物种。’”贯叶泽兰是紫菀属植物的亲戚，得名的原因是它们的茎看起来像是从叶子中贯穿而过。但它的名字亦可直译为“到处都有的草”[①]，望之如同现代杂草无处不在的象征，而现代杂草也确实完完全全地渗入了我们的世界。

不过，我们也不应以偏概全，拿最具侵略性的杂草的特性来评判所有杂

① 它的英文叫作thoroughwort，由thorough（贯穿的）和wort（草）组成，但thorough也有“完全的，彻底的”之意。thoroughwort便也可解释为“到处都有的草”。

草。杂草，即便是最凶猛的入侵物种也给我们带来了一些好处。它们为废宅弃院装点绿意；它们顶替那些被人类逼至濒危的脆弱植物，顽强地生长着。它们愿意在最恶劣的环境中扎根（无论是经历炮火的城市，还是墙壁上的一道裂痕）为那些被夺去生机的地方细腻无声地注入自然的气息。从这个角度来看，它们是充满矛盾的。它们追随人类的足迹，倚赖人类才能生存，但却固执地不肯按人类的规则出牌，离经叛道——而这，也正是"野性"的真谛。

杰拉尔德·曼利·霍普金斯[①]在他著名的双行体诗中赞美了这种与生俱来的独立性："让野性与潮湿留下／愿杂草与野性长存。"这种独立性也是我将在本书中探讨的内容之一。杂草的文化史是一个尚未解开的悖论，对此，另外一位诗人约翰·克莱尔[②]描述得十分精准。"我捕捉着辽阔田野上的缤纷颜色，"他写道，此刻的他正"狂喜"地盯着北安普敦郡的麦田，他是这里的一名除草工，"一块块不同颜色的作物，像一幅地图；古铜色的三叶草正盛放；晒成棕绿色的是熟透的干草；颜色略浅的小麦和大麦与放着耀眼光芒的黄色田芥菜混着；鲜红的玉米穗与蓝色的玉米棒如同落日晚霞，绚烂的颜色饱满地洒向整片土地；农田笼罩在这摄人心魄的美丽之下，不知如何是好。"如果我们想要作为一个物种生存下去，处理让我们"不知如何是好"的杂草，我们别无选择。但我们也无法忽视它们的美、它们的丰茂，更无法忽视一个事实——它们正是我们生存所必需的大部分植物的原型。被人类忽视的最重要的一点是，许多杂草也许正努力维护着这个星球上饱受创伤的地方，不让它们分崩离析。

这本书在某种程度上是一种辩解，建议我们应该更冷静地看待这些桀骜不驯的植物，去了解它们是什么，它们如何生长，以及我们讨厌它们的原因。从另一个角度来说，这也是一个关于人类的故事。植物之所以成为杂草，是因为人类赋予了它们这个标签。一万多年以来，农民、诗人、园丁、科学家和道德家都在努力解决杂草所带来的问题和它们所呈现的矛盾。这是一个不断上演着的宏大的冒险故事，而在这本书里我揭开的只是冰山一角，我主要是通过回顾杂草文化史上的关键性时刻来讲述我的故事，在这些时刻，某些杂草带来的特

---

① 杰拉尔德·曼利·霍普金斯(Gerard Manley Hopkins,1844—1889)，英国最负盛名的维多利亚时代诗人。

② 约翰·克莱尔(John Clare,1793—1846)，英国诗人，作品主要描写自然景色和乡村风光。

别的麻烦与某些人特别的执着不期而遇。我们把“杂草”这样一个顺手好用又简单粗暴的标签贴给了这么多植物，背后有什么更深层次的原因？这如何反映我们对“大自然是一个独立王国”这一概念的态度？在这本书中，我都尝试着做了探讨。在人类现代自然观的形成过程中，农耕的发展可能是最重要的事件。从这个角度来看，自然世界可以被分为两个完全不同的阵营：一边是为了人类的利益而被驯化、掌控和繁殖的生物，一边是“野生”生物，它们依旧住在自己的领地、过着或多或少都可算是随心所欲的生活。这个简单干脆的二分法在杂草出现时崩塌了。野性闯入我们的文明，而原本被驯服的物种叛离出逃、四处闯祸。杂草生动地展现了自然界的生命以及演化的过程是如何抗拒为人类文化概念所束缚的。就这样，它们让我们近距离地看到了造物的两面性是多么奇妙。

阅读思考：阅读此文会在哪些方面改变我们对于杂草的错误观念？杂草的生态和美学价值有哪些？

《诗经》植物①

潘富俊

潘富俊，美国夏威夷大学农艺及土壤博士，现任中国台湾中国文化大学景观系教授，讲授景观植物学、植物与文学、台湾的植物文化等课程。此文选自其《草木缘情》一书，该书描绘了中国古典文学中的植物世界。《诗经》是中国古代文学经典，此文对《诗经》涉及的植物做了介绍，让人们看到古人的博物传统及在文学中的体现。

前言

《诗经》是中国最古老的诗歌集，也是世界上硕果仅存的古老诗集之一。战国以前，称"诗"或"诗三百"，实际有诗305首，汉朝时开始被尊为经。《诗经》传播很广，对后世的影响很大。自古以来，上自宫廷官邸之宴会、典礼，下至百姓的日常生活，以及国与国之间的外交往来，都需要"赋诗言志"，连孔子都说："不学诗，无以言。"从春秋时代开始，经《左传》《国语》以至汉代之后所有的文学和历史作品无不引用《诗经》，也无不受到《诗经》的巨大影响。不读《诗经》，很难真正了解古代诗词和其他古典文学作品。时至今日，《诗经》的影响还是无所不在，从以下直接引用《诗经》的词句而成为今日常用语，就可见一斑：

桃之夭夭《诗经·周南·桃夭》

不忮不求《诗经·邶风·雄雉》

暴虎冯河《诗经·小雅·小旻》

① 潘富俊.草木缘情：中国古典文学中的植物世界[M].北京：商务印书馆，2016.

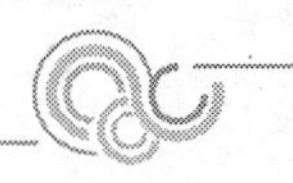

如临深渊，如履薄冰《诗经·小雅·小旻》《诗经·小雅·小宛》

小心翼翼《诗经·大雅·大明》《诗经·大雅·烝民》

自求多福《诗经·大雅·文王》

不可救药《诗经·大雅·板》

殷鉴不远《诗经·大雅·荡》

听我藐藐《诗经·大雅·抑》

夙兴夜寐《诗经·大雅·抑》

投桃报李《诗经·大雅·抑》

进退维谷《诗经·大雅·桑柔》

兢兢业业《诗经·大雅·云汉》

明哲保身《诗经·大雅·烝民》

不稂不莠《诗经·小雅·大田》

《诗经》记述动植物种类繁多，因此，古人说读《诗经》可以“多识草木虫鱼之名”。以植物而言，《诗经》记载了许多与古人生活相关的作物，也描绘了不少当时分布在华北地区的天然植被。因此除了上述的成语和常用词汇，由《诗经》内容，特别是由《诗经》植物所衍生出来的成语也有很多，可印证《诗经》对中国文学和民众生活的影响力，试引以下数端：

敬恭桑梓，语出《诗经·小雅·小弁》：“维桑与梓，必恭敬止。”

葑菲之采，语出《诗经·邶风·谷风》：“采葑采菲，无以下体。”

甘棠遗爱，典出《诗经·召南·甘棠》：“蔽芾甘棠，勿翦勿拜，召伯所说。”

甘心如荠，典出《诗经·邶风·谷风》：“谁谓荼苦？其甘如荠。”

夭桃秾李，出自《诗经·周南·桃夭》：“桃之夭夭，灼灼其华。”及《诗经·召南·何彼秾矣》：“何彼秾矣，华如桃李。”

麦秀黍离，语出《诗经·王风·黍离》：“彼黍离离，彼稷之苗。”

绵绵瓜瓞，语出《诗经·大雅·绵》：“绵绵瓜瓞，民之初生，自土沮漆。”

摽梅之年，典出《诗经·召南·摽有梅》：“摽有梅，其实七兮。”

采兰赠芍，语出《诗经·郑风·溱洧》：“士与女，方秉兰兮……维士与女，伊其相谑，赠之以芍药。”

萱草忘忧，典出《诗经·卫风·伯兮》：“焉得谖草？言树之背。”

由于《诗经》内容复杂，且制作年代久远，有许多词意深奥难懂的章节、不易了解的词句背景典故，还有大量的动植物及其他“名物”词汇。这些动植物名汇所指的种类，其形态、生活习性，以及代表的含义为何，均非一般辞书所能检索得知，对研读、理解《诗经》形成一定程度的障碍。认识《诗经》中的植物，辨别植物名称、形态特性、生态特性等，有助于体验当时民众生活周遭的环境和文化背景，能帮读者正确理解《诗经》诗文的意涵。

《诗经》的内容和《诗经》植物

周朝各诸侯分封的地区称作“国”，“风”指民俗歌谣的诗。诸侯在各领地内采集民俗之诗歌献给天子，天子将这些诗歌列于乐官，用以考察各地民俗风尚的好恶，而得知施政得失。因此，国风所呈现的题材、情绪、景物等富有多样性，且地域性非常高。《诗经》有十五国风，共160篇，包括周南11篇、召南14篇、邶风19篇、鄘风10篇、卫风10篇、王风10篇、郑风21篇、齐风11篇、魏风7篇、唐风12篇、秦风10篇、陈风10篇、桧风4篇、曹风4篇、豳风7篇。十五国风中，出现植物的篇章共86篇，占53.8%，表示一半以上的国风诗篇都有植物。

“雅”的篇章都是所谓的“正乐之歌”，包括大雅及小雅。小雅是宫廷乐歌，主要是在宴会时演唱，属燕飨之乐，共74篇，有44篇出现植物，比率高达59.5%。大雅同样是宫廷乐歌，用于较隆重的宴会和典礼，属会朝之乐，共31篇，其中14篇有植物，占45.2%。

“颂者，宗庙之乐歌。”说明“颂”是赞美诗，用于宗庙祭祀，有些还兼作舞曲，包括周颂、鲁颂和商颂。《颂》出现植物篇章的比率最少，在全部40首诗中，植物仅出现11首，占比为27.5%。周颂共31篇，有植物者6篇；鲁颂有4篇，有植物者4篇；商颂共5篇，仅1篇出现植物。

总计在《诗经》的305首诗中，有135篇出现植物，占44.3%，即近一半的《诗经》篇章内容提到或描述植物，其中多数篇章以植物来“赋、比、兴”。

《诗经》各篇章中出现植物种类最多者为《豳风·七月》，一首诗就有20种植物；其次为《小雅·南山有台》和《大雅·生民》，各出现10种植物；《大雅·皇矣》有9种植物，排名第三；出现6种植物的有6篇，分别是《鄘风·定之方中》《唐风·山有枢》《唐风·鸨羽》《小雅·黄鸟》《小雅·四月》《鲁颂·閟宫》；出现5种植物者有3篇：《陈风·东门之枌》《大雅·绵》《大雅·旱麓》。以上均为研究

《诗经》植物非常重要的篇章。其余一首诗中出现4种植物的有15篇，出现3种植物的有22篇，出现2种植物的有40篇，只出现一种植物的则有65篇。

在所有的《诗经》植物中，出现篇章数最多者为桑，共有20篇；黍类次之，共出现17篇；枣又次之，出现12篇。其他出现篇次在5篇以上者，有小麦9篇；葛藤、芦苇、柏类、葫芦瓜、松、大豆及柞木等各7篇；黄荆、棠梨、大麻、稻、粟、枸杞各6篇。这些出现篇数较多的植物，都是诗经时代和人类关系较深的植物，其中黍、麦、稻、粟、大豆、葫芦瓜均为当时主要的粮食作物及蔬菜；桑、大麻、葛藤等则与衣着有关；松、柏、柞木是分布普遍的用材树种；枣（棘）、芦苇则属分布范围广泛，为当时常见的植物之一。"萧"是菊科蒿类中被提到最多的植物，共有5首诗篇出现此植物。"萧"除供为野菜及牲畜饲料外，也是古代祭祖时常用的植物，较之其他蒿类更受到古人的歌颂和敬畏。其他出现次数较少的植物，有些属于地域性分布，有些则属于特殊用途，或用途较少。

《诗经》植物的用途类别

1. 食用植物

《诗经》中出现的植物，应该都是当时一般人所熟悉的，其中种类最多的是食用植物，包括野菜类、栽培蔬菜类、栽培谷类及水果类等。

（1）野菜类

《周南·关雎》："参差荇菜，左右流之。窈窕淑女，寤寐求之。"句中的"荇菜"，即现今的莕菜，是生长在水塘中的浮水植物，先民采集供为蔬菜。《诗经》植物中，野菜种类至少有30种，包括苍耳（卷耳）、车前草（芣苢）、蒿类（蒌、蘩、艾、蒿、蔚）、蕨、野豌豆（薇）、田字草（苹）、蕴藻（藻）、苦菜（荼）、荠菜（荠）、萹蓄（竹）、荻（菼）、萝藦（芄兰）、甘草（苓）、锦葵（荍）、冬葵（葵）、紫云英（苕）、香蒲（蒲）、栝楼（果臝）、藜（莱）、播娘蒿（莪）、苦荬菜（芑）、羊蹄（蓫）、旋花（葍）、水芹（芹）、石龙芮（堇）、水蓼（蓼）、莼菜（茆）等。其中有些野菜比较可口，至今民间仍采集或栽培食用的有苦菜、冬葵、荠菜、水芹、蕨、莼菜等。其余野菜味道大都不美或气味特殊，必须经过处理才可进食，只有粮食歉收的荒年或特别地区才会采食。

（2）栽培蔬菜

古代的食用蔬菜，大都以采撷野生植物为主，栽培蔬菜极少。《诗经》偶有篇章载录栽培蔬菜，如《邶风·谷风》："采葑采菲，无以下体。德音莫违，及尔同死。"葑与菲都是栽培蔬菜，葑即芜菁，菲即萝卜，后者是目前全世界都在食用的菜蔬，前者在华中、华北仍为重要根菜。其他只有少数植物，如匏瓜（匏）、荷花（荷）、大豆（菽）、韭菜（韭），出现在《诗经》的诗篇中。这些植物目前都是重要蔬菜，推测诗经时代已广为栽培。

（3）栽培谷类

《诗经》时代栽培较广的粮食作物有6种，即小麦（麦、来）、大麦（牟）、黍（稷）、稻、小米（粟）和大豆（菽）。其中出现篇章最多的粮食作物是黍（稷），共17篇，如《王风·黍离》："彼黍离离，彼稷之苗。行迈靡靡，中心摇摇。"说明黍类为当时北方最普遍的谷类作物。小麦虽非原产，但应早在周朝以前就引人中土。稻出现在《诗经》中，表示稻米在周代已从长江流域成功引种到黄河流域了。各种谷类经过长期栽培，均培育出不同的变种或栽培种，如黍在当时已有稷、秬、秠等品种；粟（小米）有粱、糜、芑等不同品种。大豆在古代，归类在谷类。

（4）水果类

《郑风·东门之墠》："东门之栗，有践家室。岂不尔思？子不我即。"栗即板栗，为当时常见的树种，其坚果称为栗子，是历代主要的干果类，也是诗经时代重要的淀粉来源。《鄘风·定之方中》篇"树之榛栗"的"榛"为榛子、"栗"是板栗，都是当时广为栽培的果树类植物。其他出现在《诗经》中的重要果树或生产水果的栽培植物，还有桃、豆梨、棠梨、梅、李、枣（棘）、木瓜、木李、猕猴桃（苌楚）、野葡萄（薁）、甜瓜（瓜）、枳椇（枳）等。《小雅·信南山》的"中田有庐，疆场有瓜"句，瓜指甜瓜，说明甜瓜在诗经时代也是栽培作物。上述桃、棠、梨、梅、李等果树，有时尚栽培供观赏用。

2. 衣用植物

（1）纤维植物

棉花在隋唐以后才传入中国，在古代只有贵族及50岁以上的老人才可以穿丝织品。一般民众的衣物，主要来自3种植物纤维，《诗经》亦仅提到这3种，即葛藤（葛）、纻麻（纻）、大麻（麻）。如《周南·葛覃》所言："葛之覃兮，施于中谷，维叶莫莫。是刈是濩，为絺为绤，服之无斁。"絺为细葛布，绤为粗葛布，说明葛皮纤维是当时主要的织布原料。葛皮也用以制鞋，如《魏风·葛屦》"纠

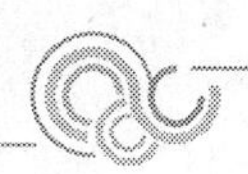

纠葛屦，可以履霜”句中，葛屦即当时的葛鞋。

纻麻则出现在《陈风·东门之池》篇：“东门之池，可以沤纻。彼美淑姬，可与晤语。”其中的纻即苎麻。同篇的“东门之池，可以沤麻”句中，沤（长时间浸泡）的则是大麻，描述的是织布前的处理过程。其中纻麻和大麻纤维，近代亦有人使用，织成布帛或供为绳索。

（2）染料植物

为了美观或显示地位，衣着有染色需求，染料也成为《诗经》时期的时尚。《小雅·采绿》：“终朝采绿，不盈一匊……终朝采蓝，不盈一襜。”绿为荩草，蓝即蓼蓝，都是采来染制衣服的草本植物。荩草染黄、染绿，而蓼蓝染靛、染蓝。草本植物中还有一种红色染料，专供染御服之用，即《郑风·出其东门》所言：“缟衣茹藘，聊可与娱。”茹藘即现在所称的茜草，以其根部萃取红色色素用以“染绛”。

其他作为染色的木本植物，还有《小雅·南山有台》篇中“南山有枸，北山有楰”的“楰”，今名鼠李，取其未成熟的核果及树皮制作黄色及绿色染料。另外《大雅·皇矣》篇“攘之剔之，其檿其柘”之“柘”，为今之枳树，树干心材为黄色，可提制染料，专用在染制黄色衣物。

3. 器用植物

（1）建筑、舟车器具用材

自古以来，中国的房舍建材多使用木料。《诗经》所出现的乔木，很多是当时住宅旁普遍栽植的树木，有些则是天然生长、分布广泛的树种。《小雅·小弁》“维桑与梓，必恭敬止”句中，“梓”即梓树，其木质轻且加工容易，自古就是主要的造林树种，常供建材、家具制造，也用来制造乐器。其他如侧柏（柏）、楸（椅）、泡桐（桐）、梓树（梓）、圆柏（桧）、松、青檀（檀）、刺榆（枢）、榆杨、梧桐等，都是古代的建筑材料。除了房屋建筑，家具、舟车、棺木等也多使用上述植物，如《邶风·柏舟》之“泛彼柏舟，亦泛其流。”及《鄘风·柏舟》：“泛彼柏舟，在彼中河。”说明柏木（或侧柏）是诗经时代用来造船的材料。另外《卫风·竹竿》：“淇水悠悠，桧楫松舟。”提到松树也用来造船，桧（圆柏）则制作船桨。

（2）木材以外的用具

白茅（茅）、芦苇（芦）是盖房子及编织围篱或尾墙的材料。《豳风·七月》：

"昼尔于茅，宵尔索绹。"意为白天上山割茅草，晚上搓绳索，白茅主要用来搭盖屋顶。黄荆（楚）用来制作刑具及女人的发钗，漆是重要的木竹器涂料。制作草席、垫子或编织篮筐等民生常用器物，则用蒲草（蒲）、薹草（台）、莞、柳等植物。

4. 观赏植物

《诗经》各篇章中提到的，还有花色艳丽的灌木花卉唐棣、木桃、木瓜、木槿（舜）、郁李（郁）；攀缘藤本植物的凌霄花（苕）；草本花卉如荷、芍药等，这些植物自古即栽植在庭院中观赏，主要是观花，有些则栽植为庭园树，应该也是诗经时代贵族、官宦之家广为栽种的庭园观赏植物。值得注意的是，《诗经》和《楚辞》中尚未出现牡丹。

《诗经》中的植物，大部分种类的用途不止一项，多数植物都具有多种用途，譬如枸杞自古即作为菜蔬，又是有名的药用植物；桃是果树，可收成果实，也是观赏植物，又为辟邪象征。即使是日常食用的五谷类作物，如大麦，一方面是粮食，一方面也利用为养生药材。表现出古人对植物的利用情形，也反映出诗经时代各地的民情风俗。

《诗经》的象征性植物

1. 辟邪用的植物

《召南·采苹》篇中"于以采藻？ 于彼行潦"之"藻"，主要是指蕴藻、马藻等常聚生在水边及湖中的水藻。藻为水草，具有厌辟火灾的象征意义，数千年来，上自皇宫、庙殿，下至民宅，都会在屋梁上雕绘藻纹用以压制火灾。《诗经》《召南》及其他《小雅》《鲁颂》各篇所提到的藻，都与防辟火灾的象征意义有关。

《郑风·溱洧》篇中"溱与洧，方涣涣兮。士与女，方秉蕑兮"之"蕑"，为今之泽兰。"兰"香在茎叶，佩在身上可辟邪气，即《楚辞·离骚》所谓的"纫秋兰以为佩"。植株煮汤沐浴，即"兰阳沐浴"。妇人以泽兰和油泽头，称"兰泽"，有净身和祛除不正之气的效果。

2. 比喻依附的植物

着生或附生在其他树木的寄生植物，在《诗经》的诗句中被用来比喻依附，此类植物有松萝（女萝）、桑寄生（茑）、菟丝子（唐）等。

《小雅·頍弁》："岂伊异人？兄弟匪他。茑与女萝，施于松柏。"所言女萝即松萝。松萝"色青而细长，无杂蔓"，植物体基部固着在树木枝干上，其他部分亦仅附着其上，并未吸取树木养分，属于着生植物（植物体自行光合作用，和所着生的树木并未发生营养关系）。《楚辞》《九歌·山鬼》的"被薜荔兮带女萝"、杜甫《佳人》的"牵萝补茅屋"句中，女萝和萝均指松萝。

《诗经》提到的"茑"则为桑寄生类植物，以吸收根伸入寄主维管束内吸取养分与水分，常见寄生与寄主的树干、树枝或枝梢上，远望有如鸟巢或草丛。常见被寄生的寄主有枫、桑、柿、壳斗科等植物，有枫寄生、桑寄生、柿寄生、槲寄生等名称，松类也常可见到桑寄生植物，称为松寄生。

蔡元度《名物解》说明《小雅·頍弁》："茑与女萝，施于松上"，"茑"之施于松柏，是比喻异姓亲戚必须依赖周天子的俸禄之意，如同"茑"之寄生；而"女萝之施于松柏"，则比喻同姓亲戚只需依附周王，因女萝是附生植物，自营生活，不像茑必须靠吸取寄主养分而存活。

《鄘风·桑中》："爰采唐矣？沬之乡矣。"据《尔雅》说法："唐，唐蒙也。""唐"一名"菟芦"，即现在所称的菟丝子，为常用中药材，"汁去面䵟"，菟丝汁液可用来去除脸上的黑色素，为古代的"美白"材料，也是滋养性强壮药，所谓"久服明目，轻身延年"。菟丝为藤蔓状的寄生植物，攀附在其他植物体上，本身无叶绿素，必须以吸收根伸入其他植物的维管束中吸收水分及养分，无法脱离寄主自立。《诗经》有许多篇章以采集植物来起兴，而所采植物均应与当时生活有关，或是菜蔬，或是药材。而中国古诗词中更常用植物来比喻、影射事物或心情，如《古诗十九首·冉冉孤生竹》："与君为新婚，菟丝附女萝。"菟丝和女萝都必须依附在其他植物体上生长，诗中用以比喻新婚夫妇相互依附。

3. 象征善恶的植物

《诗经》也利用有刺或到处蔓生的植物来象征不好的事物，例如，《齐风·甫田》："无田甫田，维莠骄骄"和《小雅·大田》："既方既皁，既坚既好，不稂不莠"，所言"莠"与"稂"均象征恶事。《尔雅翼》云："莠者，害稼之草。"

莠即今之狗尾草，幼苗期形似庄稼，苗叶及成熟花穗都类似小米。孔子说："恶莠，恐其乱苗也。"狗尾草根系深入土中，不易防除，属于恶草，不但农民痛恨，连诗人也憎恶之。所以《齐风·甫田》才会有"维莠骄骄""维莠桀桀"之语，表示田地太广，除草不及，使杂草遍地丛生。《小雅·大田》之"不稂不莠"，原指田中已无稂（今之狼尾草）与狗尾草，后人引喻为人不成材，没有出息。

《鄘风·墙有茨》："墙有茨，不可埽也""墙有茨，不可襄也""墙有茨，不可束也"，其中提到的"茨"，即今之蒺藜。在干燥的荒废地，常见蒺藜蔓生，繁生的果实布满锐刺，常刺伤人足。《鄘风·墙有茨》篇，言蒺藜是不祥或不佳之物，人皆欲除之而后快。《楚辞·七谏》曰："江离弃于穷巷兮，蒺藜蔓乎东厢。"东厢是宫室最严的地方，也是礼乐根本所在，却为蔓延的蒺藜所占，而香草江离却被弃于穷巷，以喻小人当政。后人因此用蒺藜以嘲讽时事，如《瑞应图》云："王者任用贤良，则梧桐生于东厢。今蒺藜生之，以见所任之非人。"蒺藜所代表的也是负面意涵。

棘是酸枣或长满棘刺的灌木，常伤人手足，象征恶兆或不正当事物，《诗经》引述"棘"诗篇大都具讽刺内涵。例如，《唐风·鸨羽》篇"肃肃鸨翼，集于苞棘"，讥讽当政者失职，导致人民流离失所；《陈风·墓门》篇"墓门有棘，斧以斯之"，暗喻心怀不轨的野心家；《曹风·鸤鸠》篇"鸤鸠在桑，其子在棘"，讽刺在其位不谋其政的当权者。

4. 思亲

《小雅·蓼莪》："蓼蓼者莪，匪莪伊蒿。哀哀父母，生我劬劳。蓼蓼者莪，匪莪伊蔚。哀哀父母，生我劳瘁。""莪"今名播娘蒿，嫩茎叶可食，引申为有用的人才；"蒿"和"蔚"都是野生杂草，引申为不堪造就的庸才。全句意为父母希望我能成才，我却不能成器，太辜负父母的期望，表现出对父母强烈的悲悼与怀思。《晋书》记载王裒博学多才，悲痛父亲死于非命，避官隐居，开班授徒，每讲到《诗经》《蓼莪》篇中"哀哀父母，生我劬劳"，无不痛哭流涕。后来门人授业者决定略去《蓼莪》之篇，称"蓼莪废讲"。

《诗经》植物的特色

1. 以中国北方的植物区系为主

《诗经》是中国北方的文学作品，描述以黄河流域为主，植物多以华北地区为分布中心。草本植物如蘩（白蒿）、牛尾蒿（萧）、飞蓬、甘草、贝母、荻、萝藦（芄兰）、茜草、芍药、粟、蓍草、远志、籁萧（苹）、蔓苇（苓）、莪等；灌木如唐棣、酸枣（棘）、榛、木瓜、木桃、木李、枸杞、枳椇、鼠李、山桑等；乔木如柏木、揪树、梓、圆柏（桧）、青檀、刺榆、白榆、椴树、青杨、桦木等，都主要分布于北方。

2. 广泛分布型植物亦有许多

《诗经》各篇章中出现的植物属世界性的广布种，分布涵盖欧亚大陆的有芦苇、蕨、羊蹄、苦草、狗尾草、车前草、苍耳等；分布华北、华中、华南至台湾者，有田字草、白茅、黎、水芹、荠、益母草、黄荆、柞木、臭椿、构树、梧桐等；而能同时野生于华北、华中者，则有荇菜、葛藤、葛藟、蒌蒿、荷、乌敛莓、梅、松、麻栎等。

3. 采集野生植物的章句很多

《诗经》中许多必须弯腰采集的小型植物，常伴随"采"字，前后一共19篇。采集的植物大部分是食用植物，以及极少数的染料植物。如《周南·芣苢》："采采芣苢，薄言采之"、《召南·采蘩》："于以采蘩，于沼于沚"和《召南·草虫》："陟彼南山，言采其蕨"，采的是野菜车前草（芣苢）、白蒿（蘩）和蕨。《邶风·谷风》："采葑采菲，无以下体。"采的是蔬菜蔓菁（葑苜）和萝卜（菲）。《鄘风·载驰》："陟彼阿丘，言采其蝱。"采集的是药草贝母（蝱）。《小雅·采菽》："采菽采菽，筐之筥之。"采收栽培的农作物是大豆（菽）。也有如《小雅·采绿》篇"终朝采绿，不盈一匊"一样，采摘染料植物如荩草（绿）者。

4. 多数为经济植物

黄河流域气候干燥，植物生长期短，植物相单纯，粮食生产不易。《诗经》咏颂食用植物的篇章特别多，如《鄘风·载驰》篇"我行其野，芃芃其麦"，描述生长茂盛的麦田；《小雅·甫田》篇"黍稷稻粱，农夫之庆"，显现预期丰收的欢欣情境；《大雅·生民》篇"荏菽旆旆，禾役穟穟"，歌颂农作丰产等。其他各篇章所记载描述的植物，大都与生活相关。所记135种（类）植物，几乎全部都有经济用途。

5. 植物生育环境的描述

山坡地和山谷低湿地生态环境不同、土壤的生育条件有异，自然会生长不同的植物。山脊、山坡的植物耐旱耐瘠，而山谷低地的植物需水量大。《诗经》记载了当时中国北方植物的生态分布，如《邶风·简兮》篇"山有榛，隰有苓"、《郑风·山有扶苏》篇"山有扶苏，隰有荷华"及"山有乔松，隰有游龙"等，可归纳出山坡地耐旱的植物有榛、唐棣（扶苏）、松、刺榆（枢）、毛臭椿（栲）、漆、栎、桑；山谷或平原地区需水量较大的植物，则有榆、栗、木姜子（驳）、豆梨（檖）、杞柳（杞）、苦槠（栲）、杨等。山脉的南、北向坡受光量不同，所分布的植物种类也会有差异，《小雅·南山有台》也有记录："南山有台，北山有莱""南山有桑，北山有杨""南山有杞，北山有李""南山有栲，北山有杻""南山有枸，北山有楰"，以上可知南向坡（南山）的植物：薹（台）、桑、枸杞（杞）、毛臭椿（栲）、枳椇（枸）；北向坡（北山）的植物：藜（莱）、杨、李、椴树（杻）、鼠李（楰）等。

6.《诗经》时代的造林

古代人口不多，生活用材多直接取自居家附近的天然森林，原无造林必要。其后生齿曰繁，用量浩大，而林木本非取之不尽的资源，特别是中原地区的黄河流域，干燥和寒冷的气候原本就不利于林木的天然更新。森林伐采之后，恢复极为缓慢，树木生长的速度远不及人口增加速率。加上战争频繁，耕地需求代代增长，人类又有放火烧山的习惯，森林逐渐在黄河流域消失。此后对木材的需求，只能依赖人工造林供应，中国早期的造林并无可靠的文献记录，但《诗经》的记载，却能提供早期人工造林梗概。例如，由《郑风·将仲子》篇"将仲子兮，无逾我里，无折我树杞""将仲子兮，无逾我墙，无折我树桑""将仲子兮，无逾我园，无折我树檀"句，和《小雅·鹤鸣》之"乐彼之园，爰有树檀，其下维萚"句，可知春秋时代中国北方曾像栽种桑树般地大量种植杞柳（杞）、青檀（檀）。其他比较重要的经济造林树种，还有《鄘风·定之方中》："树之榛栗，椅桐梓漆，爰伐琴瑟。"提到楸树（椅）、泡桐（桐）、梓树和漆树，

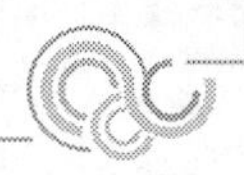

前三种均为优良的建筑及家具用材，且能长成大乔木；漆树则提供保护家用器物、延长使用年限的漆液。《小雅·鹤鸣》："乐彼之园，爰有树檀，其下维榖"句，和《小雅·巷伯》之"杨园之道，猗于亩丘"句，则说明除青檀和上述树种外，构树（榖）和多种杨树也是当时重要的造林木。

阅读思考：《诗经》中涉及了哪些植物？《诗经》中的植物都象征什么？

万物伊始：演化[1]

乔纳森·西尔弗顿

乔纳森·西尔弗顿，英国米尔顿·凯因斯空中大学生态学教授，生态学家，专门研究植物种群生物学。此文选自其《种子的故事》一书，以种子为对象，以演化为主题，从科学的角度解说了植物的起源和发展。

混沌波涛下的有机生命
孕发于大海珠玉之穴；
万物伊始，透镜未能得见，
泥浆里行走，水波中穿梭；
代代兴茂，由此
获取崭新的力量，生发强壮的肢翼；
自此，无尽的植物萌发，
开展鳍、足与翼的疆界。
——伊拉斯谟斯·达尔文，选自《自然的圣殿》(*The Temple of Nature*)

查尔斯·达尔文的祖父伊拉斯谟斯·达尔文是个有远见的人，但当时的人都取笑他对演化的看法。他创作了一句家族铭文，招摇地写在马车外："一切事物皆来自海里的贝壳。"或许伊拉斯谟斯只是在开玩笑，不过他的看法领先同代人数十年，而且基本上他说得没错：生命一开始的确是从海里演化而来。不过，种子植物又源自何处呢？有些种子植物的确生长在海里，但海草却生长在海边的浅水中，而其祖先来自陆地。说到在海里生活，海草只是菜鸟一只，只能蹚蹚泥泞的浅水，免得撞上海生植物里的"大佬"：藻类。

① [英]乔纳森·西尔弗顿.种子的故事[M].徐嘉妍译.北京：商务印书馆，2014.

即使种子植物在陆地上演化，也别忘了陆生植物的起源仍是海洋。即使演化将植物带出海洋，植物还是离不开海洋。或者如科纳在他的名作《植物的生命》（*The Life of Plants*）中所说，陆生植物是“照着海洋的食谱做成”。演化因应陆地生物的需求，参考海洋的食谱，烹调出全新的菜色，将烹调出的胚胎放在盒子里——也就是放在种子里。事实上，盒子里除了胚胎，还有妈妈准备的食物，所以种子应该是个便当盒，胚胎就躺在里面。

植物最终打造出种子，以适应陆地上的生活。那么种子的前身是什么？这个前身又如何根据海洋的食谱演化成种子？比较植物与动物或许能带来一些启发。动物界中，从海洋上岸、成功拓殖陆地的例子很多，像是脊椎动物、软体动物和节肢动物（昆虫和甲壳类）。但在植物界，当时成功的却只有一个物种，此物种率先由海洋过渡到陆地，而所有陆生植物，包括苔藓、蕨类、木贼、裸子植物（针叶树、铁树和其他相关族群），以及显花植物，都源自这个单一物种。一定有些植物曾企图登陆，却以失败告终，只是我们不晓得这样的例子有多少。

植物只有一次成功从海洋过渡到陆地的经验，可见陆生植物与海生的藻类竞争时，在生存和繁殖上面临了多少困难。海洋和陆地的环境极为不同，影响植物之处实在多不胜数，科纳甚至不愿意在他的书中列举这些差别。他写道：“列举这些差异得花上好几页的篇幅，不该拿此类琐事烦扰聪颖的心智。”

另一位植物学家则作了首打油诗，诗里表达的观点值得褒奖，

研究植物学，不该太单调。
就让植物学，锻炼你的脑。
别说你不学，除非你没脑。

如果所有植物学作家都像他一样体贴就好啦！话说回来，我还是得稍微提两项植物从海洋到陆地生活时遇上的困难。在陆地上，精子该如何游动？受精卵又如何才不会被干掉？

陆生植物处理这些问题的方法不胜枚举。像是苔藓和蕨类，它们其实没有真正解决这个问题，因为这些植物仍然必须在湿润的环境下进行有性生殖。苔藓和蕨类的精子外必须覆盖一层湿润的薄膜，才能从雄性器官游向雌性器官。因此，这些植物只能分布于潮湿的栖地，起码栖地不能一直很干燥。我们所熟

悉的大型阔叶蕨类并无性别，没有精子和卵子，但能产生微如尘埃的孢子。孢子散布，发芽长成配子体，进入有性世代，以在日后长出独立的个体。发芽的配子体产生精卵，精卵结合产生受精胚胎，受精胚胎生根发芽，长成我们看到的大型阔叶蕨类。某些海生藻类也具有无性与有性世代，而陆生植物的祖先必定也曾如此。

16世纪的人大多以为蕨类用种子繁殖。但是蕨类的种子在哪里呢？既然所有植物都是由种子生长而成，而蕨类找不到种子，那么蕨类的种子一定是隐形的了!当时研究草药的人相信，从植物的叶子以及花朵的形状，就能看出这种植物的药效。所以肾大巢菜[①]能治肾疾，地钱[②]对肝有益。基于征象学说这派原则，很自然地，若拿着隐形的蕨类种子，人就能隐形了啊。

研究草药的人若要兜售这个想法，借机大赚一笔，还得解决一个问题：怎么拿到蕨类种子？有个方法：仲夏午夜降临之际，蕨类种子降落之前，以一叠12个白镴银盘承接。蕨类种子会穿透前面11个盘子，停驻在第12个盘子上。当然，不是每个人都信这套。莎士比亚1597年的戏剧《亨利四世》(*King Henry IV*)中描写小偷欲招募同伙，一同打劫。这个叫盖仙的小偷说："我们可以做贼，就像安坐在城堡里一样万无一失；我们有蕨类种子，来无影去无踪。"不过对方拒绝了："不！依我所见，你们的隐身妙术，还是靠了黑夜的遮盖，未必是蕨类种子的功劳。"[③]如今，大家都知道蕨类没有种子，但直到今天，顺势疗法的医生还是相信，草药精华稀释至无形，加入解药有奇效。或许我们不该嘲弄前人，取笑他们那么容易上当。

蕨类与苔藓或许没有种子，繁殖周期也让人联想到海中的藻类，但其生命周期中有一个特点却和其他陆生植物一样，也就是这点将蕨类与苔藓和藻类划分开来。这个特点就是，所有的陆生植物都会产生多细胞胚胎，并存留在母体中。因此，陆生植物属于有胚植物，发展过程中，释出胚胎的时间依物种而异。陆地生物的母亲即使再怎么偷懒，也不会像海洋生物那样，把卵子和精子排出来，然后就不管了。两栖类(如青蛙、蟾蜍、蝾螈)的繁殖策略类似海洋生物，

---

① 肾大巢菜，又称疗伤绒毛花，为一种豆科植物，旧时用以治疗肾脏病。

② 地钱分为两种，其中一种称为叶蘚，叶子轮廓形如肝脏，古时认为可治肝病。liverwort在古英文即为liver plant的意思。

③ 译文参考自朱生豪译《莎士比亚全集》，北京：人民文学出版社，1994。

所以它们繁殖时必须回到水中。所有的陆生植物都属于有胚植物，这点并非巧合。在陆地上，成功繁殖的关键就是亲代必须照顾胚胎。

陆地生物将受精卵留在母体的组织内，胚胎发育时受母体保护，不会脱水，这是生物从海洋拓殖到陆地关键的演化步骤。然而，蕨类在有性世代产生的受精卵必须自力更生，繁殖时仍需潮湿的环境。由于我们以回顾的角度审视种子的演化史，接下来的描述很难抗拒"下个步骤"这类的字眼。以现代的眼光回顾过去，这种时间上的优势让人觉得演化遵循特定方向发展。但其实演化并未循着明确的步骤前进，而是徘徊在一个又一个机遇形成的解决方法之间。其中一条路径演化出种子植物；别的路径演化出现今没有种子的植物，例如苔藓和蕨类；还有其他路径则演化出如今已绝种的植物，如鳞木和种子蕨类。

明白这点以后，就可以往下走了。接下来种子演化走上的道路，让植物的"性"无须再依赖潮湿环境。大型、粗壮的植物不再发散雌孢子，而是把雌孢子留在组织里，发展成受到保护的小型性器官。

这点当然对雄孢子不利。雌孢子一旦隐匿起来，精子就必须找别的方法靠近卵子，用游的已经行不通了。既然雄孢子原本就能够以空气传递，所以现在只等雄孢子到达卵子附近后，再从中释放出精子即可。因此，雄孢子转化为花粉粒。

根据化石记录，最早的种子植物出现在泥盆纪，距今约3亿6000万年。最早的种子植物属于裸子植物，现存的物种包括银杏、铁树和针叶树。顾名思义，裸子植物的种子并无子房包覆。顺带一提，体操选手和裸子植物具有相同的希腊文名字——古希腊的体操选手表演时是裸体的。银杏是裸子植物的活化石，其繁殖系统依然保留了许多海洋生物的特性，后来演化出有胚植物。

银杏来自一支古老的裸子植物家族，这个家族过去一度兴盛，但现在只有银杏留存下来。在二叠纪的化石沉积中，还可以找到银杏的祖先，距今已有2亿8000万年。银杏最早由一位西方植物学家在中国的寺庙发现，如今世界各地的花圃和公园里都见得到这种植物。银杏的生命力很强，1945年广岛原子弹爆炸中，有一棵银杏距爆炸中心地点只有1.1千米，但仍然幸存了下来。银杏对污染的耐受性也很强，纽约市许多街头都种着银杏，不过只种雄树，因为雌树结的种子有一种怪味，像酸掉的奶油。很久以前恐龙以银杏种子为食，一定相当喜欢它特殊的味道，但如今银杏种子只不过是繁殖的媒介，特殊的味道让现代人退避三舍。如果你在春天找到一棵成熟的雌树，就能看到未受精的种子裸露在外，两两成对，在长长的花梗尾端荡啊荡。

银杏的雄树产生花粉粒，由风散播，每一粒花粉中都有尚未发育的精子。当雌树未受精的种子（称为胚珠）准备受粉时，胚珠顶端的小孔会分泌一滴黏液。黏液之后将缩回，而风吹来的银杏花粉如果黏在上面，就会一起回到花粉腔里。进入花粉腔的雄细胞尚未成熟，还裹在帮助花粉粒飞行的小浅碟里。现在，尚待成长的精子中，有一名已经和亦待成熟的卵子订下了一门亲事。但雄雌细胞得先成熟，而众多精子间还得上演一场夺偶大战。伊拉斯谟斯曾写过一本书，整本书就是一首长诗，名叫《植物的爱情》（*The Loves of the Plants*），描述植物的性事；若他当时就晓得订下婚约的小银杏还得经历一场求偶之争，必定会写首诗好好歌颂一番。

花粉抵达后，会刺激胚珠里的雌细胞，使其开始发育。但卵子得花上四个月才能发展成熟，足以受精。而没有受粉的胚珠，其花梗与树枝分开，从而掉落，脱离雌株。此时，雄细胞寄生在已受粉的花粉腔中，用一条管子吸取胚珠的养分，发育成长（这种摄食管在其他种子植物中演化出不同的利用方式，容我稍后描述）。卵子成熟后进入花粉腔，使其充满液体，让胚珠成为小小的海洋。一切就绪，花粉粒便送出两个精子；每个精子外围都有上千条排成螺旋状的鞭毛，精子就由这些不停拍打的鞭毛推动，如鱼雷般前进。谁在精子的赛跑中获胜，谁就能使卵子受精，产生种子。

银杏动力十足的精子于1896年由日本植物学家发现，不久之后，另一位日本植物学家发现铁树的生殖系统和银杏类似，只不过铁树的精子更大，由数万条鞭毛推动。其他的裸子植物则大幅修改海洋的生殖配方，与海洋有关的部分几乎完全消失，改由空气来助一臂之力。松树、云杉等针叶树的花粉粒都有翅膀，能够在空中飞翔。虽然针叶树的胚珠严格来说还是赤裸的，但实际上却由球果的翅瓣保护。胚珠准备好受粉，翅瓣就会打开；受精后，翅瓣就会闭合。胚珠内不再有模拟的海洋，或具备动力的精子，但花粉粒寄生雌株组织时，用以吸取养分的管子则留了下来。到了针叶树以及显花植物，这种管子具备两种用途：一可让雄细胞摄取养分；二可作为管状通道，让精子接触卵子。器官因某种需要（寄生吸取养分）而演化出来，之后却转而提供另一种用途（输送精子），这样的例子在演化史上比比皆是。

显花植物的种子由子房包覆，保护得更加万无一失。种子开始发育后，子房就逐渐长成果实。显花植物又称“被子植物”，即“受覆盖的种子”。被子植物

的种子不仅受到较完备的保护，其摄取营养的方式也不同。裸子植物由雌株的组织供给食物，一如人类的母亲提供养分给尚未出世的婴儿。被子植物的食物来源则有些奇特，甚至可以说残忍。这个食物来源就是胚乳。

1898年，俄罗斯植物学家瑟吉·纳瓦斯钦发现，他所研究的花朵胚珠会经历两次受精。被子植物的花粉粒跟银杏一样，有两个精子；但纳瓦斯钦发现，和银杏不同的是，被子植物的两个精子都会交配。其中一个精子进入卵子，孕育胚胎；另一个精子则和漂浮在胚珠里的另一个细胞核结合，从而生出胚乳，成长后供给胚胎养分。有些物种的胚胎在成长过程中就吸取胚乳的养分，如豆类；而另一些物种则要到种子发芽时才使用胚乳的养分，如禾本类；多数谷类的核仁就是胚乳，像玉米、小麦、稻米等。所以世界上60%的食物其实都来自胚乳。

胚乳之所以独特，是因为它有三个祖先，却没有后代。胚乳的两个祖先是两组来自卵细胞的染色体，再加上第三组来自花粉粒的染色体。这种组合非常奇特，因为就连胚胎本身也只有两组染色体，分别来自精子和卵子。胚乳只不过是储存食物的组织，何以有三组染色体呢？从胚乳暧昧不明的演化起源中，或许可以找到答案。

胚乳的演化可能有三个起源。首先，胚乳可能是从无到有，与被子植物一起演化而来的全新组织。这个起源可能性非常小，因为我们都知道，演化总是就手边有的东西，创造新的用途，每项新发明都有前身。其次，胚乳还可能有两种前身，其一是胚乳一开始为母方的组织，有两组母方染色体。后来被子植物演化出双重受精，为胚乳带来第三组染色体。是有这种可能，但这个解释造成另一个问题：如果雌细胞只有一组染色体，也可以正常产生和培育卵子，那为什么胚乳一开始就有两组染色体？其二是，胚乳原本是胚胎，有两组染色体，一组来自卵子，一组来自精子。然后到了某个阶段，来自卵子的染色体增加成为两组。这种情况有些残忍，因为这表示胚乳原本是胚胎的兄弟，发育中的胚胎却寄生在胚乳上。难道状似和平的种子里包藏了兄弟阋墙的秘密？被子植物的种子是不是以自己的手足为食？

借由研究银杏等活化石的种子发展，或许可以找到线索，让我们明白这两种情形哪一种普遍出现在裸子植物中，后来又出现在裸子植物演化出的被子植物中。银杏没有胚乳组织，和被子植物关系太远，帮不上忙。但是1995年，科学家发现麻黄有双重受精的现象，引起一阵不小的骚动。麻黄是一种生长在沙漠的裸子植物，和被子植物有共同的祖先。麻黄的两个卵子都会受精，孕育两个一模一样的胚胎，都有来自卵子的一组染色体，和来自精子的另一组染色体。两个胚胎里只发育一个，另一个则会退化。植物法官查明此点，大声宣判："有罪！"看来，麻黄和被子植物共同的祖先在双重受精后，必定产生两个胚胎，演化至被子植物时，一个胚胎转化为胚乳。

"且慢。"辩护律师说。这只是间接证据。搞不好麻黄和被子植物本没有共同的祖先呢!讲到犯罪调查，DNA（脱氧核糖核酸）应该是好的呈堂证供。1999年，最新DNA数据显示，麻黄和被子植物关系可远了。本案不成立!麻黄与胚乳事件根本风马牛不相及。写作本书时，这件事还找不到活生生的证人，要知道，没有胚乳可就没有后来的被子植物。或许在世界某处，还有与被子植物关系相近的古老裸子植物，就像深藏于澳洲山谷的瓦勒迈杉[①]直到1994年才被发现。不过这样的活化石目前还没出现，或许永远也不会出现。

虽然不能完全肯定，不过胚乳很可能是由失去生殖能力的胚胎变成的，牺牲小我，让自己成为手足的食物。如此推想的原因是，在大自然中，照顾后代（像胚乳的任务）和产生后代（像胚胎日后的任务）彼此分工相当常见。社会性昆虫就有好几个例子。例如，蜜蜂中的工蜂为整个蜂群收集食物，哺育女王蜂产下的幼蜂，但本身却不繁殖。女王蜂产卵，但不直接照顾它的后代。乍看之下，这种安排似乎有违达尔文提的演化原则。如果天择偏向留下最多子代的个体，不具生育能力的阶级如何演化？从定义来看，不具生殖能力的工蜂没有子代，不是吗？

达尔文发现了这个问题，他认为这是整个天择演化理论中最重要的问题，也找出了答案。"这个问题虽然看似无解，但如果我们记得，天择不仅适用于个体，也适用于整个族群，并因此得到期望的结果，那么这个问题就解决了一部分，甚至就我看来已不成问题了。如此，一棵美味的蔬菜经烹煮纵然消灭了个体，但园艺家亦播下同种蔬菜的种子，信心满满地等待收获。"换句话说，亲族的基因若能传递，个体的牺牲或许就有了回报。

---

① 瓦勒迈杉：瓦勒迈杉属南洋杉科，为世界上最古老罕见的树种，出现于侏罗纪，已有约两亿年的历史。一度以为绝迹，却在1994年于澳洲瓦勒迈国家公园内发现。现存野生数量不到一百株，最古老的一株已达九千万年。台湾的"国立"自然科学博物馆植物园内也能看得到。

照顾后代者与产生后代者彼此关系愈亲密，演化对自我牺牲的照顾者愈有利。人类与手足间彼此有一半的基因相同，和堂表亲间则有1/8的基因相同。所以现代演化理论的创始人荷登曾打趣道，他愿意为两个兄弟或八个表兄弟牺牲生命。蜜蜂属于膜翅目，膜翅目昆虫的生殖方式相当独特，改变了巢内个体的关系远近。雄蜂从未受精的卵孵化出来，所以它们没有父亲，体内只有一组来自母亲的染色体。因此，这些雄蜂都产生一模一样的精子，而女王蜂和这些雄蜂交配后产下的雌蜂，也从雄蜂那里得到一模一样的基因。结果，蜂巢里的雌蜂不只像人类一样有一半的基因相同，而是有3/4的基因都相同。此外，女王蜂一生只交配一次，所以对巢里的幼蜂来说，哺育它们的工蜂就像“大姐姐”，这些工蜂的基因和每只幼蜂都有3/4相同。因为关系相近，所以哺育幼蜂对工蜂有利，能将自己的基因传递给下一代。照荷登的话来说，工蜂应该为4/3只幼蜂牺牲自己。

虽然达尔文不知道蜜蜂科的基因特色，但这种特色证实了达尔文当初对演化直觉的想法是正确的，也就是工蜂演化为不孕，能为其他成员带来好处。本书的主题是种子，继续讨论社会性昆虫有趣的演化细节不在本书范围。然而，社会性昆虫演化原本是达尔文理论的重大挑战，他圆满地解释后，反而成为其理论的无上成就，此番讨论倒也符合本书题旨。

上述基因法则说明了何以会演化出不具生育能力的工蜂，同样也能说明何以会演化出胚乳。工蜂架好了演化的舞台，演员也各就各位，时间是被子植物刚出现于地球时，幕布升起，好戏上场了。原先的蜂巢换成植物的胚珠，胚珠内有两粒一模一样的卵子。昆虫飞抵花朵。这只昆虫在植物的舞台戏里只是个跑龙套的角色，不过它会引介出男主角——花粉粒。花粉粒成长，伸出花粉管进入胚珠，两个一模一样的精子顺着花粉管滑入子房。精子遇上卵子，卵子遇上精子，两个一模一样的胚胎诞生了——第一幕完。

第二幕：两个胚胎在胚珠里。荷登的幽灵登台，念出关键的台词：“如果我是胚胎，我会为我的双胞胎手足牺牲生命。”胚珠沼泽一片死寂。究竟哪个胚胎产生后代，哪个胚胎哺育后代？没有人知道。但无论哪个胚胎牺牲自己成全对方，它的基因都会由对方的后代传递下去——幕下。

据此我们可以推测，被子植物的种子经双重受精孕育了两个胚胎，其中较无私的一个成为早期的胚乳，牺牲自己，作为双胞胎手足的食物。不过我们知道，事情到这里还没结束，因为到了被子植物演化的某个时间点，慷慨无私的胚乳从母方获得另一组染色体。原本胚乳中母方和父方的基因比是1∶1(母方一∶父方一,1m∶1p),现在成了2∶1(母方二∶父方一,2m∶1p)。这是怎么发生的?我们一样可以从自私的基因里找到答案。

想象一下演化出胚乳后的剧情。果实内两粒种子正在发育。第一粒种子逐渐膨胀,竭尽所能吸收母体的养分,第二粒种子也是。两粒种子应该分享养分,还是互相竞争?谁来决定每粒种子能分到多少养分?我们可以从两个不同的观点回答这个问题,一是从母亲的观点,二是从父亲的观点。从母方来看,每粒种子都有她一半的基因,没必要偏袒其中一个。只要每粒种子都能得到足够的养分,多生几个种子,比把所有资源投入一个巨无霸种子要好得多。把所有鸡蛋放在同一个篮子里是很不明智的,早在人类发明这个隐喻来描述风险之前,演化就明白这个道理了。所以,就母方而言,养分应该平均分配给每个种子。

从父亲的角度看,事情就大不相同了。一株植物的种子都来自同一位母亲,但未必来自同一位父亲。因此,从父亲的观点,把资源平均分配给每颗种子,不会提高个别父亲对后代的基因贡献;实际上刚好相反,把资源拱手让给其他种子,等种子萌发出芽,对光线和养分的竞争会更加激烈。父母与种子的亲缘关系不同,使母亲和父亲间发生利益冲突。对父亲来说,用他的基因为他的后代攫取所有资源,对他最有利;不过对母亲来说,将有限资源分配给所有种子,对她最有利。这场冲突该如何化解?

在这场资源分配的冲突中,胚乳扮演关键性的调解角色,因为母体借由胚乳输送营养,储存食物,以哺育胚胎。1m∶1p的胚乳,竞争中的性别成分均等,每组染色体各贡献一个性别成分。2m∶1p的胚乳,母方以两倍的基因火力胜出,夺得基因控制权。2m∶1p为母方带来更多种子,增加母方对后代基因的贡献,这大抵就是天择偏好2m∶1p胚乳的原因,也因此显花植物的胚乳大都是2m∶1p。

每包看似天真无邪的爆米花里,其实都暗藏了父母的冲突。如果你一时难以适应这个概念,一定想看些证据。最有利的证据来自实验,借由操弄父母双方相对的基因比率,会影响种子得到的资源。科学家以玉米进行基因实验,改变胚乳中母方和父方原本2∶1的基因比率。如果由于演化偏好,最初1m∶1p的比率演化成如今常见的2m∶1p后,双倍的母方基因使种子变小,那进一步增加母方的基因应该可以让玉米的核仁变得更小。经实验发现果然如此。多了一份母

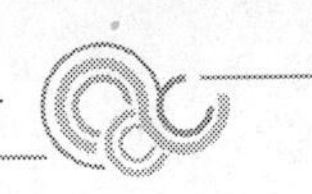

方染色体，使胚乳基因比率成为3m：1p后，结出的种子比一般还要小。若改为4m：2p，恢复实际上2m：1p的比率后，核仁又回复至正常大小。由此可见，重要的是父母的染色体比率要平衡，而不是实际的染色体数目。

母方和父方对胚乳有不同的影响，这个概念也进一步由其他实验证实。实验发现，在玉米的某个染色体上，有个基因控制正常胚乳生长。这个基因卵子和精子都有，但只有遗传自父亲的基因才会起作用，产生正常大小的胚乳，在卵子上的同一个基因似乎是关闭的。这更加证实了，在基因上，父母为养分怎么分配给种子有过纷争。性既为夫妻带来幸福，也带来婚姻中的纷争，但无论怎么说，一切还是离不开性。性无所不在，就连小豆子也不例外。

阅读思考：演化是什么？ 种子是怎样变化的？

欲望：美丽
植物：郁金香①

迈克尔·波伦

迈克尔·波伦，美国自由撰稿人和杂志的特邀编辑，畅销书作者。此文选自其《植物的欲望》一书，在此书中，作者讲述了苹果、郁金香、大麻和马铃薯这四种包含了人类与自然界的最为重要的某些联系的日常植物的一些迷人的故事，极有可读性。

郁金香是我的第一种花，或者说至少是我所种植的第一种花，尽管在种下之后的一个很长时间内，我对它那强烈的、富有魅力的美一直是视而不见的。当时我可能只有10岁，直到我40岁时，我才能真正再次去看一朵郁金香。这么长时间的视而不见，这么长时间没有去欣赏它，其中一个原因与我作为一个孩子时所种下的那些郁金香有关。想来它们应该是一些"胜利"，那种高高的、挺直的、色彩华丽的球状，就像你在春天的大地上所看到的(或者就像常常发生而你没有去注意的那样)，一大片一大片，如同那么多的一根根棍子上有颜色的滴点。如同其他的典范的花——玫瑰或牡丹一样，郁金香每一世纪都会得到重新发明般的改良，反映着美的观念的变化。对于郁金香来说，它20世纪的故事基本上就是这种大量生产的供眼睛欣赏的糖果的崛起和胜利。

每年秋天，父母都会去买这些装在网袋中的鳞茎，一袋里面有25个或者50个，他们会一个鳞茎几便士地雇我把它们埋在草坪里。推想起来，父母当时是在追求一种类似树林生长的自然之事，这也就是为什么他们会把种植郁金香的事情托付给一个10岁的孩子，孩子那种随意散漫的做事方式正倾向于产生出他们所想要的效果。我会用种鳞茎的工具在草根拥挤的地面上挖啊、翻啊，直到

① [美]迈克尔·波伦.植物的欲望：植物眼中的世界[M].王毅译.上海：上海人民出版社，2003.

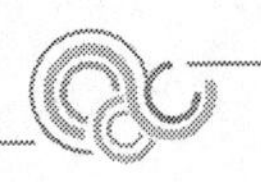

我的手掌发白、生出柔软的水泡时为止。我一边挖翻，一边小心地数着数，把增加起来的鳞茎数量换算为可以去买糖果或者画片的便士。

10月份努力的投资，铁定会带来第二年春天的颜色的收益——或者我应该说是第一种重要的颜色的收益，既然水仙花来得还要早一些。但是黄色除了在春天本来就是一种非常普遍的颜色外，对于一个孩子来说也很难算得上是一种颜色。红色、紫色或者说粉红色，怎样才算是颜色呢？郁金香可以体现所有这些颜色。它们是空间项目的早期阶段，这些坚挺的郁金香梗柄令我联想到火箭载着它们厚重的颜色理想的有效荷载，泰然自若地在等待着发射。

这些郁金香绝对是孩子们的花。它们在所有可以画的东西中是最为简单的!它们那种直截了当的颜色区分，用蜡笔涂起来永远都会成功。大约在1965年，这些围绕着园子中心的郁金香对于一个孩子来说，很容易处理且不复杂，无论是控制还是种植，都是再容易不过的事情了。然而，它们也很容易长过头，而且当我到我自己的园子里，到紧靠我家那座农场房舍底部的一小片菜地去看那些长出来的菜苗时，我已经对郁金香不感兴趣了。我已经把自己想象成一个年轻的农人，已经没有时间管花那类琐碎的事情了。

三个半世纪之前，郁金香对于当时的西方来说还是很新鲜的事物，曾经引起一场短暂的群体疯狂，它撼动了整整一个国家，几乎使得该国的经济毁灭。此前此后，从来没有过一种花，正是一种花呀！如同它于1634—1637年间在荷兰所做到的那样，在历史的一个主要阶段成了一个名角。这一段轶事，一种投机的狂热把社会各个层面的人们都吸入了它的漩涡；留下来的是一个新的词语："郁金香狂热"，它在此后的所有世纪中都没有再引起过骚动，然而"郁金香狂热"却构成了一个千古之谜。为什么是在这个地方？在这么一个不易激动、吝啬节俭的加尔文教派的国度。为什么是这个时候？当时是一片普遍的繁荣时期。又为什么是这样一种花？冷艳、没有香气、有点孤僻。可以说郁金香是各类花中酒神狂欢的味道最少的了，它更容易引起人们的钦佩而不是鼓动起激情。

已经有某些东西告诉了我，我在父母的草坪上种下的"胜利"在一些关键的方面不同于"永远的奥古斯都"。"永远的奥古斯都"是一种有着凌乱羽衣的红色和白色的郁金香，它的一个鳞茎在这个狂热的高潮时转手要卖到一万盾。这个价钱在那个时候可以买到阿姆斯特丹运河边一座最豪华的房屋了。"永远的奥古斯都"在大自然中已经不复存在了，尽管我见过它的一些画（荷兰人会请人为自己买不起的那些名贵的郁金香画画）。放在一株“永远的奥古斯都”旁边，一株现代的郁金香看起来就像是一个玩具。

在下面这些篇幅中，我想去分析的是这样的两极：我童年时认为花没有什么意义的孩子的观点和荷兰人在一段时间内对它们的不可理喻的狂热。孩子的观点就其自身来说有着它冷淡理性的分量，所有这些无用的美都不可能在功利的层面上得到支持。然而，美不正总是如此吗？如同荷兰人最终走到了理性之外一样，事实上我们这些人，也就是说，人类的绝大部分和人类历史的绝大多数时候也都走进过类似的非理性之中，如同17世纪的荷兰人为花而疯狂一样。那么，对于我们和对于花儿来说，这种取向究竟是什么呢？这些植物的性器官是如何设法使得它们自己与人类关于价值、身份和情爱的观念联系起来的呢？我们那种古老的被花所吸引的景况告诉了我们什么样的关于美的深层神秘？一位诗人所称的“这种优雅的整体无理由”，它真的是如此吗？或者说美有一个目的？郁金香——一种最受人喜爱的花，但也有点令人不解地难以去爱它，似乎像是一个好的场合，可以去挖掘对于这类问题的答案。由于其对象的性质，这样一种挖掘不可能是一条直线式地展开。它更像是蜜蜂的飞行路线——一只真正的蜜蜂，虽然，它一路上要在许多地方逗留。

对于花无动于衷是可能的——可能，但不是极其可能。精神病医师把一个患者对花的无动于衷视为临床上的抑郁症的征兆。看来，当盛开的鲜花那种非凡的美不再能穿透一个人头脑中的黑暗或者是固执想法时，这种头脑与这个世俗世界的联系就已经危险地磨损了。这样一种状态正好就是与郁金香狂热相反的另外一极，你可以把它称为“花神倦怠”。它是一种折磨个人的综合病症，不过并不折磨社会。

从我个人的经验来判断，处在一定年龄的男孩也可能同样对于花不感兴趣，不管他们精神的健康状态是不是有问题。对于我来说，果实和蔬菜是要去种植的唯一东西，即使那些蔬菜你就是给我钱我都不会去吃。我是把园艺作为一种炼金术来接触的，是一种类似于魔术的体系，把种子、土壤、水和阳光转变成了有价值的东西，而且只要你不能种植玩具或者密纹唱片，它们多少不过就是杂货（我当时经营着一个中等规模的农扬，完全是由我妈妈资助的）。对于我来说，当时（甚至包括现在），美是看到一个铃铛般有光泽的辣椒像圣诞节装饰一样地挂着时兴奋得屏住了呼吸，或者是看到一个西瓜坐在一团混乱的瓜藤中（后来，有一段时间，对于大麻长出来的那种五指叶子也有过这种感觉，但

这只是个特殊的例子）。花儿的确不错，如果你有地方来安放的话，不过到底有什么意义呢？在我的园子中，我所欢迎的花全都是些有意义的花，是可以预告一种果实将要到来的花，如草莓那种漂亮的白色和黄色的小蒂花，它们很快就会变大变红的；还有姿势优美的喇叭花，它们宣布了南瓜的到来。你可以称呼它们是目的论的花。

其他的花，为花而花，对于我来说是最没有意思的事情，只不过是从叶子往上走了一步。我也相信它们没有什么价值，永远不会达到像一个西红柿或者是一根黄瓜一样的实实在在的有重量的存在。我唯一喜欢郁金香的时候是在它们将要开放之前。此时的郁金香还是一个关闭着的蒴果，它类似于某种奇妙的、有分量的果实，但到了它花瓣绽开的这一天，这种奇妙就没有了，所留下来的对于我来说似乎就是一个脆弱的、纸一样的非实在性。

然而，那时我是10岁，对于美我又知道什么呢？

除了一些缺乏想象力的男孩、那种临床上的抑郁症以及另外一个我将要谈到的例子以外，花的美对于人们来说是不言而喻的，只要人们留下他们关于什么是美的纪录，就始终都是如此。在埃及人确定人死后一定要跟着他踏上前往冥界之路的财宝中，就有着各种盛开的鲜花。它们中的一些已经在金字塔里发现，被奇迹般地保存着。花与美之间的等式显然是古代所有伟大的文明都得出来的，尽管也有一些，尤其是犹太人和早期的基督徒，让自己反对对花的欣赏和使用。但是，犹太人和基督徒们排斥花并不是由于看不到花之美，相反，正是由于热爱花的话就会对神教构成一种挑战，而这种挑战是一种还没有熄灭的异教徒自然崇拜的残烬，必须把它扑灭。令人难以置信的是，在伊甸园里没有花，或者说更可能的是当《创世记》写下时，花已经从伊甸园里铲除掉了。

世界性的关于花之美的历史性的一致意见，对于我们来说，显得完全正当、无可争议，尤其是当我们考虑到在大自然中只有为数不多的一些东西，它们的美用不着我们去发现，就更显得是如此了。日出、鸟类的羽毛、人的脸和身材，还有花，可能还会有一些，但是不会很多。直到几个世纪之前，山还一直被视为是丑陋的（多恩曾这样称呼它们，“地球上的疣瘤”，这是对大众意见的一种回应）；森林是“可怕的”撒旦出没之地，直到浪漫主义的出现才恢复了它们的名誉。花也有它们自己的诗人，但是它们从来不像山和森林那样需要他们。

杰克·古德是一位研究过世界绝大多数文化中（东方与西方、过去与现在）

花的作用的英国人类学家，根据他的研究，对花的热爱几乎是普遍性的，虽然并不是完全的。这个"并不完全"指的是非洲。在非洲，古德在《花的文化》中写道，花在宗教仪式或日常习俗中几乎不起什么作用（也有一些例外，就是那些较早地与其他的文明发生了联系的地方，如信仰伊斯兰教的北非）。非洲人很少种植驯化的花，花的形象很少出现在非洲艺术或宗教中。显然，当非洲人谈到或写到了花的时候，通常注意力是放在花所承诺的果实上，而不是花本身。

对于非洲花文化的缺席，古德提供了两种可能的解释，一种是经济上的、一种是生态上的。经济角度的解释是说，在人们有足够的食物之前，他们对花产生兴趣是奢侈不起的。一种发展得很充分的花文化是一种奢侈品，非洲的绝大部分地区从历史上来看是不能支撑它的；另外一个解释是说非洲的生态没有提供很多种花，至少是没有很多观赏的品种。世界上的种植花类，来自非洲的相对较少。这个大陆上的花的品种不多，与亚洲或者北美比起来差得很远。非洲人在热带稀树大草原上所遇见的花，多半花期很短，很快就消失在持续的旱季中。

我不能肯定究竟是什么造成了非洲的这种情况，古德也不能。这是不是意味着花的美事实上只在拥有花的人的眼中，是一种人们构造出来的东西？就像是山脉的崇高或者我们在森林中所感到的精神的提升一样？如果是这样的话，为什么会有这么多不同的民族在这么多不同的时间和地方构造了它呢？更为可能的是，非洲的例子只是一个反证着规律的例外。如同古德所指出的那样，不管在什么地方，只要其他人引入了一种花文化，非洲人就可以很快地适应它。也许，对于花的热爱是一种所有人都在分享的爱好，但不等到条件成熟，它自身是不会鲜花盛开的。这要等到人们周围有了足够的花，人们有了足够的闲暇到它们跟前停下来，闻闻它的时候。

让我说我们生来就有这种爱好。人类，就像蜜蜂一样，是本能地被花所吸引。蜜蜂生来就喜爱花，这给它们带来了什么好处是很明显的；但是，这样一种爱好又给人类带来了什么想象得到的益处呢？

一些进化心理学家提出了一个有意思的回答。他们的假设不能被证实，至少是在科学家们开始能够确认人类偏爱的基因之前是这样（甚至还要等到确认了人类欣赏美的那些基因之后）。然而，回答是这样的：我们的大脑在自然选择的压力下发展，使我们成为很好的寻找食物者，这也就是人类花他们99%

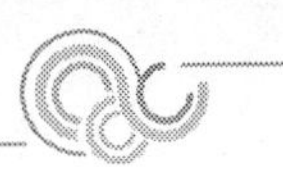

的时间在地球上所做的事情。花的显现，即使我是一个孩子时也明白，是对未来食物的一个靠得住的预告。那些被花所吸引的人们，那些能够更进一步辨认它们和记住自己在大地的哪个地方曾经见过它们的人们，比起那些对于花的意义一无所知的人们来，在采集食物方面就会成功得多。根据神经科学家史蒂文·平克尔在他的《大脑是如何工作的》一书中所概括过的这个理论，自然选择注定在我们的祖先中优待那些注意到了花的人，优待那些在采集植物方面——即辨认植物、对它们进行分类、记住它们在什么地方生长有天赋的人。到了认出它们的那一刻会是很愉悦的，这就很像一个机灵的人不管什么时候在地上发现了一个自己想要的东西所感受到的那样，这种意义的东西就是美的东西。

但是，如果人们只是简单地与辨认出了果实本身相联系而忘掉了花的话，是不是就没有太大的意义了？ 也许是这样。但是，辨认和回忆花会使一个寻找食物者抢在竞争发生之前首先奔向食物。由于我确切知道在我的路上的哪个地方黑莓藤上个月开花了，这个月我就有了一个好得多的机会抢在其他人或者是鸟之前来采摘这些黑莓。

在这一点上我或许应该提到这些想法是属于我自己的，而不是任何科学家的。但是，我的确在琢磨，我们对于花的体验竟是如此深入地浸透在我们对于时间的感觉之中，这是不是很重要？ 也许有一个很好的理由，那就是我们发现了它们的飞逝是如此的打动人心，我们很难看着一朵盛开的鲜花而不想到面临的情况，无论是怀着希望还是觉得感伤。我们可能会与一些昆虫分享那种喜欢花的倾向，但是，推测起来，虫子可以看着鲜花而没有对于过去和未来的愉快的思绪，这种复杂的人类思绪可能会是任何东西，但不会是空空如也。关于时间，花总是会有一些重要的东西教给我们。

我知道，这都是一些纯粹的思考，尽管思考本身有的时候似乎就是花的内容的一部分和突出体现。我不能肯定它们是否寻求过这个东西，但是花总是承载着我们所制造的意义——这种通常显得可笑的重负，而且是这样的多，所以我不准备说它们没有去寻求这个东西。不妨想一想，无论如何，显示意义正是自然选择设计给花去做的事情。远在我们出现之前它们就已经是大自然的种种比喻了。

自然选择设计了花来与其他的物种沟通，发展出了一些令人吃惊的精巧的东西，如视觉的、嗅觉的和触觉的来捕捉某些昆虫和鸟类，甚至是一些哺乳动物的注意力。为了接触到它们的对象，许多花不仅仅是依靠简单的化学信息，而且还依靠种种信号，有的时候甚至是依靠某种符号。有些植物物种已经走得很远，可以对其他的生物或者事物进行模仿，以便确保授粉的安全。为了诱惑苍蝇进入其内部的密室（苍蝇在那里被等候着的酶类所消化），瓶子草类发展出了一种古怪且有硬毛的栗色、白色相间的花。这种花一点都不吸引人，除非你正巧喜欢腐肉（这种花的腐臭气味更加强了种效果）。

在所有的东西中，奥弗里厄斯兰花看起来令人惊奇地像昆虫，如蜜蜂或者苍蝇。维多利亚时期的人们认为，这种模仿是为了把昆虫吸引过来，这样，这种花就可以贞洁地自我授粉了。但维多利亚时期的人未能考虑到的是奥弗里厄斯兰花之所以类似一只昆虫，正是为了把昆虫吸引过来。这种花进化出与昆虫完全一样的曲线、斑点和细毛去诱惑某些雄性昆虫，它们从后面观察后急不可待地以为它是雌性。生物学家把雄性昆虫被逗引出来的这种行为称作“拟交配”；而有的时候他们则把这种引诱出了这种行为的花称作“淫兰”。在试图交配的冲动中，昆虫就确保了兰花的授粉。这是因为性欲兴起但受到了挫折的昆虫必然会从一朵花上转到另一朵花上，事实上就传播了花的基因——如果并不是它自己的基因的话。

这就表明：花凭着它们自己的天性以一种隐喻来进行交往，所以，即使是一片长满了野花的牧场也充满了不是由我们能制造出来的意义。然而，走到园子里面，由于花的目的不再单单是指向蜜蜂、蝙蝠或者是蝴蝶的朦胧想法，而且指向了我们自己的朦胧想法，所以种种意义就得到了增加。早在很长时间之前，花的这种隐喻的天赋就与我们自己的这种天赋沟通了起来，而这种结合的后代，这种双方欲望的不可思议的共生合作，就形成了园子里面的这些花。

在我的园子里，现在正是盛夏，是7月中旬。园子里挤满了花，形形色色，那般热闹，使人感觉更像城市的一条街道而不是乡村安静的一角。开始时，这片景象显示的只是一种令人有点畏缩的混乱一团的感官信息，是花的颜色和气味的忙乱加上昆虫声的嗡嗡作响以及瑟瑟抖动的花叶。但是，过一小会儿，那些单独的花丛就开始成了聚焦点。它们是园子里的主人公，它们中的每一个都在这个夏季舞台上有一个短暂的机会，在这个机会中，它要把它的水平最好地发挥出来，以捕捉住我们的眼睛。我说的是“我们的”眼睛吗？哦，不仅仅只是我们的，因为还有着其他的观众，那些蜜蜂和蝴蝶、蛾子和黄蜂，以及蜂鸟，还有其他的潜在授粉者。

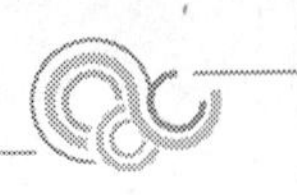

到了这个时候，那些老玫瑰已经绝大部分凋谢了，只剩下一片倦怠的灌木挂满了悲哀的枯萎花蕊，但是，多皱玫瑰和香水月季仍然在流光溢彩，吸引着注意力。那些日本丽金龟在它们的花瓣上方乱成一团，看起来醉了一般。它们是在进餐，集中地聚在一起，有的时候是三四只一起，同时落到花瓣上。这是一幅罗马人征服的景象，使得这些鲜花成了残渣。园子小路的更深处，萱草期盼地朝前倾斜着，如一群狗，小黄蜂们就接受了这种邀请，爬上去，进入到它们的咽喉中去寻找蜜汁；随后，这些小虫跌跌撞撞地出来，就像是醉汉们从酒吧里走了出来。然而，在它们接触到外面的空气之前，它们对萱草雄性花蕊里美食的争夺，已经使它们身上涂上了花粉，它们随后会把这些花粉洒到其他一些花的雌蕊上。

在这片长青的园地的前面，狭叶山月桂的尖耳构成了一种低低的、柔软的、灰色的花穗林，看起来似乎是浸入了一片蜜蜂之海，花穗完全被蜜蜂遮盖了，更多的是蜜蜂的翅膀而不是花瓣，整株花因振动而引人注意。在它们后面，同时也要高得多，羽衣罂粟绽放着大团小白花，它们的羽衣杂乱地紧挨在一起，蜜蜂无法接近。蜜蜂看来是在它们之间的空气中飞来飞去。香豌豆勾引式地在纤细的茎干上展开了它们的花，但是，一只蜜蜂如果不首先以碰触来打开花边那钱包状的唇缘，就得不到许可进入到它们的花中。这种构造上的卖弄风情的设计，给人留下这样的印象（错误的印象）：好像是蜜蜂的欲望得到了满足，而不是香豌豆的。

那些蜜蜂!那些蜜蜂会让它们自己被引诱到最为可笑的地步。它们热心地嗡嗡地飞来飞去，就像是猪在穿过厚厚的深色蓟丛，无助地围着一株牡丹的雄性花蕊的漂亮花顶转来转去。它们使我想起了奥德修斯那些被变成了女巫奴隶的水手们。从我的眼睛来看，这些蜜蜂似乎是在性痴迷的激动中迷失了它们自己，但是，这当然只是一种表情达意。它只是一种相合，不是吗？这种充满热情的蜜蜂的拥抱，使人们想到了性，早在真正明白授粉的确与性相关之前一千年就想到了性。“飞行的阳物”这是一个生物学家对蜜蜂的称呼。但是，除了对花中很少的一些例外如淫兰，就昆虫来讲，至少它们并不真正为了性。说它们是阳物，它们也是不自觉的阳物。不过，蜜蜂们的确还是迷失了自己，它们或许可以不迷失自己，但是，或者是由于那些甜甜的花蜜，或者是由于鲜花们有时使用的某种老天设计出的迷药，就使得它们分心了。不过，谁知道呢？或许它们就是在忘我工作吧。

我一直在关注蜜蜂眼中所看到的这片景象，不过，从花的这一面当然也可以揭示出人的欲望同样在这个园子里浮现。事实上，在这个地方种满了的物种都很明显地也已进化得可以捉住我的眼睛，而且常常是进化到了损害自我授粉的地步。我想起了所有那些物种，它们把自己奉献给了那些或者是更盛大，或者是双重花瓣，或者是有着艳丽颜色的鲜花的利益。在这些授粉者的王国里，美的理想很可能是没有被意识到的；在这样的地方，眼睛并不总是很完美的。

对于许多花来说，现在对于它们生命的最大热爱是来自人类了。那些萱草是期盼性地朝前倾斜吗？ 它们的面孔事实是朝向我们的。比起任何虫子所能做到的来说，我们的喜欢现在能够更好地确保它们的成功。那朵牡丹有着好色的公开的雄性花蕊吗？ 这一点是要责怪中国人的，在几千年的时间内，他们的诗人一直在辨识花园里阴和阳的表现，把牡丹花与女性的性器官联系起来（而蜜蜂或蝴蝶则指男性的）。中国牡丹随着时间的进化，靠着人工选择来满足这种幻想。甚至某些中国木本牡丹的香味也是女性气质的，那是一种微微染有咸汗气味的花香。这些花闻起来不像是从瓶子里出来的花香，而像是在人的皮肤上留存了一些时间。它可能仍然会吸引蜜蜂，但是，现在是我们人的脑干，这种香味要点燃它们。

穿过这片引人浮想联翩的地方，我试图确定究竟是什么把这座鲜花盛开的园子与一块普通的土地区别开来。对于刚走进园子的人来说，这座鲜花的园子是一个你当下感觉很是丰富的地方，事实上丰富得就像是一个大都市。这是一个奇特的、好交际的公共场所，在这里，各个物种似乎都热心于让对方开心。它们打扮起来、调情、来来往往、相互拜访。相比之下，周围的森林和田野则是一些沉沉入睡着的小乡镇，只有一片绿色的单调低音，在那里面，这些花中的许多要不就是毫不起眼，要不就是活不长久；那里的许多植物看来只跟它们自己那个种类来往，懒得去搭理其他物种，它们只管自己的事情。当然，这种事情主要就是光合作用，是大自然例行公事的工厂化生产。自然，性的繁殖也在这里进行着，但是显示出来的很少。有谁注意过什么松树把它们的花粉撒播在风中？ 什么蕨类植物传播它们的微粒孢子？ 从4月到10月，这里的每一天看起来都很是一样，这里的美在很大程度上是不被注意的、没有目的和不事宣扬的。

进到花园里，甚至只要进到有着鲜花的草地，大地马上就变得快速起来。

嗨！今天这里怎么样了？即使是最迟钝的蜜蜂或者男孩都会感觉到一些事情，一些特别的事情，就把这样的事情叫作美的开始吧。美在大自然中常常是在性的临近显示出来的。想一想鸟类的羽毛或者是整个动物界里的交配仪式吧。这就是“性选择”进化所看重的特征增加了一种植物或动物的吸引力，因此也就是这和植物或动物繁殖的成功率息息相关。这就是我们所得到的最好的解释，可以解说羽毛或者鲜花从别的角度来看没有意义的奢华，或许还可以包括跑车和比基尼。至少，在大自然中，美的支出通常是由性来付账的。

在美与善之间可能有、也可能没有联系，但是，在美与健康之间则可能有一种联系（我想用达尔文的话来说，健康就是善）。进化生物学家们相信，在许多生物身上，美就是健康的一种可靠的标志，所以也就是一种明智的选择交配对象的方式。华丽的羽毛、光亮的毛发、匀称的体型都是“健康的证明书”，如同一位科学家所说的那样，它们显示着这个生物携带着的基因可以抵挡寄生物的侵害，而不是别的什么方面的压力。一条极为漂亮的尾巴是一种新陈代谢上的奢华，只有健康才做得到（同理，一辆骄人的汽车是金钱上的奢华，只有成功者才做得到）。在我们自己这个物种中，美的理想也是经常与健康联系在一起。当缺乏食物成为普遍的致人死亡的原因时，人们就把胖评判为一种美的东西（尽管现在对于那种病态般的苍白、棍子一样瘦的模特儿的欣赏表明了文化可以压倒进化的需要）。

但是，植物们又如何呢？它们不能去选择它们的交配对象呀!凭什么那些替植物进行选择的蜜蜂要去关心什么植物的健康呢？它们的确不关心，但是，它们不自觉地对此进行了回应。

只有那些最为健康的花朵可以展示最为艳丽的色彩和最甜的花蜜，所以也就保证了有最多的蜜蜂来拜访，因此也就是最多的性活动和最多的子孙后代。所以，在某种意义上说，花朵也的确在健康的基础上，利用蜜蜂作为它们的代理人，选择它们的交配对象。

在这么一场性选择的军备竞赛的到来面前，它摆在了鲜花前面、羽毛前面，所有的自然都是兵工厂。在自然中有着美，但不是设计出来的美，有什么样的美，就像是森林和山脉的美一样，是严格地存在于观赏者眼中的。

如果你想创造一种新的关于美的起源的神话（或者至少是设计之美的起源的神话），你在花园中，在这些鲜花中，只能是开始就失败。以花瓣而开始，美的首条原则就出现了，这里是以颜色来体现的。被周围一片绿色麻痹了的眼睛，注意到了花瓣颜色的不同而兴奋起来。人们曾经认为蜜蜂是色盲，但事实上它们能够看到颜色，尽管它们的看与我们的看不同。绿色在它们看来是灰的，是一种背景色调。在这种背景色调上，红色就最为鲜明地突现出来（在光谱紫外线的尽头，蜜蜂还能看到颜色，而我们则看不到了。在这种光线中，一个花园看起来像晚间的一个大城市的机场被照亮了，编成了颜色的代码，可以指引盘旋的蜜蜂找到花蜜和花粉的降落区）。

无论是蜜蜂还是男孩，我们的注意力都被一朵花瓣的颜色所吸引，它唤醒我们去注意接下来的会是什么，是形式还是模式，这就是美在现有世界中的第二种反映。与不成形的绿色背景形成对比的那种颜色，就其本身来说很有可能只是某种偶然（比如，一根羽毛，或者是一片发黄的树叶），但是，对称的出现却是一个靠得住的正式构织的表达——有着目的，甚至有着意图。对称是一个不会被误解的标志，说明在一个地方有着有关的信息。这是因为对称是一种由一些事物分享的特性，在自然界，具有这种特性的东西的数量并不是太多，而所有这些东西都会引起我们极大的兴趣。自然界中具备对称之物的那个短短的名单：包括其他的生物、其他的人（最引人注意的是其他人的面孔）、人类的制作和植物，尤其是花。对称对于生物来说也是健康的一种标志，因为物种的突变和环境的压力都可以轻而易举地破坏掉对称。所以，关注那些对称的事物很有意义，对称通常总是有意义的。

对于蜜蜂来说也是如此。我们是如何知道这一点的呢？ 这是因为一种植物上的对称是一种奢华（而那些想以直线运动的动物缺了对称的话也做不到），如果蜜蜂没有去回报植物的这种对称的话，自然选择很可能不会去自找麻烦。“花的颜色和形状，都是蜜蜂觉得具有吸引力之处的精神记录，”诗人兼批评家弗里德里克·特纳曾这样写道，他进一步认为，“如果由于蜜蜂是一个原始得多的有机体……就认为在我们对花的愉悦和它们对花的愉悦之间没有任何相同之处，这将是一个荒谬的人类中心论的错误。”

但是，如果说蜜蜂和人类都被花吸引有着一个共同的根源的话，那么花美的标准很快就开始变得特定和分歧了。这不仅是蜂与男孩之间的不同，而且也是蜂与蜂之间的不同，因为不同种类的蜂似乎分别被不同种类的对称所吸引。蜜蜂喜欢雏菊、三叶草和向日葵那种放射状的对称，而大黄蜂则喜欢兰花、豆类和毛地黄那种双边的对称。

通过它们的颜色和对称，通过这些最基本的美的原则（这就是对比与模

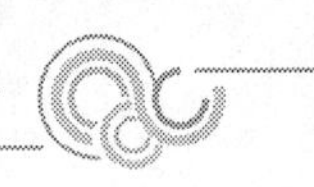

式），花就提醒了其他的物种去注意到它们的存在和意义。走在它们中间，你会看到一张张的脸转向了你（尽管并不是单单为你的），引诱你，向你打招呼，向你承诺——这就是意义。在这之外，事情就开始变得复杂了，蜜蜂发展了它们自己关于美的教规，大黄蜂有大黄蜂的。而在这种植物与授粉者的共舞中，我们也走了进来，把种种花的种种意义混合起来，超越了所有的理由，把它们的性器官变成了我们自己的（以及其他许多东西的）比喻，吸引和驱使花的进化朝向一种异乎寻常的、奇特畸形的、总在变化的美，如一朵"海德夫人"玫瑰或者是一株"永远的奥古斯都"郁金香。

有了花，然后就有了花的天地。我的意思是：围绕着花，各种文化都发展了起来，花背后有着一个帝国价值的历史，花的形状和颜色以及香气，它的那些基因，都承载着人们在时间长河中的观念和欲望的反映，就像一本本大书。对于一种植物有许多东西可以问，它要呈现人类种种梦想变化着的色彩。或许可以解释为什么它们之中只有不多的若干种证明了自己具有足够的逢迎和情愿来完成这个任务。玫瑰就显然是这样的一种花；牡丹，尤其是在东方，则是另外一种；兰花肯定也够格；然后，还有着郁金香；可以论证的还会有几种（比如百合），但是，前面提到的这几种长时间来一直是我们的典范的花，是植物世界中的莎士比亚、密尔顿和托尔斯泰，丰产而且变化多端。这些挑选出来的花超越了时尚的兴衰变迁，使得它们自身成为独立自主的和不可忽视的。

那么，是什么使得这几种花与有魅力的雏菊、石竹和康乃馨区分开来的？更不必提那些也好看的数量众多的野花了。也许，最重要的一点就是它们的式样翻新了。有些非常之好的花永远就是它们那个样子，式样单一，即使不是完全固定于它们的特性之上，也是只能够有几种简单的变化，比如色彩或者是花瓣的数量。想要刺激它长出你所需要的东西，选择、杂交、重新构造它吗？但是所能做到的也只是金花菊或者是莲花所做到的那个程度了。时尚倾向于拾起这样一种花维持一段时间，然后就扔掉了。想一想石竹花，或者是紫罗兰在莎士比亚的时代，或者是维多利亚女王时的风信子，它们都是这样。一旦它们首次定型之后，就不能让自己以一种新的形象来重新塑造了。

相比之下，玫瑰、兰花和郁金香就能够产生奇观，能够一而再，再而三地重新发明自己，以适应美学和政治气候的每一种变化。玫瑰在伊丽莎白时期花型敞开、热情洋溢，而到了维多利亚时期，则谦和有礼地锁紧起来，变得整洁了。当荷兰人认为花美的范型是大理石纹路状的色彩鲜明对比的漩涡时，他们郁金香的花瓣就变成了夸张的“羽毛式”和“火焰式”；但随后，当英国人在19世纪推崇“地毯铺开”时，郁金香就适时地允许它们自己转变成一个画盒，里面装了最明亮、最丰满的纯色颜料，适宜于涂抹成块状。它们是这样一类花，很高兴承载我们那些最奇特的想法。当然，它们之所以愿意参加人类文化这种运动的游戏，业已证明对于它们的成功来说这是一种聪明的策略，对于一种花来说，通往世界上占支配地位的道路，总是要依靠人类在转变的关于美的理想。

郁金香进入这个花界的高贵群体并不是非常自然而然的。因为，从它的现代花姿来看，郁金香是这样一种非常简单、单一空间的花，而它之所以是现在这个样子而不是别的模样，这丰富的历史，在很大程度又已被湮没了。与玫瑰或牡丹这类其历史模样与其现代风姿一同保留了下来的花（这两种花之所以能够做到这一点，是因为它们存在的时间都那么长，以及它们可以无严格限制地嫁接）相比，究竟是什么使得一株郁金香在土耳其人、在荷兰人、在法国人眼中显得美丽？对此，我们能够了解一些的唯一途径就是看这些人的绘画和植物学的图解。这是因为不再被人喜爱的郁金香会很快灭绝，各种鳞茎并不必然地每年都会回来。一般而言一个种类不会延续下去，除非是定期来重新种植，所以，在一代的时间内，遗传连续性的链条是可能断裂的。即使人们是在连续种植某一种郁金香，这个品种的活力（郁金香的繁殖是通过摘下并种植其鳞茎的短匐茎，那种在其根部长出的小小的、在遗传上是同一的鳞茎侧枝来进行的）最终也会减弱，直至必须被放弃。今天的培育者们急于寻找一种新的黑郁金香，因为他们知道现在流行的标准品种“黑夜皇后”很可能就处在这条路上了。换句话来说，郁金香是不免一死的。

中世纪的织锦由花簇构成它的四边，但其中没有郁金香的出现。早期的“本草书”也没有提到这种花。郁金香在17世纪的荷兰所引发出来的狂热激情（另外还在一个较弱的程度上发生于法国和英国）可能与这种花在西方显得新奇有关，与它的突然出现有关。它是我们所有的典范的花中最年轻的，而玫瑰则是最年长的。

奥格尔·古斯兰·德·巴士贝克，奥地利哈布斯堡王朝派驻君士坦丁堡苏莱一世宫廷的大使，人们认为是他把郁金香引进了欧洲。他于1554年到任后不久就从君士坦丁堡向西方送去了一批郁金香鳞茎（“郁金香”一词是对土耳其语中一个关于头巾的词的误读）。郁金香的第一次朝西的官方旅行是从一个宫廷到另外一个宫廷——这也就是说它是一种王室喜爱的花。这个事实可能也有

助于它迅速地占据支配地位，因为王室的时尚总是特别有感染力的。

郁金香并不是一种植物必须先周游世界，然后它的美才会在家乡得到承认的一个例子。在巴士贝克运出他的鳞茎货物时，郁金香在东方已经有了它自己的仰慕者，他们已经使得这种花与它的野生模样颇为不同了。在野外，典型的郁金香是一种低矮、可爱、欢乐的花，是一种率直、面孔敞开、6个花瓣的星状，在其底部常常有着颜色对比鲜明的生动斑点。典型的土耳其郁金香是红色的，白色或黄色都不太普遍。奥斯曼帝国时期的土耳其人发现野生的郁金香是潜力巨大的矮小孩，自由杂交（尽管郁金香由种苗长成并展示其新颜色需要7年的时间），而同时也很容易变化，产生自发的和令人惊奇的形状和颜色上的变化。郁金香的这种易变性被视为是一个标志，表明大自然珍爱这种花超过了其他任何花。在其1597年的本草书中，约翰·热拉尔提到郁金香时说，“大自然似乎更喜欢与这种花嬉戏，超过了其他任何我所知道的花”。

郁金香遗传上的可变性事实上给大自然，或者更确切地说是自然选择，很大的余地来嬉戏。在偶然变化中，一种花把一种东西突现了出来，于是大自然就保存这些被赠予了某种优势的稀有之物：更明亮的颜色、更完美的对称，等等。在几百万年的时间里，这些特性得到了选择。实际上是郁金香的那些授粉者们在选择，直到土耳其人来了，他们开始进行干预（在17世纪之前，土耳其人并没有学会进行有意识的杂交，他们所珍爱的那些新奇的郁金香被说成只是“出现的”）。达尔文把这样一个过程称为人工选择，与自然选择相对。但是，从花的观点来看，这是一种没有不同的区分。具有或是被蜜蜂或是被土耳其人渴望之特性的单个植物，它的出现加速了更多后代的产生。尽管我们把驯化视为人对植物所做的事情，但与此同时它也是植物们用来开发我们和我们的欲望甚至是我们那最为特别的关于美的种种观念的一种策略，以促进它们自己的利益。依赖于某个物种发现自己身处其中的那个环境是什么，不同的适应方式就会得到使用。大自然在荒野中从手中掷出的那些变化，有的时候会证明在由人的欲望所塑造的环境中也是一种聪明的适应。

在奥斯曼帝国的环境中，对于一株郁金香来说，要想出类拔萃的最好方式，就是要有长的荒谬的花瓣并瘦削挺拔得直至其顶尖得像一根针。在素描、绘画和制陶术中（这是土耳其人关于郁金香之美的观念唯一留存下来了的地方，人类的环境是一个不稳定的环境），这些伸长着的花朵看起来似乎是被一个吹玻璃的工匠扯到了极限。对于郁金香花瓣这种形状的选择，有一个比喻是短剑。一株成功的奥斯曼郁金香在颜色上也必须纯，边缘光滑的花瓣要紧紧地凑在一起，能够把里面的花瓣包藏起来。它决不能“重叠”——有多余的花瓣，就像杂交玫瑰那样。尽管这些后来的特性在郁金香品种中并不罕见，但削弱的花瓣在野外事实上是看不到的，这就表现出奥斯曼对于郁金香之美的理想——端庄、锋利和男子气概，这些特点是属于人的，是费劲争取到的，在大自然中没有优势（极为常见的是，那些使植物和动物对人产生吸引力的特性，使得这些植物和动物对于野外的生活不再那么适应了）。在某一点上，奥斯曼关于郁金香之美的观念与昆虫关于郁金香之美的观念就不再一致了。

在18世纪有一段时间，那些吻合土耳其人理想的郁金香的鳞茎在君士坦丁堡是以黄金的数量来进行交易的。这发生在艾哈迈德三世统治时期，从1703年到1730年，这一时期对土耳其历史学家们来说是“郁金香时代”。这位苏丹被自己对于这种花的热情所控制，达到了这样一个程度，以至于从荷兰进口了数以百万计的郁金香鳞茎。在荷兰，人们自己的郁金香狂热过去之后，他们已经成为鳞茎大规模生产的行家了。苏丹每年举行的郁金香节，其奢华程度最终导致了他的垮台。对于国家财产的这种极大浪费帮助点燃了起义之火，由此结束了他的统治。

每一个春天都有几个星期的时间，皇家园林里盛开着郁金香珍品（土耳其的、荷兰的、伊朗的），所有的这些花都来展示它们最突出的优势。那些花瓣伸得过宽的就用细线扎起来。这些鳞茎中的绝大部分都种在地里，但也补充了数千株切下来养在玻璃瓶子里的茎干。作了整体安排而设置在园子四周的镜子，使得花展的规模更显宏大气派。每一个品种都标上了由细银丝织成的标牌。每隔三株花，就在地里插上一根烛心与郁金香高度齐平的蜡烛。镀金笼子里的鸣唱小鸟提供着音乐，数百只大龟背上驮着蜡烛在园中走来走去，进一步照亮了花展。所有的宾客都要求穿上与郁金香花色相配的衣服。到了规定的时刻，一声炮响，各个闺房的门一下子同时打开，苏丹的王妃们由手持火炬的宦官们引导，步入花园。只要郁金香花还开，就每天晚上都重复这一切——只要艾哈迈德苏丹还在尽力坚持坐在他的宝座上。

在荷兰，郁金香兴起的背后有一个小偷。在最早收到抵达欧洲的郁金香的人中，有一个是凯拉卢斯·克鲁修斯。他是一位各地花卉的栽培者，在分发欧洲各地新发现的植物方面起着种子的作用。鳞茎是他的专业，许多植物的引进和传播，如贝母、鸢尾、风信子、银莲花、毛茛、水仙和百合等，都是他的功

劳。郁金香之所以来到克鲁修斯手中，是因为他是维也纳皇家植物园的园长。当他于1593年移居到荷兰莱顿去建立一个新的草药园时，他就随身带走了一些郁金香鳞茎。

根据安纳·珀沃德的郁金香史，在克鲁修斯来到莱顿时，郁金香已经不事声张地在此地的一个花园里被种植了。但是，克鲁修斯对于他拥有这些罕见的郁金香是那样卖弄，结果引起了荷兰人对此的觊觎，给他的藏品带来了灾难性后果。用一位当时叙述者的话来说，就是"没有人能够弄到它们，用钱也买不到。所以，有人就制定了计划，他那些最好的乃至于绝大多数植物都在晚上被偷走了。因此，他失去了勇气和欲望来继续它们的种植。但是那些偷走了这些郁金香的人在种下这些种子以繁殖它们方面却没有浪费时间。通过这种方式，17个省就都有了郁金香"。

这个故事中有两点值得注意。首先，被偷走的郁金香是用种子来繁殖的。郁金香像苹果一样，并不能靠种子来繁殖，这样长出来的后代与父母极少相似。这就意味着，由于这种花天生的可变性，荷兰的这17个省所拥有的会是极其丰富的不同颜色、不同形状的郁金香。郁金香这样杂乱地种植，很可能就是荷兰人从这种花中设法耐心培育出来的令人震惊的那些品种中绝大部分的来源，是一个植物学上的宝库，这成为17世纪荷兰民族自豪的一个顶点。谈到荷兰的郁金香，就如同谈到荷兰那无敌的海军和无双的共和自由一样。

这个故事中第二个值得注意的地方是它把一个小偷放在了荷兰与郁金香之间那种漫长的、既是杰出的又是不光彩的联系的源头。这并不是第一次也不是最后一次：一个小偷出席了一种新植物的见面会。如果不是有一个来自路易十六皇家花园的相似的小偷，马铃薯可能永远都不会在法国昌盛。

在神话中，经常有一个小偷用极其羞愧的后果奠定了一项人类进步的根基。不妨想一想普罗米修斯从太阳处盗火，或者是夏娃偷吃了知识的禁果。羞愧似乎成了进步的推动代价，尤其是知识的进步或者是美的进展。至少对于荷兰人来说，羞愧从一开始就使得郁金香的故事罩上了阴影，尽管这同样的阴影的弱一些的表现可能从来就没有远离过花文化。这种阴影存在于我们常常与花相联系的浪费和奢侈之中，存在于我们在花中所感到的肉欲快感里，存在于我们逼迫花去超越它们的自然形态、色彩和开花时间所感到的满足之中，甚至存在于某个窃花小贼切下带走的花本身会产生的创痛之中。

现代的郁金香已经变成了一种非常便宜的、到处都是的商品，所以对于我们来说，要去重新获得对曾经围绕在这种花上面的那种魔力的感觉，是颇为困难的。这种魔力肯定与它们在东方的根有关，安纳·珀沃德提到了围绕着郁金香的那种“异教徒们的陶醉光环”。早期的郁金香也是很珍贵的，它的供应的增加只能缓慢地依靠短匐茎的种植。郁金香繁殖上的这种生物学怪癖使得其供应远远满足不了需要。1608年，法国的一个磨坊主用他的磨坊换了一个珍贵的郁金香鳞茎；差不多与此同时，一位新郎高兴地接受了他新娘的全部嫁妆——一株郁金香，这个品种从此就被称为“少女的婚礼”。

然而，法国和英国的郁金香狂热还远远没有达到荷兰的那个程度。这些特殊的人和这种特殊的花的这种疯狂拥抱该如何来解释呢？

从好的方面来说，荷兰人从来就不满足于接受他们所面对的大自然。低地国家的地貌缺乏通常的魅力和多样性，非常之平，非常单调，沼泽地很多。一个英国人这样来描述这个地方：“是世界的屁股”。荷兰的美丽在很大程度上是人类努力的结果，如那些用来排水的堤坝和运河，那些竖立起来拦截横扫四处之大风的风车。在著名的关于郁金香狂热的文章《郁金香的苦涩气味》中，诗人扎比格尼·郝伯特认为，“荷兰地貌的单调激发了对种种色彩丰富、不同寻常的花卉的梦想”。

在17世纪的荷兰，随着荷兰的商人们和植物探险者们带着许多异国情调的奇花异草回到家乡，这样的梦想就能够以一种前所未有的程度来实现了。植物学成了全国性的娱乐方式，人们对它的热衷就如同我们今天对体育的热衷一样。这样一个国家、在这样一个时候，一篇植物学的论文可以成为畅销读物，而像克鲁修斯这样的园艺家可以成为名人。

在荷兰，土地非常稀少而且昂贵。荷兰的花园都是微型的，常常要用镜子来造出纵深效果。荷兰人把他们的花园视为宝石盒子。在这样的空间内，即使是一株花，尤其是一株竖立的、笔直的、颜色鲜艳的花，如郁金香，也会是一个有力的宣告。

要做出这样的宣告：关于一个人的成熟干练，关于一个人的财富，就总是人们要搞一个花园的原因之一。在17世纪，荷兰人是欧洲最富有的民族，如同历史学家西蒙·沙莫在其《富裕的尴尬》中所言，荷兰人的加尔文教派信念并不能使他们放弃展示奢华的快乐。郁金香的异国情调和昂贵肯定会促成他们去实现这个目的，然而，有一个事实却是：在花卉中，郁金香是那些最没有用处中的一种。直到文艺复兴之前，绝大部分被种植的花卉在美的同时也是有用的，

是药材、香料甚至是食物的来源。在西方，花卉经常受到不同的清教徒们的攻击，救了这些花的总是它们的实用功能。是用途，而不是美，使得玫瑰、百合和牡丹以及所有其他的花赢得了在修道士们的花园和震颤派的花园中的一席之地。殖民地时期的美国人也是基于这一点，否则是不会和它们发生什么关系的。

当郁金香首次抵达欧洲时，人们为它包装上了一些功利目的。德国人把郁金香的鳞茎煮熟，加上糖，并且令人难以置信地宣称它是一种美味；英国人则是加上油和醋来烹调它；药剂师们把郁金香作为一种治疗肠胃气胀的药物。不过，所有这些用途都没有持续下来。“郁金香保持着它自己，”赫伯特写道，“对于大自然的诗来说，庸俗的功利主义是格格不入的。”郁金香就是美之事物，既不比这多，也不比这少。

如果说郁金香这种无用的美适合了荷兰人那种展示口味的话，那么它也吻合了这个时代的人文主义——它努力在艺术与宗教之间造出某种呼吸的空间。比方说，不像玫瑰或是百合，郁金香没有成为基督教的一个象征（尽管后来的郁金香狂热最终会把它变成这样）。画花瓶里的郁金香是在钻研大自然的一种奇迹，而不是在钻研圣像画的库存。

我还想到了郁金香之美的性格，这使得它与荷兰人的气质十分相配。郁金香一般没有什么香味，可以说是花的性格中最冷艳的了。事实上，荷兰人把郁金香的没有香味视为一种美德，是这种花的纯洁和适度的证明。郁金香的花瓣朝内卷，把其性器官掩藏起来，是花中性格内向者。另外，它还有点孤傲：一根茎干一朵花，一株郁金香一根茎干。“郁金香允许我们去钦佩它，”赫伯特评论道，“但并不唤起狂热的激情、欲望、嫉妒或者性欲冲动。”

这些品质中似乎没有一个能够预示后来会出现的狂热。但是，如同将要发生的那样，荷兰人外表的沉静与郁金香的相似之处都是在沉睡，里面其实还潜藏着别的东西。

郁金香之美中陶醉了荷兰人、法国人和英国人的一个关键因素，对于我们来说已经不复存在了。对于他们来说，郁金香是一种神奇的花，因为它会自然长出鲜丽的颜色喷洒对比。种植上一百株郁金香，其中就可能有一株会是这样：在以白色或黄色为底色的花瓣上的纹路，似乎是最耐心的画师用最精致的画笔画出来的，有着羽衣般或是火焰般生动的色彩对比。这种情况发生时，人们就说这株郁金香“爆发”了。如果一株郁金香以一种特别醒目的方式爆发了的话，也就是如果那颜色的火焰鲜明地达到了花瓣的唇缘。比方说，它的颜色极为鲜艳和纯净，它的颜色构成又十分对称的话，这株郁金香鳞茎的主人就等于抽得了大奖。因为这个鳞茎的后代将会继承它的色型和色彩，所以能够卖到一个高得令人咋舌的价钱。由于某种不知道的原因，比起一般的郁金香来，爆发郁金香能繁殖的后代会越来越少，这么一个事实就更使得它们的价钱上涨。“永远的奥古斯都”就是这样一种最著名的爆发郁金香。

我们今天所能看到最接近于爆发郁金香的是一个被称为“伦勃朗们”的种群。之所以这样命名，是因为伦勃朗画了他那个时代的一些最受人们钦佩的爆发郁金香。但是，与以前的相比，他后面画的那些郁金香的一两种颜色对比的沉重色型显得很笨拙，好像是用粗大的画笔匆忙画出来的。从对这些绘画的判断中，我们就可以得知它们的原本，那些爆发郁金香的花瓣颜色可以细腻和复杂得如同大理石花纹般的花纸，那些非常错综交织的色彩漩涡做到了既大胆又精致。在最为惊人的例子中，如“永远的奥古斯都”，在其纯白底色上飞溅出的那些深红色斑点，颜色的喷洒与郁金香那整齐的直线形状并列，跳跃任性的色型恰巧被花瓣的边缘所含纳，产生出了令人屏住呼吸的效果。

安纳·珀沃德叙述了荷兰的这些郁金香种植者们为了使郁金香爆发所采取的异乎寻常的方式，有的时候甚至从炼金术士们那里借用一些技巧，这些炼金术士遇上了一些似乎可以与他们相比的挑战。园丁们在地面上设置一个高高的花床，种上白色的郁金香，把自己想要的那些颜色真的喷洒上去。因为从理论上讲，雨水会把这些颜色冲到花的根部，这样颜色就会被鳞茎所吸收进去。那些吹牛者兜售各种被相信是可以产生那种神奇颜色爆发的处方。鸽子粪被认为是一种有效的东西，还有从老房子的墙上刮下来的泥灰。不像那些炼金术士，他们想把一般金属变成黄金的企图是注定要失败的。对于郁金香种植者来说，时不时地，郁金香会出现的颜色变化真的回报了他们，这就激励了每个人都加倍去进行他们的努力。

当时的荷兰人不可能知道的是，其实是一种病毒导致了这种神奇的爆发郁金香，当这个事实被发现之后，这种病毒所可能导致出的美就寿终正寝了。郁金香的颜色实际上由两种协调工作的色素构成：一种通常是黄色或者白色的底色，另外就是次一级的置于其上的颜色，叫作花青素。这两种色彩的混合决定了我们所看到的颜色整体。而那种病毒是部分地和无规律地发作，抑制了花青素，所以就导致了下面的部分底色得以显现。只是到了20世纪20年代，在电子

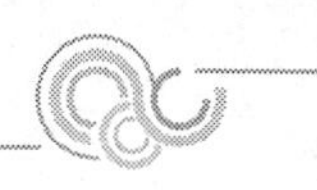

显微镜发明之后，科学家们才发现了这种病毒是由桃树蚜虫从一株郁金香传播到另一株的。在17世纪的花园里，桃树是一种很常见的景致。

到20世纪20年代，当荷兰人将他们的郁金香作为商品来交易而不是作为珍宝来展示时，由于这种病毒弱化了受它感染的鳞茎（这就是为什么爆发郁金香的后代那么矮小，而且数量很少的原因），荷兰种植者们就开始抛弃那些被感染了的土地。当颜色爆发出现了时，花马上就被毁掉。大自然之美的这种罕见的显示，突然就失掉了它自己的要求人类喜爱的权利了。

我禁不住在想，这种病毒当时是在提供郁金香所需要的某种东西，是一种号召放弃这种花那冷冰冰的拘泥形式的触动。也许，这就是为什么爆发郁金香在17世纪的荷兰成为这样一种珍宝的原因。剧烈的爆发让任性的颜色在一株郁金香上释放，使得此花完美，即使这种在起作用的病毒将来会毁掉它。

面对着病毒与郁金香的故事，似乎是对关于美的进化的理解投下了一个痛苦的冲击。一种受病毒感染的花，以减弱自己在自然界的适应性来增加它对于人的吸引力，这样做对它会有什么可能的好处呢？我想有一点大概是可能的：这种病毒，为人们的郁金香疯狂起到了火上加油的作用，导致了更多得多的郁金香种植，因为人们希望得到更多的爆发郁金香。但是，有一个事实始终是存在的，那就是由于人们对郁金香之美的这种特殊观念，在几百年的时间内，郁金香就按这种特性来选择，这就削弱了它，并会最终杀死它。这看来就代表了对自然选择的颠倒，是自然规律的违背，从郁金香的优势角度来看，就是如此。但是，如果这个问题反过来，从病毒优势的角度来看又如何呢？自然规律同样也在起作用。病毒所要做的就是使自己的滋生进入人与花的联系之中，事实上是以开发人对于郁金香之美的观念来促进它自己的自私目的。（这种自私目的，如果你想一想的话，就会发现其实与人类在利用蜜蜂与花朵之间那种古老关系上的所作所为并无大的区别。）由感染而导致的爆发越是显得美，荷兰花园里受感染的植物数量就会越多，传播的病毒总量也会越多。这是一种何等高明的手段！作为一种生存策略，这种病毒的机制是很聪明的，至少在人们没有找出真正发生的事情是什么之前是这样。在大自然中，还有一种什么病害能够使一种生物更为可爱？而且不仅仅是一般的可爱，而是以一种以前想都没有想过的方式显得可爱？病毒创造了郁金香所能显得美丽之极致的一种全新的方式，至少是在我们的眼里。病毒改变了观赏者的眼睛。这种变化到来的代价，由被观赏者付出的代价，则表明在自然界中美并不必然地预示着健康，也并不必然地有助于这美丽之物的利益。

郁金香从一种宝石盒般的花转变为一种(没有了病毒的)商品，这却使得郁金香很奇怪地难得被人欣赏了。成群地种在地里，郁金香基本上是向我们提示着纯色的实例，它们简直可以做田野里的棒棒糖或者是唇膏了，至少这是它们曾经向我提示过的东西：眼睛糖果——很令人愉悦，但没有分量。就本性而言，我并不是一个观察力很强的人，从父母雇我在我家的院子里种郁金香时开始，一直到写作本书的这个春天，在这么长的时间内，郁金香的美，它们那特殊的美，对我来说是不存在的。但是，我并不认为只有我一个人是这样。

“美总是在独特性中发生，”批评家伊莱恩·斯凯里写道，“如果没有独特性的话，看到美的机会就降低了。”在某种意义上，独特的郁金香是很难看到的，因为它们是如此便宜和无处不在。这是部分原因，另外还有一个原因，那就是比起绝大多数花来，郁金香的形状和颜色是特别提炼性的。比如，比起玫瑰或者牡丹来，一株真正的郁金香要更为贴切得多地接近于我们对郁金香的预测。到了现在，郁金香那种抛物线般的曲线已经如同一个可乐瓶一样在人们的头脑中刻下了深深的印记，其逼真程度相当之高(它与其说是存在于自然界的一事物，何不如说更典型地是一件商品了)。一个人在现实生活中所遇到的郁金香，与已经存在于他头脑中的郁金香是很吻合的。从颜色上看，郁金香也是非常同一和忠诚的(如同同一颜色的许多碎片)，不管它们颜色深浅到什么程度，我们都能飞快地把握住它——或是黄或是红或是白的观念性的颜色，然后又转向去消费下面一种视觉款待。郁金香是这般像郁金香，它们自身是这般富有柏拉图意味，所以它们总是非常为我们所熟悉地掠过我们的关注，就像T型台上的模特儿。

有一个办法可以慢下来开始去恢复郁金香独特的美，这是我这个春天发现的——把一株郁金香拿到室内来，单独地观赏它。这样做，我想，比起种植那些老品种或者是更为奇特的品种来，甚至会更为管用。我以为，即使是放在大众市场上以网套来出售的“胜利”或者“达尔文”，如果把它们切下来，放到室内，真正地注视着它们，也会带来令人震惊的魅力。植物学图谱的绘制者或者是摄影师们，之所以如此频繁地把他们的观察细致的眼睛放在这种特别的花上并不是偶然的，没有其他的花值得这样去凝视的了。

我最终是想把这种凝视主要集中于一种郁金香——“黑夜皇后”之上。在这个5月下旬的晚上，它就摆放在我面前的书桌上。“黑夜皇后”作为一种花来

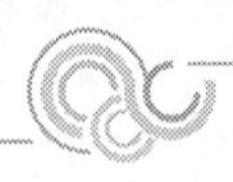

说，是最为贴近黑色的，尽管事实上它是一种有光泽的深栗紫色。不过，它的色调是那样深，看起来好像是把更多的光吸纳进了自身，而不是反射光线。它是一种花中的黑洞。在花园里，依据太阳光的不同角度，“黑夜皇后”的花朵看起来或者是反射光或者是吸引光，或者是花或者是花的阴影。

这样的效果得到了荷兰人的赞赏，那种对于真正黑色的郁金香的寻求，一种已经持续了400年而且仍然在持续之中的寻求，成为郁金香狂热中那些更为吸引人的具体情节中的一个。亚历山大·大仲马写过一部长篇小说《黑色郁金香》，内容就是在17世纪的荷兰发生的一场培育第一株真正黑色郁金香的竞争。由这场争斗所激起的贪婪和阴谋（在小说中，“园艺协会”设置了一笔10万盾的奖赏）毁掉了3个人的性命。到那株“奇迹郁金香”出现时，卡利莱斯，那个培育出了它的人，被关进了监狱。这是他的一个邻居用贿赂搞的陷害，此人宣布这株获奖郁金香是属于他的。卡利莱斯在号子的铁栏杆后面看了看他一生努力的这个顶点：“这郁金香很美，辉煌华丽，它的茎干超过了15厘米，它从4片绿色的叶中冲出，这4片叶子如同铜矛尖一样光滑笔直；整株花又黑又亮，如同黑玉。”

但是，为什么是一株黑郁金香？也许是因为黑颜色在自然界是如此稀少（至少是在生物自然界中），而如果郁金香狂热不是一座建立在植物学的稀有之物之上的巨大而又不稳定的大厦的话，那它就什么也不是了。黑色还包含有邪恶的内涵，而这种狂热在后来将会被看成一种关于世间诱惑的道德故事，在这种诱惑中，整个民族都被毁灭性地屈从于不是一个而是整整一个系列的可怕罪行。与此同时，黑色如同白色一样也是一种空白，任何和所有的欲望（或者是害怕）都可以在它上面凸现。对于大仲马来说，黑色郁金香是郁金香狂热本身的一个隐喻，是一面冷漠和任性的镜子：在这面镜子中，一种扭曲的关于意义和价值的共识短暂地、灾难性地被聚焦。

第二个被讲述的故事它很可能是真实的。在这场狂热的高峰中，一株黑郁金香被一个贫穷的鞋匠所发现。在扎比格尼·赫伯特讲述的版本中，来自哈勒姆种花人协会的五位绅士全都身着黑衣，前来拜访这个鞋匠，表示要让他时来运转，并提出买他的郁金香鳞茎。这个鞋匠感觉到了他们的渴求，就开始认真地与他们讨价还价。经过了很长时间的争论后，双方商定了鳞茎的价钱：1500弗罗林。这笔钱对于这个鞋匠来说是一笔飞来横财，于是鳞茎易手了。

“现在，没有料到的事情发生了，”赫伯特写道，“在戏剧中，这样的事情被称作转折点。”这些种花人把这个珍贵的鳞茎扔到地上，踩成了果泥。

“你这个白痴！”他们对着这个吓呆了的补鞋人嚷道，“我们也有这种黑郁金香的一个鳞茎。除了我们外，在这个世界上任何其他人都不能拥有！国王不行，皇帝或苏丹都不行。如果你为你的鳞茎讨价10000弗罗林，再外加上两匹马的话，我们也不得不给你，什么都不能说。记住吧，在你一辈子里，好运不会再次向你微笑了，因为你是一个笨蛋。”这位鞋匠悔恨交加，摇摇晃晃地倒在了他阁楼的床上，死了。

赫伯特关于郁金香狂热的这个版本，本身就是一种令人紧张的黑色。对于他来说，荷兰人的这种疯狂与美没有任何关系，只有着那种固定观念的强烈邪恶，这种现象在任何时候都可以毁掉“理性的殿堂”，而文明则是依赖于此的。赫伯特笔下的郁金香狂热是一个乌托邦主义的寓言，尤其与共产主义有关。的确，在某一点之后，这些花本身变得不相关了——当一个郁金香鳞茎被踩碎，或者是拿着一张纸的“期货合同”去购买另外一个尚未从地里长出来的郁金香时，更大的财富超过了这从未见过的最美丽的花，那么这些花本身就变得不相关了。

然而重要的是要记住，在荷兰的这种疯狂中所结束掉的，曾开始于一个地方对美的欲望。这个地方，对于许多人来说，美是相对缺乏的。要记住，荷兰还是这样一个国家：在这个国家里，不管其社会地位如何，每个人的穿着是颇为相同的，都是裁剪风格相同的单调式样。色彩在这片灰色的加尔文派的土地上能够以一种难以想象的力量震撼眼睛，而郁金香的色彩又不同于任何人以前所看到过的任何色彩，它饱和、艳丽，比起其他任何花来都更为鲜明强烈。

“永远的奥古斯都”这个17世纪所有郁金香中最有名气最为昂贵者的故事，提醒着我们在疯狂之下的确潜藏着美，也就是说，至少是在17世纪30年代的荷兰，填饱了猪肉的胃是永远也不能替代郁金香的。人们普遍认为，“永远的奥古斯都”是世界上最美的花，是大师的杰作。“它的颜色是白色的，在蓝色的底部看着深红色，在顶部正中央，有着一朵没有绽开的火焰，”在参观过一位阿德里恩·波沃博士的花园后，尼古拉斯·冯·瓦森沃于1624年这样写道，“从来没有过一位养花人见过比这更美的花。”世界上大概只有一打左右这样的花。而阿德里恩·波沃博士几乎拥有了它们的全部。这位充满热情的郁金香培育专家（他是新成立的荷兰东印度公司的一个主管）在自己位于哈勒姆附近的海姆斯蒂德的宅第里培育它们。在那里，他在自己的花园里搞了一个精心制作的镶有镜子的阳

台来增加他那些珍品花卉的效果。在整个17世纪20年代，波沃博士收到了不计其数、价钱猛涨的出价，要购买他的“永远的奥古斯都”的鳞茎，但他不以任何价钱出手。至少有一位历史学家认为是这种拒绝点燃了这场郁金香狂热，即如同瓦森沃所告诉我们的那样，这位内行把欣赏“永远的奥古斯都”所带来的愉悦视为远远高于任何利润。

在商业投机之前，首先是欣赏。

看着我的这株黑色郁金香“黑夜皇后”，它就在我面前的书桌上。我可以认出它有着单株郁金香的古典形状：6片花瓣排成了2层（里面的3片花瓣在外面的3片花瓣中凹陷进去），在花的性器官上围成了一个椭圆形拱顶的空间，每一片花瓣既是旗帜又是窗帘——合上的窗帘。我还看到这些花瓣并不是同一的，里面的花瓣在顶上有着小小的、精致的裂隙，而那些健壮的外面的花瓣则是完整的椭圆形，它们那锯齿状的边缘亮得如同刀刃。这些花瓣看起来柔软光滑，但事实却不是，碰一碰的话，它们意想不到的坚硬，就如同兰花瓣，比起你现在正在读着的这张纸来光滑不到哪里去。这6片凸挺的花瓣共同构成了一朵裁剪讲究、多少显得有点孤芳自赏的花朵，既不请人去抚摸也不邀人去嗅闻。它邀请我去钦佩它——隔着一段距离去对它表示钦佩。“黑夜皇后”没有香味这样一个事实是适宜的，这样，欣赏它的体验就被设计成了严格的眼睛的愉悦。

我这株“黑夜皇后”那长长的、弧形的茎干也几乎如它所支撑的花朵一样美。它很优雅，但却是一种特有的男子气概的优雅。它不是一个女人颈项处的那种优雅，而更像一座石雕的优雅，或者是一座吊桥的那些弧形钢铁拉索的优雅。它的弧线非常简约、富有意义，有着一种结构上的逻辑必然性，即使这个弧线会随着时间而改变，也是这样。一位喜爱园艺的数学家无疑会以微积分的方程式来打量我这株郁金香的茎干的。

随着天气变得暖和，这茎干的弧线就会舒展开来，那些花瓣会敞开，展示花朵的内部空间和器官。就像郁金香身上的其他每一部分一样，这些都是清晰的、逻辑的。6个雄蕊，每个花瓣各有一个，环绕着一个强健挺直的基座，它们全都伸展开一个黄色的粉状花束，就像颤抖的求婚者。最高的中心基座，植物学家称之为“花柱”的就是柱头。它由一些微微弯曲的唇边（通常是3个）构成了一个钱包状，准备去接受花粉，引导花粉朝下前往花的子房。有的时候，一滴闪亮的液体（花蜜？露水？）会出现在柱头的唇边，这表明它在准备接受。

与郁金香的性有关的每一件事都显得整洁、易于理解。在性特征上，它一点都没有那种掩掩藏藏的神秘，比如说一株波旁玫瑰或者一株重花牡丹。在那两种花中，一个人会想象到一只蜜蜂被迫在黑暗中去四处摸索它的路径，磕磕绊绊地、盲目地、仿佛喝醉了一般，在它们那数不清的花瓣中乱作一团。当然，这正是玫瑰或牡丹的主意，但是，这绝不是郁金香的主意。

在这一点上，我想，就有着去理解郁金香独特个性的关键，如果这不是理解一般花美性质的关键的话。与其他的典范的花相比，郁金香的美是古典的而不是浪漫的。或者借用古希腊人所概括的那种有用的两分法来说，在通常是由狄俄尼索斯主持的园艺万神殿中，郁金香属于那种罕见的阿波罗神的美。

无疑，玫瑰和牡丹是狄俄尼索斯性的花。它们有着很浓的肉欲色彩，通过触摸和嗅闻，还有观看，它强烈地捕捉住了我们。它们花瓣的那种完全没有道理的繁复（一株中国木本牡丹的花瓣数据说超过了300）使人很难做到清楚地观看和清晰地感受，它们花瓣那些重重叠叠卷折起来的边缘，造成的是华丽的、醉人的松散。俯下身子，吸上一口玫瑰或是牡丹的气息，你马上就会把理性的自我抛在脑后，会被转化，就如同常常浮现在我们脑海中的一种芬芳会转化我们一样。这就是入迷所意味的：我们被控制，不再是我们自己。这样的花提供的是一种放弃的梦想，而不是去形成梦想。

对比之下，郁金香完全是阿波罗式的清晰和秩序。它是线性的、左脑类型的花，一点都没有掩掩藏藏，其形式规则安排清楚，合乎逻辑（6个花瓣与6个雄蕊对应），以唯一的方式（通过眼睛）传达着所有的这种理性。那简洁的、似钢的茎干把孤傲的花朵高高地支撑在空中，让我们去钦佩，使它那种明晰的形式越过、高于那不确定的、变幻的大地。郁金香盛开的鲜花在现实的混乱骚动之上漂浮着，即使当它们结束自己时，它们也做得是那般地优雅：不是变成了破絮，像开败了的玫瑰，或者是用过了的克里内克丝面巾纸，如同牡丹的花瓣，一朵郁金香上的那6个花瓣干净地干枯，而且常常还是同时粉碎。

在与狄俄尼索斯的对比中，弗里德里希·尼采把阿波罗描绘为“个性之神和界线之神”。不像那大群的各种各样的花，一朵郁金香花在田野里或者花瓶里作为一个单个的个体挺立着，一株植物一朵花，每朵花都栖息于它茎干的顶上，很像是一个头颅。（“郁金香”这个词就是来自土耳其语中的“头巾”一词。）朝下来出现的形体就是那些伸长的叶子了，在绝大多数植物学图谱中，这都是严格的两片叶子，而且两翼般地分展开。所以，毫不奇怪，郁金香就成了这样的第一种花：它的那些栽培变种是最早得到单独命名的，而且是用一些

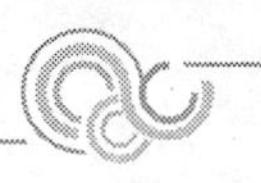

单个人的名字来命名。

然而，不像绝大多数其他的花，郁金香的命名法（虽然也有“黑夜皇后”这样的名字）普遍采用伟大人物的名字，[②]尤其是那些将军和舰队司令的名字。在希腊人的脑中，狄俄尼索斯的性质绝大多数时候是与女性本质联系在一起的（或者至少是与雌雄同体联系在一起），而阿波罗的性质则是与男性联系在一起。同样，中国人也把花区分为阴（女性）和阳（男性），就像他们区分每一件事情一样。在中国人的思维中，那柔软的、花瓣极为繁复的牡丹花就代表着阴的本质（尽管它那更为直线的茎干和根被认为是阳）。从生物学上讲，绝大多数花（包括郁金香）都是雌雄同体的，既拥有雄性的器官，也有雌性的器官。但是，在我们的想象中，它们就或者倾向于这一方面或者是倾向于那一方面了。它们的形状令人想起男子汉气概或者是女性的妩媚，有的时候甚至是男性的器官或者是女性的器官。在我的花园里有一株玫瑰，双重花瓣很是凌乱，颜色是最为苍白的粉红，这就是法国人所称的“一条睡醒的宁芙的大腿”。把这种诱人的花朵比作“宁芙的大腿”显然还不够，于是它就变成了“一条睡醒的宁芙的大腿”。你可以在任何花园里走一走，在两边选一选：男孩、少女、男孩、少女、少女、少女、少女……那些典范的花对我而言似乎全部是女性的，除了郁金香，它可能是所有典范的花中最富有男子汉气概的了。如果你怀疑这一点的话，那么不妨在下一年的4月观察一下，一株郁金香是如何用力将它的头颅刺出了地面；随着它的长高，它的头是如何逐渐有了颜色的。顺着茎干挖下去，你会看到它的鳞茎：光滑的、圆圆的，坚实得如同一颗干果。对于这样一种形状，植物学家们给了一个最为形象的术语：“睾丸”。

当然，如同我们（阿波罗的）想对大自然赋予秩序和进行分类的所有努力一样，在（狄俄尼索斯的）对事物的牵引面前，我现在的这种描述也只能进行到它们开始展现自己后来那必然的命运之前。我提到了我书桌上那株“黑夜皇后”花瓣和雄蕊那种有秩序的安排，然而，当我回到花匠中去剪取另一枝时（我的园子里有着数量多到没有道理的“黑夜皇后”），我则第一次注意到这花床满是丰富的微妙的反常：这里有着9片甚至是10片花瓣的“黑夜皇后”，那些突变异种的柱头是6个唇缘而不是3个。在一株郁金香上，一片叶子浸上了深紫色的条纹，似乎是它那深绿色已经被头顶花瓣的颜色所渗入，这些花瓣的色素就像一种染料或者是药物，多多少少渗漏到了郁金香的全身。

每一个种植过许多郁金香的人都知道，郁金香是倾向于这种植物学上非理性的突变的，如偶然的变化、颜色的爆发和“偷窃”的实例。“偷窃”是郁金香种植者们的一个术语，用来形容一种神秘的现象，它导致了花地的一些郁金香返回到其父母的颜色和形状。我在我“黑夜皇后”的花床里所看到的，就是这种令人惊奇的不稳定性的例证，它激发着人们去相信大自然喜欢与郁金香嬉戏，超过了与其他任何花。

几个星期前，我路过曼哈顿的“大军广场”，那里在第五大道的边上搞了一大片花床，种植了数千株肥硕的黄色“胜利”，很是精密地排列成了沉闷的阅兵方阵。它们正是当年我在父母的院子里种过的那种直硬的、原初花色的郁金香。我读到了一些材料，说直到今天，有的时候郁金香种植者们还在努力清除花地里那些会导致他们郁金香爆发的病毒，这种病毒偶尔仍然会发作。现在，就在这块冷漠无情、僵硬单调的花地的中央，我发现了一株：在纯正淡黄色的花瓣上，有了红色的剧烈爆发。它并不是那种最美的爆发，但是深红色的火焰已经从一朵花的底部朝上跃去，如同一个非凡的小丑，跳出了墨守成规的栅栏。这片花床打算去显示的那种秩序的梦想，它下面的地毯已经被这小丑抽跑了。

然而它也有令人激动得发抖的东西，我简直不能相信我的运气。对我来说，这种红色的漫不经心的飞溅几乎就像是一次探访——探访遥远过去的郁金香。是的，因为这里有着遭到了那般大力镇压的病毒的卷土重来；而且，还有别的东西有着某种不成形的、地下的力量镇住了我。这就好像郁金香花排列成的所有这些格格子，而且更展开地来说，城市本身的那些格格子，似乎都被打上了问号，被生命的一种狂喜、任性的脉搏跳动打上了问号（或者说是生命的死亡？我猜想你可能会说是二者兼有）。

于是，那天晚上，我梦见了我所看到的东西，那些僵硬的黄色格子以及它那孤独的红色调侃者。在梦里的这个版本中，爆发的郁金香出现在花床的前排，紧靠着它放了一根奇特的钢笔，一根“勃朗峰”。（要想象到这个是太费劲了。）用一种与我性格完全不合的冲动手势，我把这株爆发的郁金香和这根钢笔抢了过来，然后就像是一个着了魔的人在第五大道上狂奔。我飞跑到这座大厦和皮埃尔旅馆的旋转门边，突然，两个身着黄铜纽扣制服的门卫一下子注意到了我，他们当时正站在皮埃尔旅馆的外面。他们不可能知道我是谁或者我干了些什么，但是他们却跳了起来，仿佛闹剧般地，不管三七二十一地追赶我；他们那卡通片中的叫喊声：“站住，小偷！”当我飞快地跑上大街，抓紧我的郁

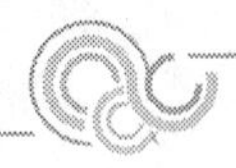

金香和钢笔，对着所有这一切的荒谬，这境况，也包括关于它的这个梦，歇斯底里地大笑，就一直回响在我耳中。

比起我在第五大道见过的那株郁金香要漂亮得多的郁金香颜色爆发，曾经使得郁金香疯狂火上浇油。这么一场投机狂热，就像那些爆发的颜色本身，作为狄俄尼索斯在那个过于严格的阿波罗性质的郁金香世界中的一场爆炸性突破来理解，或许是最好的了。至少，这是我对郁金香疯狂所想到的，它是一场狄俄尼索斯的节日，从森林和神庙中移植来的狂欢和毁灭，反过来又进入了市场中那些有秩序的区域。

郁金香疯狂有着一个中世纪狂欢节的全部特点。在这种狂欢节中，这个短暂的"过渡性的性高潮"（法国历史学家勒鲁瓦·拉杜里这样说过）把社会的稳定秩序颠倒过来了。一场狂欢是对于疯狂和释放的一种社会鼓励的仪式，是社会让其狄俄尼索斯性的强烈欲望临时占据统治地位的一种方式。在此期间，每个人的身份都被卷没到它的漩涡之中，极力想抓住它：乡村白痴可以变成国王，穷人可以暴富，而富人也可以一样地马上变成乞丐。日常生活的规则和价值观念突然地、令人胆战心惊地悬置起来了，令人震惊的各种新的可能性在出现。

社会、资本主义都陷入了投机疯狂的剧痛之中，它的所有价值观念都被颠倒过来，如节俭、忍耐、金钱的价值、对努力的回报等等。只要这种资本主义的狂欢还在持续，逻辑的规则就被废止，或者毋宁说以新的界线来重铸。在早上冰凉的光线中会显得荒谬的那些东西，在投机泡沫的狂热空间里却有了不会错的意义。

要很精密地确定这种泡沫在荷兰形成的确切日期是困难的，但是，1635年的秋天却标志着一个转折点。这是一个实际买卖郁金香鳞茎让位于约定交易的时候：用那些小小的纸条列出了要交易的那些花的详细特征、什么时候交货，以及它们的价格。在这样做之前，郁金香市场遵循的是季节的节奏：鳞茎只能是从6月到10月间买卖——6月时它们已经从地里挖出来了，10月则到了再次种植的时候。在1635年之前，尽管也很狂热，但市场仍然扎根于现实之中，用现金来购买实实在在的鳞茎，而从那以后"空中交易"就开始了。

郁金香的交易突然就成了整年都在进行的买卖，现在在那些对郁金香真正有兴趣的鉴赏家和种植者的行列中，又加入了大批新出现的"种花人"，他们对郁金香的兴趣也毫不逊色。这都是一些投机者，仅仅在几天之前，他们还是一些木匠和织工，是伐木工人和玻璃吹制工人，是铁匠、鞋匠、磨咖啡工人、农夫、商人、小贩、神职人员、学校教师、律师和药剂师。阿姆斯特丹的一个夜贼把他这一行要用的工具送进了典当行，这样他也可以去做郁金香买卖上的一个投机者了。

处理掉了他们的行当、抵押了他们的房产、把自己的终生积蓄投在了那些代表着未来的郁金香的小纸条上，这些人奋不顾身地冲入这片注定会发财的天地。可以想象得到，新的资金洪流涌进市场，必然驱使郁金香的价钱上升到新的高度。在一个月的时间内，一种红黄斑纹的郁金香品种"利顿"的价格从原来的46盾猛涨为515盾，而一个"瑞士兵"（一种有着红色羽衣的黄色郁金香的鳞茎）竟然从60盾蹿到了1800盾。

在高峰期，郁金香的交易是由种花人在"学院"里进行的。这是客栈后面的一些房间，每周有两三天用来做交易场所。"学院"很快就发展出了一整套交易方法，其情况界乎有秩序的股票市场的协议交易与喝酒比赛之间。这里有一种叫作"用板"的公共交易程序：买卖双方各给一块石板，卖者与买者都在石板上写下自己对于这郁金香的开价，然后这两块石板交给了两个代理人（基本上都是当事人推荐的仲裁人），代理人在双方的开价中间某个地方定一个价格，他们把这个价格写到两块石板上，然后交给双方。买者和卖者要不就是不动这个价格，这意味着他同意了，要不就是把它抹掉。如果双方当事人都把代理人提出的价格抹掉了的话，这场交易就结束了。但是，如果只有一方拒绝的话，那么他就必须向"学院"交罚金，这为的是能够多达成交易。如果一场交易真的达成了，那么买者还必须付一笔小小的佣金，叫作"酒钱"。为了保持狂欢的氛围，这些罚金和佣金都用来买葡萄酒和啤酒，每个人都喝，这也是为了多达成交易。有一本讽刺性的小册子描绘了这种场面：一个老交易员劝他那新进入这个圈子的朋友多喝："这种交易就必须醉醺醺地来干，你越是大胆，就干得越好。"

驱动着郁金香狂热的泡沫逻辑从此以后就获得了一个名字："最大傻瓜理论"。尽管无论以什么通常的标准来衡量，用数千盾来买一个郁金香鳞茎都是愚蠢的（或者是互联网股票这类事情），但只要有一个更大的傻瓜愿意付更大的价钱，那么这样做就是世界上最合逻辑的事。到1636年，那些客栈里已经塞满了这类人，而只要荷兰仍然还是越来越多的大傻瓜们——那些因暴富的欲望而瞎了眼的人们——的大本营，郁金香交易中这类的确愚蠢的行为就不会被放弃。

即使是这样，比起空中的风来，“空中交易”还是要多一些东西的，因为郁金香疯狂标志着一种真正的商业的诞生——荷兰的鳞茎贸易，这比疯狂本身持续的时间长。（对于我们自己的互联网泡沫也可以作如是观：在投机的泡沫之下是一种新的、重要的产业。）根据约瑟夫·顺彼得的理论，对于一门新的产业的诞生来说，被对它前景的过分夸张所惑，会有资金大量涌入，因此泛起投机泡沫，这是一点也不奇怪的。

每一个泡沫或早或晚都要破灭的，狂欢的持久将意味着社会秩序的完结。在荷兰，由于某些至今仍是难以捉摸的原因，这个坠落是1637年的冬天到来的。不过，由于真实的郁金香就要从地里挖掘出来了，那些纸上的交易和未来的合同很快就要落实下来，很快就必须用真正的钱来换真正的鳞茎了，市场就因此变得十分敏感了。

1637年2月2日，哈勒姆的种花人们如同平常一样聚集在一个客栈“学院”里拍卖鳞茎。一个种花人试图以1250盾出手一批“瑞士兵”来开始今天的交易。他发现没有人要，于是以1100盾的价格再试一次，然后是1000盾……在场的所有人立即就明白气候已经变了，而在数天之前他们自己还曾以相当可观的金额购买了数量相当可观的郁金香。哈勒姆是鳞茎交易的中心，郁金香找不到买主的消息马上就飞遍了全国。几天之内，郁金香鳞茎以什么价钱都卖不出去了。在荷兰全国，再也找不到一个更大的傻瓜了。

在这一系列后果之中，许多荷兰人责怪花的荒唐，似乎郁金香自己就像那些塞壬，引诱原本很警惕的人们走向了毁灭。当时出现了对郁金香狂热全面批判的许多畅销书：《花园淫妇的倒台》《邪恶女神弗洛拉》《弗洛拉的傻瓜帽子》《难忘的1637年：一个傻瓜孵出了另外一个，愚蠢的富人失去了财富，聪明人失去了方向》《声讨异教徒和土耳其郁金香鳞茎》（当然，弗洛拉是罗马的花神，她以用淫荡来腐化其爱慕者而著称）。在狂热破裂之后的几个月，人们可以看到莱顿大学的一位植物学教授，一个叫作弗替斯的占据了克鲁修斯原来位置的人，在这座城市的街道上巡逻，只要一见到郁金香就用他的藤条抽打。在这场中世纪的狂欢结束时，这个狂欢之王成了被憎恨的对象。同样，狄俄尼索斯的古老节日也以毁灭和切断而结束，还有这位神灵自身。

需要记住的是，郁金香狂热最终不是一种消费的疯狂，也不是愉悦的疯狂，而是金钱投机的疯狂，而且它并不是发生在一个通常就很有热情的国家之中，而是发生在当时最为不易激动的中产阶级的文化之中。狄俄尼索斯的郁金香爆发只是相对的，换言之，只是对他们的这种反常造成了一种可以直接看到影响的冲击。

无疑，我在“大军广场”所发现的郁金香颜色爆发就是如此：单色调的土地上一种任性的色彩泼溅，一种如果不是有着拘谨秩序的那些东西比如花瓣的、花朵的、植物的，我可能就不会注意到的放纵，而这种放纵正巧就在其中引爆。从语源学上来说，“放纵”一词意味着从一条路上走了出去，或者是跨越了一条界线——一条秩序的界线；当然，那是阿波罗的特别领地。在这里面，就可能潜藏着容忍郁金香魔力的线索，或许还有对美的本性的容忍。郁金香是一种抽取了自然界中一些最优美高雅的线条的花，所以，在放纵的发作中，就会很欢快地跨越那些界限。以切分法来激活常规的4-4标准的音乐，把抑扬格的五音步诗的那种堂皇诗句跨行连接起来，依据的都是同样的原理。所以，这就是郁金香花提供给我们的可以增加到迫切需要之物上去的第三种美的要素。第一种是出自对比，然后是模式（形式），最后则是变化。

在一种过于具有可预测性的模式上，如果见到异常，我们会感到快乐，这种快乐或许可以用来解释郁金香爆发的吸引力，还有“伦勃朗”和“鹦鹉”（这是一种郁金香，它把剪裁讲究的花爆炸成仿佛一件装饰性极浓的联欢会服装）。当然，还有黑郁金香，这个郁金香男子汉气概世界中的哥特式荡妇。在“黑夜皇后”中，那种神秘的深不见底的色调与其形式上的那种阳光明媚的清晰形成对比。任何严格的阿波罗秩序，如果没有被某些入侵或者任性的暗示、某些这类威胁来映衬的话，我们的眼睛和耳朵很快就会疲倦的。

同样，那种最令人屏住呼吸的玫瑰或者牡丹，它的花瓣歪歪斜斜的丰富性以某种形式或者框架若隐若现，有着最细微的对称的暗示，比如说一个球形或者是茶杯形，使得花朵避免了变得松弛静止。希腊人相信真正的美（与单纯的漂亮相对）是那两种对立倾向结合的产物，他们把这两种对立倾向人格化为阿波罗和狄俄尼索斯——他们的两个艺术之神。当阿波罗的形式与狄俄尼索斯的狂欢达到了一种平衡时，伟大的艺术就诞生了；当我们关于秩序和放纵的梦想走到一起时，伟大的艺术就诞生了。一种倾向未被另外一种倾向所映衬，只能带来冷冰冰或者是一团混乱，如一株胜利郁金香的坚硬，或一株野玫瑰的松弛。所以，尽管我们可以把任何花卉分类为阿波罗性的和狄俄尼索斯性的（或者是男性的或女性的），但最美的那些花如“永远的奥古斯都”或“黑夜皇后”，都是一些也分享了它们对立面要素的花。

关于美的希腊神话，我所知道的最有说服力的、使得我们最多、但不是全部地回到了，存在于在人的头脑和乳房处所发现的不同倾向的混合之中的美的起源。但是，美的产生却可以回溯到更早，回溯到一个在阿波罗和狄俄尼索斯之前的时候、在人的欲望之前的时候。此时，世界主要是树叶，而第一朵花开放了。

从前，世界上没有花，稍微精确一点地说，是在2亿年前。当然，后来有了植物，有了蕨类植物和苔藓，有了松类和苏铁类，但是这些植物并不形成真正的花和果。它们中的一些是无性繁殖，以种种手段来克隆它们自己。有性繁殖是一种相对经过发展的事情，通常与花粉被释放到风中或水里有关。由于一些纯粹偶然的机会，花粉找到了到达这一种类的其他成员那里的途径，一颗小小的、原始的种子就产生了。与现在我们自己的这个世界比起来，这个有花之前的世界是一个更为缓慢的、更为简单的、更为沉睡的世界。进化更为缓慢地继续下去，世界上的性太少了，它发生在那些靠得很近和种属上紧密相连的植物之间。这样一种保守的繁殖途径就产生了一个生物学上较为简单的世界，因为它所产生的新鲜事物或者变化相对较少。生命就整体而言是更为当地化的和天生如此的。

有花之前的世界比起我们的世界来更为沉睡，因为缺乏果实和大种子，它不能支撑许多温血的生物。爬虫类动物统治着世界。不管什么时候，只要变得寒冷，生命就会减缓为一种爬行。在夜晚不会有什么事情发生。当时也是一个看起来更为质朴的世界，比起现在来还要绿，缺乏花果所能带来的色彩和形状模式（更不必提气味了）。美还不存在，也就是说，事情被观看的方式与欲望毫无关系。

花改变了一切东西。被子植物（植物学家们对那些能够形成花、然后又能形成被包裹住的种子的植物的称呼）在白垩纪出现了，它们以极快的速度在世界上传播。“一个令人讨厌的神秘”，这是查尔斯·达尔文对这种突如其来的、整体性的、原本可以避免的事件的形容。现在，不再要依赖于风或者水到处运送基因了，一个植物已经可以谋取动物的帮助了。这是一个巨大的共同进化的合同：用营养来换取运送。有了花的出现，各种全新水平的复杂性就来到了这个世界上，有了更多的相互依赖、有了更多的信息、有了更多的交流、有了更多的试验。

植物的进化依据新的动力来进行，这就是不同物种之间的吸引。现在，自然选择就更为喜欢那些能够固定住花粉传递者注意力的花、那些能够吸引住采集者的果了。其他生物的种种欲望在植物进化中变得极为重要了。道理很简单：那些成功地满足了这些欲望的植物会有更多的后代。美作为一种生存策略出现了。

新的规则加快了进化变化的速度。更大、更甜、更明亮、更为芬芳，在新的规则下，所有这些品质都很快地得到了回报。然而，专门化也得到了回报。由于一个植物的花粉是被放置在一个昆虫身上来传递的，这就有可能传递到错误的地方去（比如传到那些没有关系的物种的花上去），这就是一种浪费。所以，能够尽可能地在看和闻上与其他物种区分开来也成了一种优势。最好是能够掌握单独一种专心致志、愿意献身的花粉传播者。动物的欲望于是就被解析了、细分了，植物们则与之相应而专门化。于是前所未有过的花的多样性就出现了，它们绝大部分有着共同进化和美的标志。

花变成了果和种子，而这些也在地球上再次创造生命。靠着生产糖分和蛋白质来诱惑动物去扩散它们的种子，被子植物就增加了世界上的食物能量的供应，使得大型的温血哺乳动物有可能出现。没有花的话，在没有果的叶子世界里活得很好的那些爬行动物很可能如今还在统治；没有花的话，我们可能就不存在。

所以，是花产生了我们这些它们的最大钦佩者。到了一定的时候，人类的欲望就进入了花的自然史中，而花还是它一向所做的那样：让它自己在这种动物的眼中继续更为美丽，在它的存在中放入了似乎是最不可能做到的我们的那些观念和隐喻。现在，出现了像是睡醒的宁芙的玫瑰，出现了花瓣如同短剑的郁金香，出现了有着女性气味的牡丹。依顺序，我们也做我们的事情，没有道理地繁殖这些花朵，在这个行星的各处传播它们的种子，写书来歌颂它们的名声，确保它们的快乐。对于花来说，还是那个古老的故事，与一种情愿的、有点轻信的动物达成了庞大的共同进化的契约。这在整体上是一笔好交易，尽管没有早先那个与蜜蜂的原型性的合同那样好。

那么我们又如何呢？我们得到了什么呢？花对我们也做得非常好。当然，有各种感觉的愉悦，有它们的果实和种子作为食物，有新的隐喻的丰富储藏。但是，对于一种鲜花，我们甚至还凝视得更为深入，发现了更多的东西：一种考验美的坩埚，如果不是对艺术的话，这或许是对生命意义的一瞥。注视着一朵花，你会看到些什么？你看到了自然双重属性的那个核心，这就是创造与分

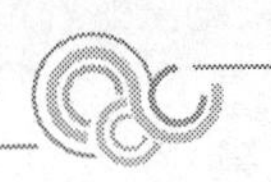

解相互竞争的两种能量，就是复杂形式的螺旋上升和从这里拉开的潮涨潮落。阿波罗和狄俄尼索斯就是古希腊人对大自然的这两副面孔给予的命名。在大自然中，它们这种斗争的最鲜明或最令人痛苦的体现就是花之美和这种美的迅疾消逝。既有秩序的对所有偶然性的胜利，也有秩序的令人愉快的放弃；既有艺术的完美，也有大自然盲目的流溢。在某种意义上，是既有出类拔萃的超越，又有平平常常的必需。能不能说就在这里，就在一朵花中有着生命的意义呢？

阅读思考：作者为什么选择“美丽”作为描述郁金香的主题？人类培育郁金香的“美丽”与对郁金香的“消费”间存在什么矛盾？

第三编

动物篇

鸟的故事①

位梦华

位梦华，中国地学家，国家地震局地质所研究员，科普作家，中国作家协会会员。他是最先登上南极大陆的几个中国人之一，热心科普，出版有多种地学科普著作，并多次获奖。本文选自《魂飞北极》一书，是作者对其考察北极时对鸟的观察和思考的记述。

第一次出游就遇上了阴雨天气，陪同我的是一个叫马克的白人小伙子。

我们骑上一辆宽轮胎的三轮摩托，沿着海边松散的沙滩往北驰去。

“这就是巴罗角。”当摩托终于跑到了陆地的尽头时，马克翻身跳了下来，指着面前的沙滩说，“我们站的地方已经到了北纬71°23'左右了，这是美国陆地的最北端，单凭这一点就令许多人向往不已。”

巴罗角的顶端还有一段沙堤，伸向正西，约有1千米。马克提议说：“我们到那边去看看吧。”于是我们又跨上了摩托车。

这段沙堤宽约十几米，有许多鸟类落在上面休息，除了飞鸟和沙子之外，堤上还散布着一些漂木、鲸骨、渔网和衣物。堤外的大海冰山林立，风大浪急，而堤内的那片水域却是风平浪静，连一块浮冰也没有，像一个湖，因而鸟类也就特别多。

车子正在行驶之中，冷不防从一堆漂木之中跳出一个人来，对着我们大吼一声：“站住！”我和马克都吓了一跳。跳下摩托，定睛一看，原来是鸟类专家戴克兰。他先和马克紧紧握手，一见是我，便扑过来拥抱，大声地说：“又见到你了，非常高兴。”

因为上次见面时也曾被他吓了一跳，所以我开玩笑地说：“每次见到你，

① 位梦华.魂飞北极[M].南京：江苏教育出版社，1997.

都被你吓个半死。"

时间已近中午，马克有事急着回去，我却很想跟戴克兰多待一会儿，向他讨教一些有关北极鸟类的知识。于是我请马克晚饭之后再来接我，但戴克兰不容分辩地对马克说："不！你明天早上再来吧，他今晚就住在我这里。"

"啊？"我不禁倒吸了一口凉气，"住在你这里？"我茫然四顾，沙堤上除了几段木头之外，什么东西也没有，于是脱口问道："住在你哪里呢？"但马克却不管这些，也许是因为回家心切，飞身骑上摩托，一溜烟地跑了。"哎！哎！"我紧追了两步，已经晚了。戴克兰见我那惊慌失措的样子，开心地笑了起来。

"请坐，请坐。"他把我带到那几段木头跟前，指着一根树干说："就当它是沙发。"我这才看见，在那堆漂木中间，放着他那个巨大的背包，地上铺着一些草叶，跟一个鸟窝差不多。"这就是我的窝。"他自我解嘲地说，"我们先吃点东西，填饱肚子吧。"他从背包里摸出一些罐头和饼干摆在地上，因为肚子早就饿了，我们便大嚼起来。肉味散发出去，引来一大群海鸥围观。

雨停了，天上的乌云也已开裂，缩成一团团的。阳光从缝隙中斜照过来，洒在海滩上，使沙子变得橙黄，海水泛起金光。我们在海边漫步，有一种小鸟总在我们前头飞行，保持着几步的距离，或在浅水里跋涉，或在浪尖上嬉戏。"这是什么鸟？"我问戴克兰，并随手抓起一把沙子甩了过去。它们飞了起来，很快又落了下去，仍然保持着那段距离。

"这是滨鹬。"戴克兰望着那群小鸟说，"别看它们个头很小，实际上，还是你的同乡呢！"

"真的？"我以为他又在开玩笑。

"当然。"他淡淡地说，"它们是在南中国海域越冬的。"

"你怎么知道？"

"最有效的办法是套环，即把刻有时间、地点和机构名称的金属环套到各种鸟类的腿上，然后就可以在世界各地追寻到它们的行踪。你看到那一大群灰白色的飞鸟了吧？"

"是的。"我点点头，"这一带似乎特别多。"

"那就是北极燕鸥，可以说是鸟中之王，它们在北极繁殖，却要到南极去越冬，每年在南北极之间往返一次，行程约4万千米。"

"是吗？！"我深深地吸了一口气，"原来这就是我久已盼望见到的北极燕

鸥，真是远在天边，近在眼前。”我自言自语，心中油然生出某种敬意。

“实际上，”见我望着空中的北极燕鸥陷入了深思，戴克兰也感慨地说：“4万千米还只是指南北极之间的直线距离，如果考虑到它们曲折的飞行路线和起落觅食，那么它们一年中的飞行距离肯定会超过5万千米。人类虽然为万物之灵，已经造出了非常现代化的飞机，但要在南北极之间往返一次也决非一件容易的事。因此，说北极燕鸥为鸟中之王或飞行冠军，是当之无愧的。不仅如此，它们还有非常顽强的生命力，有人在1970年抓到了一只腿上套环的燕鸥，结果发现它已经活了34年。由此算来，这种体重只有100克左右的小小的鸟类一生中要飞行150多万千米的距离，其非凡的能力真是令人叹为观止。”没想到，连玩世不恭的戴克兰也对北极燕鸥怀着如此深切的敬意，在这一点上，我们倒是相通的。

“而且，这是一种非常美丽的鸟。”沉默了一阵之后，我补充说，“你看那红色的长喙和双脚，就像是用红玉雕刻出来的一般，而那黑色的头顶就像是戴着一顶呢绒毡帽。”我指着那些正在翻飞的燕鸥，连声赞叹着。“那灰白的羽毛从上面看下去很难和大海区分开来，而身体下面的羽毛却是黑色的，海里的鱼从下面望上去就很难发现它们的踪迹，这是一种多么巧妙的构思啊！”

“但是，我所钦佩的还不是它们华丽的外表。”大约是因为我的言辞过于热烈了，戴克兰冷冷地回了我一句，“我觉得最可贵的是它们那种不怕艰险和追求光明的精神和勇气。你想想，它们从北极飞往南极，又从南极飞往北极，为的是什么？不正是为了摆脱黑暗而追求光明吗？实际上，它们是地球上唯一永远生活在光明之中的生物。”

正在这时，一大群北极燕鸥纷纷落到了我们周围的沙地上。它们无论是在飞行之中，还是落地歇息，总是叫个不停，像是吵架似的。我们走过时，它们便飞起来，让出一条窄窄的路，我们只好在它们中间穿行，那巨大的群体和阵阵的声浪几乎把我们淹没。

“这些可爱的生灵不仅勇敢无比，而且也很好斗。”戴克兰捧起一把沙子，向几只正在厮打的燕鸥扬去，“别看它们内部争斗得很凶，却懂得一致对外。实际上，它们聚成成千上万只的大群，就是为了集体防御。貂和狐狸非常喜欢偷吃它们的蛋和幼仔，但在如此强大的阵营面前，也往往望而却步。不仅是貂和狐狸这些小动物，就连最为强大的北极熊也怕它们三分。有人曾看到过这样一个动人的场面：在一个小岛上，一只北极熊正在试图悄悄地逼近一群北极燕鸥的聚居地，当它那笨拙的身躯终于暴露无遗时，争吵中的燕鸥突然安静下来，然后开始出击。只见起飞的燕鸥像箭一样向北极熊俯冲下去，并用坚硬的喙狠啄北极熊的头部，在雨点般的攻击之下，北极熊虽然凶猛，却只有招架之功，并无还手之力。它拼命地摇晃着自己的脑袋，好像在说：'我服了，我服了。'然后撅起屁股，逃之夭夭了。"戴克兰抱着脑袋，学着北极熊逃跑的样子，逗得我前仰后合。

"如果仅从飞行距离的长短来看，要选一个亚军则是黄金鸻。分布在阿拉斯加大部分地区和加拿大北极地区的黄金鸻，秋天一来先是飞到加拿大东南部的拉希拉多海岸，在那里经过短暂休养和饱餐，待身体储藏起足够的脂肪之后，则纵跨大西洋直飞南美的苏里南，中途不停留，一口气飞行4500多千米。最后来到阿根廷的帕潘斯草原越冬。而在阿拉斯加西部的黄金鸻则可以一口气飞行48小时直达夏威夷，行程4000多千米，从那里再飞3000多千米，到达南太平洋的马克萨斯群岛甚至更南的地区。在所有鸟类中，黄金鸻具有最高明的导航系统，在几千千米的飞行之中，它们能够选择最短的路线毫不偏离地直达自己的目的地。"

"这种鸟什么样子？"我好奇地问道。

"这里没有，"他环视了一下四周，"它们生活在草原上。黄金鸻也是一种非常聪明的生灵，有强烈的母爱。当有天敌出现时，它们伸出一只翅膀，装成折断了的样子，以此来吸引天敌的注意，保护其幼子免遭袭击，真是可怜天下父母心啊！"戴克兰深有感触地说。

"像黄金鸻这种鸟类舍己救子的勇敢行为常常使我深受感动，它们对于侵入自己领地的狐狸和猎人总是给以凶猛的反击，牺牲生命也在所不惜。有一次，我想去观察一下它们孵蛋的情况，尽管我费尽心机，装出无害于它们的样子，试图慢慢地靠近它们，但还是被它们啄得头破血流，抱头鼠窜而去。因此，有些小鸟把自己的窝筑在黄金鸻的领地附近，以便得到它们的保护。"说到这里，他顺势躺到沙滩上，两眼望着大海，陷入了沉思。

太阳转到西北，在乌云丛中时隐时现。海风吹来，增添了一丝凉意。戴克兰从深思中扬起头来，望着我的脸，"喂！亲爱的朋友，你喜欢鸟吗？"

"喜欢。当然喜欢！"

"很好。"他对我的回答表示满意，"说实在的，我觉得鸟类是最高贵、最美丽、最自由、最聪明、外表最美观、叫声最悦耳的动物。生活在它们中间，你

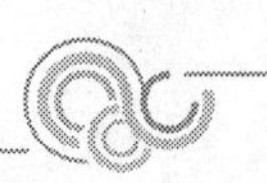

会觉得轻松愉快，无忧无虑，简直像是成仙得道了似的。可惜我没能长出一对翅膀来。”说到这里，他深深地叹了一口气。

“别着急，”我半开玩笑地安慰他说，“也许有一天你会变成一只美丽的天鹅，就像《天鹅湖》里的奥洁塔公主那样。”

“不过，那必须要有魔鬼沃特巴尔的帮助。说实话，我真想能碰到他，请他把我变成一只鸟，随便什么鸟都可以，这样我就可以更好地深入到鸟类的世界中去观察和研究它们了。不过，如果那个魔鬼不高兴，把我变成一只癞蛤蟆可就糟了，呱呱呱，只能在地上爬来爬去，那多悲惨啊！”说着，他学着蛤蟆的样子在沙地上蹦跶起来，把我的肚子都笑痛了。

就这样，整个下午我们都在海滩上漫步，走累了就坐下，坐累了就躺下，随心所欲，漫无目的。话题也是如此，天南地北，海阔天空，却总也离不开一个“鸟”字。我们仔细地观察着各种海鸟的飞行仪态和速度，他给我详细地介绍各种鸟的生活习性和奇闻趣事。在这半天的时间里，我所学到的有关鸟的知识比过去几十年所了解的还要多。确实，在这鸟类王国的汪洋之中，我切切实实地体验到了一种从未有过的自由和轻松，虽然身体不能飞，但思想却如长上了翅膀，飘飘然如入云端，与鸟儿一起遨游四方去了。真是荣辱皆忘，心旷神怡。

“你来晚了，”当我们吃完晚饭，坐在漂木上打着饱嗝时，他又把话题扯到鸟上来了，“6月的北极草原是鸟类王国最热闹的季节，那时你来看看它们的求偶表演，真是有趣极了。有的唱，有的跳，有的翩翩起舞，有的软磨硬泡，都在千方百计地去赢得异性的欢心，与人类社会的谈情说爱差不多。不同的是，它们是直来直去，行就行，不行就拉倒，并不像人类的两性之间存在着那么多引诱、欺诈、玩弄和利用。所以，鸟类比人类实在要纯洁多了。”说到这里，他似乎又想起了什么事，沉默不语了。

“鸟类之中是否也实行一夫一妻制？”为了使他能从沉思中解脱出来，我故意提出了这样的问题。

“噢，不！不！”他像是要从头脑中甩掉什么似的，摇着头说，“鸟类既有一夫一妻制，也有一夫多妻制和一妻多夫制，但以一夫一妻制的情况为最多，这一点也与人类社会极为相似。根据套环所得到的资料研究表明，涉禽和鸣禽中许多鸟儿往往能结成永久性的夫妻，许多年一直生活在一起。天鹅就是一个很好的例子，夫妻往往长期厮守，一只死了，另外一只就守在旁边，悲鸣不已。但是，由于北极极其严酷的自然环境，有些鸟，特别是一些体形比较小的，则必须采取一些特别的措施繁衍后代，以便保持自己的数量。例如沙鸥，就是远处那一群灰白色的鸟，它们在南半球越冬，羽毛会变成非常漂亮的黄褐色，春天一来到北极，就急急忙忙地进行交配。有趣的是，婚后妻子却同时生下两窝蛋，一窝交给丈夫，一窝留给自己，夫妻平等，各负其责。如此公平合理的男女平等，你们中国人能做得到吗？反正美国人是不行，不是男的欺压女的，就是女的欺压男的，两性之间似乎总有一场打不完的战争。"他望着我，开心地笑了。

"还有一种鸟也很有意思，那就是红胫的法拉洛普鸟。这类鸟的两性在繁衍后代中的角色似乎正好颠倒。一般的鸟类都是雄性体态巍峨，且长有华丽的羽毛，而雌性则朴实无华。但法拉洛普鸟却恰恰相反，雌性花枝招展，体态丰满，春季一到就千方百计引起雄性的注意，一旦成交，则很快产下4个蛋来交由丈夫孵化和喂养，自己扬长而去，不出几天就另寻新欢，且如法炮制，由第二任丈夫去孵化和照料第二窝幼仔，她自己又溜之大吉，找地方去饱餐休养，恢复体力，以便再次往南迁移。这种鸟不仅是一妻多夫，而且简直就是母系氏族。"

不知什么时候，太阳已经悄悄地隐藏到云层后面去了。到夜里10点多，虽然天色暗了下来，但仍然是黄昏的景色。我有些倦意，偷偷地打了个哈欠。戴克兰却仍然是精力充沛，滔滔不绝，大概是因为他很少能找到一个如此真诚的听众吧，所以显得兴奋而得意。"这些年来我一直在观察和研究鸟类，最使我迷惑不解的是各种鸟类在北极这种严酷的自然条件下的生存手段和能力。例如，为了逃避天敌，北极鹅总是把自己的窝筑在高高的悬崖上。这样虽然可以使馋嘴的狐狸无计可施，却也给自己的幼仔造成了极大的困难。因为小鹅孵出来后几个小时就得离开老窝到草地上去觅食，而它们又不会飞，只能冒着生命危险往下跳。有趣的是，它们的肚皮上都生有厚而密的绒毛，而在下落时又总是把两只带蹼的脚丫子张得大大的，就像是两把小小的降落伞，所以大部分小鹅都能奇迹般的安全着陆。另外，它们总是组成成千上万乃至几百万的大群，给天敌造成一种威慑，这也是它们求生的妙法之一。最有趣的也许要算猫头鹰。你知道，在其他地方的猫头鹰总是白天睡觉，晚上捕食。但是北极的夏天，根本就没有黑夜，所以这里的猫头鹰只能是大白天捕食。它们的生存主要取决于旅鼠的多少。旅鼠多时，它们就能大量繁殖，旅鼠少时，聪明的猫头鹰则会主动进行计划生育，少生甚至不生。不仅如此，它们平时也总是随时随地地做

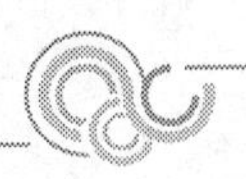

好应付饥荒的准备。例如，它们总是每隔2天到4天才下一个蛋，这样，幼仔孵出来就会一个比一个大，哥哥弟弟、姐姐妹妹分得清清楚楚。”说到这里，他故意停了下来，两眼直直地望着我，卖了一个小关子。

“那有什么意义呢？”我奇怪地问道，“这样岂不延长了出发的时间？”

“意义就在于此，”他加重了语气，“一旦发生了饥荒，父母捕不到食或者死亡，那么大的就可以把小的吃掉而使自己得以生存下来。”

“啊？”我睁大了吃惊的眼睛，“这不是太残酷了吗？”

戴克兰大概早就猜透了我的心思，所以不屑一顾地瞥了我一眼，慢吞吞地反问道：“是大家都死掉好呢？还是牺牲小的而使大的活下来好呢？”

“可是……”我一时不知该说什么好。

“你是把人类的思维方式加到鸟类身上去了，若用人类的行为准则去衡量鸟类的生存竞争当然会觉得不可思议。但是，鸟类是现实的，它们不受任何道德观念的约束，更没有什么虚伪的言辞，它们所面临的最大挑战是如何生存下去，为此可以不择手段，这正是它们的聪明之处。”

“……”我无言以对了，虽然很想说点什么。

“其实人类又何尝不是如此。”看见我有点窘，他的口气也缓和了下来，“如果往前追溯起来，可以肯定，世界上所有的民族都曾有过同类相食的历史。就在几十年之前，因纽特人还是如此，你到他们当中去问问，他们会告诉你许多这类故事。有些部落就是靠这种办法才得以生存下来。难道说，活到今天的人们能去指责他们的祖先行为不端吗？”

“那么，鸟类怎样才能知道用如此巧妙，尽管看上去有点残酷的方法去争取生存的权利，并且又能一代代地传给自己的后代呢？它们并没有文字。是基因？是本能？还是上帝？”我借机把话题岔开。

“这正是生物学家们苦心思索的问题。‘自然竞争，适者生存’的法则是对的。但是，各种生物怎样把自己求生的诀窍传给自己的后代，却是神秘莫测、至今仍然未能搞清楚的问题。”说完，他也低下头去，似乎谈兴已止，开始整理自己的东西。而我则希望我们的谈话能够继续下去，只要再坚持五六个小时，马克也许就会出现了。

“戴克，”我用了非常亲切的称呼和语调，“你去过南极吗？”

“嗯。”他漫不经心地应了一声，抬起头来看了我一眼，“去过。”他像是看透了我的心思，语调忽然变得热烈起来，“南极，那也是一个令人神往的地方。”他递给我一罐啤酒，自己也打开一罐，喝了一口，精神焕发地开始了一个新的话题。

我在心中暗暗窃喜，因为睡觉的时间可以往后推迟了。

“但对鸟类来说，南极并不是它们的天堂，因为那里实在太冷，而且也没有什么可以吃的。”他真是三句话不离本行，总也离不开一个“鸟”字。“南极的鸟类总共只有43种，而北极却有120多种。南极虽然也有候鸟，但那里的候鸟迁移的距离很短，只是在南极附近作短距离的南北迁移。飞得最远的要数信天翁，可以绕南极作长距离飞行，但却并不往北迁移。而北极的候鸟却是全球性的，一到夏天，几乎所有大陆上的候鸟都涌向了北极。因此，对于鸟类王国来说，北极是其活动的中心，而南极充其量也不过是一块属地而已。生活在北极的鸟类主要有3大类，其中涉水禽鸟约有43种，鸭、鹅等猎鸟20多种，各种海鸥及信天翁等30多种。和南极一样，常驻在北极的鸟类也很少，只有十几种，生活在陆地上的有雷鸟、乌鸦和金翅雀，而漂泊在海上的则有罗斯鸥、象牙鸥和小海雀等。”

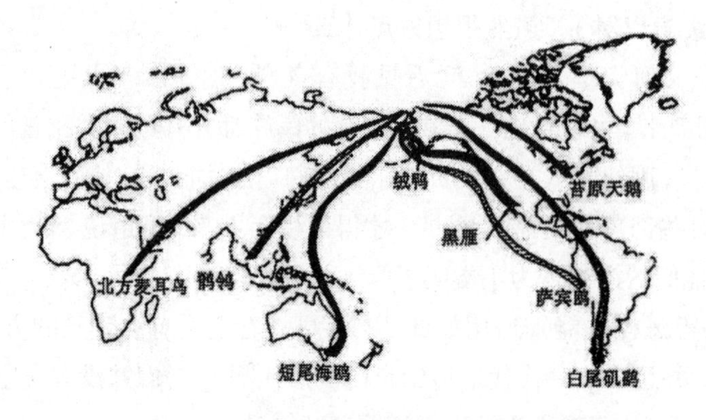

图2　阿拉斯加北极候鸟迁徙线路图

“由此看来，北极确实是鸟类的天堂了。”为了使他的谈兴保持下去，我竭力附和着。

“不，北极虽然有辽阔的草原、丰富的昆虫和小动物，人类的干扰也很少，但这里严酷的气候条件对鸟类来说是更严峻的挑战。你想想，这里的夏天最多也不过两个月的时间，在这短短的六七十天之内，它们必须完成从恋爱、结婚、怀孕、下蛋、孵化到喂养一系列的工序。到7月底或8月初，所有的幼鸟都必须羽毛丰满，能够飞翔，以便随时准备离开这块大寒将至的土地，其任务是多么艰巨

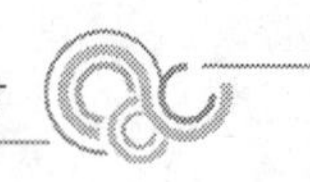

啊！同样的过程，人类需要几十年，而它们只有几十天！由此看来，人类实在是一种养尊处优的动物，请设想一下，如果人类也回归大自然和其他动物一样去竞争，很可能首先被淘汰！也就是说，人类的自然生存能力是最差的，之所以能够高高在上，成为万物之灵，完全是依靠自己的智慧。”戴克兰就像是一个虔诚的拜物教的教徒一样，在竭力颂赞鸟类的同时，总是不失时机地对人类的行为大加贬斥，我真怀疑他是否患上了某种“崇鸟症”。

“其实鸟类也是非常聪明的，某些生存技能甚至比人类还要高明。”他并不理会我怀疑的目光，仍然侃侃而谈，继续为鸟类大唱颂歌。“由于这里气候多变，所以对所有候鸟来说，到达和离开北极的时间以及沿途的迁徙路线都至关重要。如果来得早了，北极冰雪尚未融化，就有可能饿死；若离开晚了，暴风雪一到，就有可能被冻死。而在几千千米的迁移途中必须要有足够的体力，因此必须选择适当的路线，就像飞机加油一样，以便能吃饱肚子，储存起足够的能量，这就需要周密的计划和巧妙的安排。例如，黄金鸻往南飞时，可以从阿拉斯加西北部一口气飞到夏威夷，因为北极草原有丰富的昆虫，可以储存足够的能量。它们也知道，一旦到达南方草原，就会有足够的昆虫可以充饥。然而，当它们从南往北迁移时，却小心翼翼，总是沿着陆地边吃边飞，以便能携带足够的能量进入北极。如果它们回来时也中途不停地飞行数千千米，使体内的能量消耗殆尽，那么进入北极之后一旦遇上坏天气就必死无疑。还有一种水鸟“Knot”，是在南非越冬而在格陵兰北部繁殖，套环研究表明，它们从南非先是飞到大不列颠群岛，在那里吃饱喝足之后，并不直接往北进入格陵兰，而是首先飞到斯堪的纳维亚半岛沿岸，在那里它们便有机会随时观察北极的气候变化，一旦条件成熟，则从挪威北部沿着环北极的最短路线直接往西进入格陵兰。这样既缩短了在海上长途飞行的行程，又能最大限度地保存体内的脂肪和能量，这是一种多么巧妙的设计和构思啊！由此可见，它们的智慧比起人类也毫不逊色。”

“然而，它们是无论如何也斗不过人类的。”我一语双关地说。

“是的。”他点点头，“因为它们不会耍阴谋诡计。长期以来，人类对于鸟类采取了一种极端错误的政策，或者捕杀吃肉，或者捉来观赏，致使有些鸟类在人类的追杀之下已经灭种或正面临着灭种的威胁。北极这地方也已开始承受愈来愈大的压力，如果这里的环境遭到污染和破坏，全世界的鸟类就会陷入极大的混乱之中，其后果将不堪设想。”

“也许可以将某些鸟类有意识地加以喂养，以免其绝种。”我随口说道。

“不！”他大声说，“可笑的是，有人认为杀鸟为不仁，而养鸟却是善事，这实在是大错而特错了。实际上，这正如死刑与终身监禁，其实并无本质的区别。死刑固然惨烈，但那痛苦却很短暂；而终身监禁虽然可以苟且偷生，但所忍受的磨难却要长久得多。因此，如果我是一只鸟，宁可被人家一枪打死，也决不愿意被长年关在笼子里。”说到这里，他又激动地站起身，来回地踱着步子。

看看表，已经是凌晨两点多钟，太阳的圆脸仍然躲在云层的薄纱之后，像一个气球，在海平面上漂浮着，丝毫没有沉下去的意思。我伸伸懒腰，暗暗庆幸已经熬过了大半夜。再看看戴克兰，他也已经哈欠连连，熬不下去了。他正从容不迫地打开行李，准备就寝。我跺了跺脚，凑过去问道：“怎么，要睡了？”

“是的。”他顺手把一条毯子扔给我，“这个给你。”然后拉开一个睡袋，钻了进去。“睡吧，不早了。”他把睡袋拉好，并向旁边挪了挪，给我空出一块地方来。“天为被，地为床，风做伴，鸟站岗，大海唱着催眠曲，太阳当灯明晃晃。这是世界上最高大、最宽敞、最自由、空气最好的旅馆，恐怕你还没有住过这样的高级旅馆吧？”

我们的床铺藏在两根树桩之间，躺下之后，从远处望去，只是一堆木头而已。我把毯子铺一半盖一半，身子轻轻放平，因为是全副武装，所以并不觉得冷。转过脸来看看戴克兰，想找个话题再跟他聊上几句，但他却早已入睡，开始打起呼噜来了。我却翻来覆去，怎么也睡不着。这时，有一大群海鸥落在我们的周围，有的蹲下，有的站着，缩着脑袋，打起瞌睡来。我忽然又想起戴克兰所说的“鸟站岗”。看看那些海鸥，内心充满了感激之情，戴克兰对鸟的感情之所以如此深厚，我也开始有所理解了。

一觉醒来，云消雾散，天已放晴，只见戴克兰站在海边，举着望远镜正在聚精会神地观察着鸟类的飞行。他那高大的身躯沐浴在晨曦之中，有一个长长的影子，一直伸展到茫茫的大海里。

阅读思考：作者是如何认识人类与鸟的关系的？

三种可爱的飞禽[①]

约翰·巴勒斯

约翰·巴勒斯，美国早期环境保护思想先驱，著名博物学家和作家。著述丰富，出版有全集。在美国国会图书馆的“美国记忆”项目中，其作品与中国读者更熟悉的《瓦尔登湖》并称双璧。在巴勒斯的作品中，对鸟类、植物和乡村景观的观察和描述是最出色的。

白尾鹞

我想，大部分的乡下男孩都知道白尾鹞吧。你能看到他贴着灌木和湿地低空飞行，或是从围栏上掠过，精神集中在脚下的地面。他就是长着翅膀的猫。他飞得是那么低，直到他靠得很近的时候，鸟儿和老鼠才能发现他。苍鹰从高空或枯死的树顶向田鼠猛冲，而白尾鹞则是从围栏或低矮灌木丛或草丛突然飞向田鼠。白尾鹞体形大小和苍鹰差不多，但是有着更长的尾羽，我小的时候曾经管他叫“长尾鹰”。雄性白尾鹞是蓝色的，雌性是红棕色的。像苍鹰一样，也长着白色的尾羽。

与其他鹰不同的是，白尾鹞把巢筑在地势低而土层厚的湿地上。几年以前，有一对白尾鹞在距离我家几千米的灌木湿地里筑了巢，这个地方离我的一个农民朋友的家很近。我的这位农民朋友对野生动物有着敏锐的观察力，两年前他发现了这个鹰巢。而当我在一周后去看时，鹰巢已被洗劫一空，可能是邻居家的孩子们干的。在刚刚过去的春季的四五月份，他观察一只雌鹰，发现了一个鹰巢。鹰巢在一片几千平方米大的湿地中，位于山谷的底部，那里长满了又厚又硬又多刺的白蜡树、菝葜和一些矮而多刺的灌木。朋友把我带到一座

① [美]约翰·巴勒斯.飞禽记[M].张白桦译.北京：北京大学出版社，2015.

矮山的边缘，指给我看下面的那片湿地，尽量靠近鸟巢，告诉我鸟巢所在的位置。而后，我们穿过牧场，进入湿地，小心翼翼地朝着鹰巢前进。那些带刺的野生植物长得齐腰高，需要小心应付才行。当我们接近鹰巢的时候，我目不转睛地去寻找，但也没有发现白尾鹞的踪迹。直到她飞上天空，我才发现她就在距离我们不到10米的地方。她惊叫着一飞冲天，却很快开始在我们上空盘旋不去。原来，在那里，在粗糙的麻子枝和杂草搭建的鸟巢里，有5颗雪白的鸟蛋，每一颗都有一个半鸡蛋那么大。朋友说雄鹰应该很快会出现，与雌鹰会合，可是他却一直没有出现。雌鹰一直向东飞去，很快消失在我们的视线里。

我们随即退了出来，隐藏在石墙的后面，希望能看到鹰妈妈飞回来。她在远处出现了，似乎感觉有人在观察她，接着又飞走了。

大约10天以后，我们决定再次探访白尾鹞巢。一个年轻的、爱冒险的芝加哥女士也想看一看鹰巢，便与我们同行。这一次我们发现3颗蛋已经孵化出来了，当鹰妈妈飞起来的时候，不知是无心还是有意，她把两只幼鹰甩出去好几英尺远。她飞了起来，怒气冲冲地尖叫着，接着便转向我们，像箭一样径直向着年轻女士猛冲过去。可能是女士帽子上的一根鲜亮的羽毛惹火了她。女士急忙整理她的帽子，急急忙忙地连连后退。鹰可没有她原来想象的那么可爱。一只大鹰从高空中飞向自己脸部，想着就让人有些紧张。雌鹰向你俯冲下来的时候，让人心惊胆战，还不算它还准确地瞄准你的眼睛呐。当与你距离10米以内时，她又重新飞起来，发出冲刺的声音，飞得比之前更高，然后再次冲向你。她就像一只空的弹药筒，但通常带有强烈欲望，效果显著，要将敌人赶走。

在我们观察完了幼鹰以后，朋友的邻居邀我们去看鹌鹑巢。任何与鸟巢有关的事都能吸引我们。鸟巢就像那种谜一样的东西，我们对它兴致盎然，情有独钟。如果是在地面上筑巢，那通常会是自然界残骸和混乱中的美丽和精致所在。建在地面上的鸟巢是暴露在外的，这些脆弱的蛋就躺在那样轻微的保护下。这又给快乐和惊喜中增添了一丝刺激。我一直希望有一天，可以走很远的路，去看看藏在残株和草丛中的会唱歌的鹀类的巢穴。那就是莲座丛中的宝石，周围点缀着杂草。我从来没有见过鹌鹑巢，在这样鹰猎食的范围内，能看到鹌鹑巢则更是双重的惊喜。我们沿着人迹罕至、寂静无声、杂草丛生的公路行走，这已是它隐藏自己的一种方式。看到了这个小山谷，就想到了“与世隔绝”这个词，小路还唤起了和平宁静的感觉。这里的农民的田地就在我们的周围，地里一半是杂草和灌木，显然不会有噪音，不然会打扰到这里宁静的一切。在

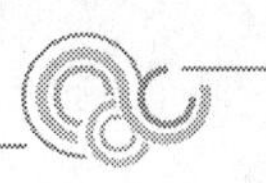

乡村公路的两旁，与长满青苔的石墙相连，距离农民谷仓一掷石距离的地方，鹌鹑在那里安下了家，鸟巢就在长满刺的灌木丛边缘的下方。

“鸟巢就在那里，”农民边说边停了下来。这里距巢大概3米，他用木棒把鸟巢的位置指给我们看。

不一会儿，我们看到了长着棕色斑点翅膀的鹌鹑，而她正在孵蛋。我们小心翼翼地接近她，最后弯下腰来俯瞰着她。

她纹丝不动。

我把手里的藤条放在她身后的灌木丛里，我们想看她的蛋，但又不想粗鲁地打扰正在孵蛋的她。

她还是没有动。

接着我把手放在离她几厘米的地方，她依然没有动。难道要我们亲自把她举起来？

接下来，年轻的女士放下她的手，这可能是鹌鹑从未见过的手，又美丽又白皙。这只手终于惊动了她，她向上飞了起来，露出了一大窝蛋。我从没有见过这么多的蛋，一共21个！ 像是一圈或一盘白色的瓷器茶托。你会禁不住说，多漂亮啊，多可爱啊！ 就像小母鸡下的鸡蛋，就好像鸟在玩孵蛋，孩子在一边玩过家家一样。

如果我知道鸟巢有这么多鸟蛋的话，我是绝对不敢打扰她的，那样她可能因为恐慌打碎几个鸟蛋的。然而却没有一颗蛋因为她的突然飞起而受到伤害，鸟巢也没有因此受到损害。后来，我听说所有的蛋都孵化出来了，一只只小鹌鹑还没有大蜜蜂大，被鸟妈妈带领着飞往远处的田地里去了。

大约一周后，我又一次去造访了白尾鹞巢，看到所有的蛋都孵化出来了。鸟妈妈在附近盘旋。我永远忘不了那些幼鹰蹲在地上那奇特的表情，那不是年轻的动物应有的表情，而是极度苍老的表情。他们有着垂垂老矣、衰弱不堪的面孔——瘦小的脸和锐利而深邃的目光。他们的动作是那样的软弱无力，颤颤巍巍。他们用肘部支撑着身体坐着，身体的后半部分和那苍白、萎缩的爪子无助地伸展着。他们笨拙的身体上覆盖着淡黄色的绒毛，像小鸡身上的那种绒毛，他们的头呈现出一种凹凸不平、邋遢不堪的样子。他们的翅膀长而强壮，光秃秃的没有长毛，从身体两侧垂到地上，乍一看有力而且凶猛，但是因为没有毛的缘故，显得邪恶而丑陋。另外一个奇特的现象是幼鹰的体型从第一只到第五只逐渐变小，就好像可能出现的情况那样，每隔一到两天孵化出一只。

两只大一点的白尾鹞由于我们接近，表现出了一些恐惧，其中一只白尾鹞仰面朝天躺了下来，抬起无力的腿，张开双喙虎视眈眈地盯着我们。两只小的白尾鹞对我们的到来却没有任何反应。我们在鸟巢附近的时候，鸟爸爸和鸟妈妈都没有出现过。

8~10天以后，我又来探视鸟巢。幼鹰都长大了许多，但体型很明显依然还是一个比一个小。面相仍然苍老如故——就像老人一样：鼻子和下巴挤在一起，眼睛大而凹陷。他们现在都野蛮凶狠，虎视眈眈地盯着我们，威胁地张开了双喙。

在接下来的那个星期，我的朋友去探访鸟巢的时候，最大的那只白尾鹞已经能和他凶猛地打架了。但窝里的那只白尾鹞，可能是最后孵化的那只白尾鹞却没有长大多少。他好像是快饿死了。鹰妈妈（鹰爸爸可能已经消失不见了）可能发现对于她来说这一大家子成员也太多了，所以故意想要饿死一只吧，还是体型大而又强壮的幼鹰抢食了所有的食物，所以弱小的幼鹰没吃上呢？大概是这个原因吧。

亚瑟带走了最弱小的那只白尾鹞，同一天把他给了我的小儿子，我们用羽毛碎片包好带回了家。显而易见，这是个饿坏了的小家伙，他微弱地叫着，可是连头都抬不起来。

我们先给他喂了点儿温热的牛奶，他很快便复苏了，可以吞下小块的生肉了。一两天时间，我们让他贪婪地大快朵颐，生长也非常显著。他的声音也和父母一样像尖锐的哨声，只有在睡觉的时候才会安静下来。我们在书房的一角给他建起了一个1平方米大小的四方形围栏，地板上铺上了几层厚厚的报纸，用棕色羊毛毯碎片搭建巢穴。这只白尾鹞一天天强壮起来。这个难看得可以用任何词汇来形容的宠物，慢慢地开始变得好看一些了。他在那里用肘支撑着身体坐着，两只软弱无力的脚伸向前面，那两只光秃秃的无毛的巨大翅膀一直触到地面，尖声叫着，索要更多的食物。有一段时间，我们每天用尖笔给他喂水，但显然水不是他最需要和最想要的。生肉，大量的生肉才是他最需要的。我们很快就发现他喜欢猎物，譬如老鼠、松鼠和小鸟，这些活食要比生肉好得多。

我的儿子随即开始在家周围捕捉各种虫子、小活物以满足小鹰的供应。他设陷阱，去打猎，向朋友征集，甚至去打劫猫咪来喂养小白尾鹞。作为男孩，他该做的所有的事，都因此受到了影响。“某某某去哪儿了？”“去给小鹰抓松鼠去了。”儿子经常为此耗掉半天的时间，才能抓到猎物。周围的老鼠、金花鼠和

松鼠很快被一扫而空。为了满足小鹰的需要，儿子不得不去远处、更远处的农场和森林狩猎。到小鹰可以飞为止，他一共吃掉了21只金花鼠，14只红松鼠，16只老鼠，12只家麻雀，另外还有大量的生肉。

他的翅膀很快就从绒毛中凸显了出来，巨大翅膀上的大翎毛迅速地长大了。他现在的样子是多么奇形怪状，多么神秘可怕呀！不过，他那极度苍老的面容倒是在逐渐改善。他是一个多么喜欢阳光的白尾鹞啊！我们把他放在山坡的草地上，微风习习，他会展开翅膀，兴高采烈地享受着清晨的阳光。在巢里，在炽热的六七月，他一定暴露在中午最强的阳光下，似乎只有温度达到了33～35℃的时候才能满足他的天性需要。他同样也非常喜欢雨天。下阵雨的时候，把他放在外面，每一滴雨似乎都能让他开心快乐。

他的腿和翅膀一样，都生长缓慢，直到他能飞的前10天，他依然站不稳，爪子也软弱无力。我们给他送食物的时候，他会蹒跚地向我们走来，就像一个病情最严重的残疾人，挪动着他那下垂的翅膀，拖着腿用爪背向前走着，而后又用肘向前走，爪子依然闭合着没有用处。就像婴儿学习站立一样，他也是试验了很多次才成功的，颤抖的腿站立一会儿就又摔倒了。

有一天，在我避暑的别墅里，我第一次看见他笔直地站立着，爪子也全部舒展开了。他环顾着四周，好像世界突然改变了模样似的。

他的翅膀现在开始快速生长起来。我们每天给他喂食红松鼠，用斧子劈成小块。他开始用爪子抓住猎物，把猎物撕开。书房里到处都是他脱落的绒毛。他那深棕色的杂色翅膀变得好看起来。翅膀还有一点下垂，但是他渐渐地可以掌控翅膀，把翅膀放在合适的位置。

今天是7月20日，小鹰已经大约5个星期大了。有一两天，他在院子里又是走又是跳的。他选了挪威云杉下面的一个地方，在那里坐下，可以假寐好几个小时，或者看美景。当我们给他带来猎物的时候，他翅膀轻轻抬起，上前来迎接我们，嘴里发出尖锐的叫声。如果给他投喂一只老鼠或麻雀，他可以用一只爪子抓住，腿弯曲着从掩蔽物上一跃而过。他展开翅膀，左看看右看看，一直兴高采烈、心满意足地笑着。这次他开始练习用爪子击打了，就像印第安男孩开始练习用弓和箭一样。他去击打草地上干枯的树叶，掉落的苹果，或者其他一些假想目标，他在学习如何使用他的武器了。他似乎也察觉到肩膀上翅膀的生长。他可以垂直地举起翅膀，保持展开的姿势，让翅膀由于兴奋而颤动。每天每个小时他都这么做一次，压力也开始向中心聚集。接着他就开始玩似的击打一片树叶和一小片木头，同时一直保持翅膀向上举着。

下一步就是飞上天空和拍打翅膀了。他似乎现在开始全心全意地想翅膀的问题了，渴望翅膀可以派上用场。

一两天后，他便能够起跳并且飞上几米高了。距离河岸3~4米的那堆灌木丛他都可以轻而易举地到达。在这里，他可以像一只真正的鹰那样栖息，让附近的旅鸫和灰嘲鸫大惑不解，议论纷纷。在这里，他目光如炬，可以看清楚四面八方，仰首望苍穹。

现在，他是一个可爱的生物啦。他的羽毛丰满，驯服得像小猫一样。可是有一点他和小猫不同——他不能容忍别人去抚摸，甚至碰触它的翅膀。他对人的手有恐惧感，就好像你会不可避免地弄脏他似的。但是，他可以栖息在你手上，允许你带他到处走。如果出现狗或猫的话，他就会立即做好战斗的准备。有一天，他向一条小狗冲了过去，用爪子凶猛地击打着小狗。他害怕陌生人以及任何异乎寻常的东西。

7月的最后那个星期，他可以比较自如地飞翔了，他的一只翅膀也要修剪了。由于只是修剪主要部分的末端，他很快就克服了困难，把他宽而长的尾羽偏向这一边，飞得相当自在。他开始在附近的田野和葡萄园飞翔，飞得越来越远，经常乐不思蜀。每当这种情况发生，我们就会出去找他，把他接回来。

一个雨后的下午，他飞进了葡萄园。一小时后我去找他，却没有找到。从那以后，我们再也没有见过他。我们希望他饥饿难耐的时候能够回来，可是从那天起，我们再也没有了他的任何线索。

东蓝鸲

伴随着清晨第一缕明媚的阳光，东蓝鸲开始了她动听的歌唱，那一定是阳春三月。那声音轻柔地呢喃在你的耳畔，音色温柔又带着预盼，希望中隐含着丝丝惋惜。

雄性东蓝鸲可算是最快乐、最忠诚的丈夫了，他们乐于时时刻刻守护在自己的伴侣身旁，尤其是当雌鸟孵卵时，雄鸟总是按时按点给她们喂食。看他们共同筑巢是一件赏心悦目的美事：雄鸟在寻找栖息地和探索巢穴时十分活跃，可是他们却似乎不怎么擅长筑巢。此时的他们更急于取悦和鼓励伴侣来做，雌鸟更实际，知道该做什么，不该做什么。雌鸟按照自己的想法选好筑巢

的地址以后，雄鸟就会对她赞了又赞。而后，两只鸟就双双飞去寻觅筑巢的材料，这时，雄鸟会在雌鸟的上方或者前面飞行来保护她。由雌鸟把所有的材料带回来，并且完成筑巢工作，而雄鸟则在一旁用肢体动作，用歌声为她喝彩。雄鸟有时表现得又像是一名监工，不过我觉得恐怕是一名带有偏爱的监工。雌鸟衔着干草和稻草进入巢穴，随心所欲地放到合适位置，然后退出来在附近守候，雄鸟这时会进去进行检查。出来后，雄鸟非常直率地评价她的工作："非常好！非常好！"然后他们再次双双外出寻觅更多的材料。

我曾经在一个夏日，看到了一只住在大城镇绿荫遮蔽的街道的东蓝鸲喂小鸟的情形，让我感觉乐不可支。鸟妈妈捕获了一只蝉，要不就是一只秋蝉，然后，在地上捣了一会，飞到树上把蝉送进幼鸟的嘴里。这食物可真够大的，鸟妈妈似乎在怀疑她的孩子是否能够吞咽得下，所以她十分关切地在一旁注视着幼鸟的行为。小家伙费力吞咽着，无奈却吞不下去。见状，鸟妈妈从小家伙嘴里叼走了蝉，飞到路边，对蝉进行了进一步的处理。然后，她把蝉送到小家伙嘴里，好像是在说，"呐，再试试看哦。"鸟妈妈发自肺腑地同情他所做的努力，重复着小家伙吞咽时种种扭曲的动作。无奈，对小家伙而言，这只蝉也太硬了，事实上这只蝉也确实大大超出了他那张小嘴的容量。小家伙不停地抖动着翅膀，一边大叫着，"我噎着啦，我噎着啦！"焦急的鸟妈妈又一次叼起蝉，她放到铁栏杆上，用尽全身力气花了一分钟时间来啄碎这只蝉。鸟妈妈第三次把蝉送到孩子嘴里，可是孩子依然无法下咽，虫子还从嘴里掉了下去。就在蝉落地的一瞬间，鸟妈妈就飞过去把蝉叼起，然后飞到一个不远处更高的栅栏上落下，一动也不动，似乎是在思考到底该怎么把蝉弄碎。此时，雄鸟朝他飞了过来，直截了当地，我觉得还相当简明地对她说："把那只虫子给我。"对于雄鸟的打扰，鸟妈妈却马上表现出不快，独自飞到远处，我最后看到她的时候她的表情很明显相当沮丧。

5月初的一天，我和泰德去沙迪加远足，在距离我们小木屋不远的地方，有一条幽深的小溪在静静地流淌。我们沿着这条溪流划船而下时，警觉地注视着周围，提防任何野生鸟类和野兽的突然出现。

一路上有很多枯死的小树，上面都是被啄木鸟废弃的树洞，我决定从中选一段适合给东蓝鸲做巢的树洞的枝干带回家。"为什么旅鸫不在这里筑巢呢？"泰德问道。"哦，"我说，"东蓝鸲是不会跑这么远到森林深处筑巢的，他们喜欢在开阔的或者有人居住的地方筑巢。"

仔细地观察几棵树之后，我们看到了一截符合要求的树干。这截小枯树树干直径大概有20厘米，已经破损的树冠露在水面上。树洞呈圆形，坚固异常，比我们高3米左右。经过不懈努力，我成功地把树干扳倒，运到小船上。“就是它了，”我说，“和那些人造巢箱相比，我打赌东蓝鸲更喜欢它。”但是，瞧啊，这里面已经住着东蓝鸲了！之前，我们根本没有听到任何鸟叫声，也没有看到羽毛。当我们把树干扳倒仔细看树洞的时候，才发现2只尚未长成的东蓝鸲幼鸟，这真让人尴尬哟！好吧，我们唯一可以做的就是把这截树干立起来，还要尽可能地把它立在离原来不远的地方。可这哪里是一件容易的事呢？可是，过了一会儿，我们总算把它放回了原位，树干一端矗立在浅水的泥中，另一端则靠着一棵树。这样，洞口位置就在原来巢穴侧下方大约3米的地方。就在这时，我们听到一只成鸟的叫声，我们急忙把船划到了溪流对面15米远的地方，注视着她的行动，还相互埋怨着：“太糟糕了，太糟糕了！”只见鸟妈妈嘴里叼着一只很大的甲壳虫，飞落在一棵距离原来巢穴大约1米高的树枝上，向下看了看我们，鸣叫了一两声，然后信心满满地从空中向下俯冲到那个地方，一刻钟以前那地方还是她的巢穴的入口哩。在这里，她扇动着翅膀徘徊了一两秒，寻找着自己的巢穴，哪里知道已经不复存在了，然后又飞落在她刚刚离开的树枝上，显然有点不安。她用力在树枝上敲打着甲壳虫，敲打了几次，就像是哪里出了问题一样，之后又飞下来试图寻找她的巢穴，但那里除了空气一无所有啊！她徘徊又徘徊，蓝色的翅膀在明暗交错的光线下不断扇动，心中确信那珍贵的洞口一定就在那里！可是，事实上却没有，她百思不得其解，所以又回到了刚才栖息的树枝上，继续锤击那只可怜的甲虫，直到将它捣成了一团肉酱。然后她进行第三次尝试，接着是第四次尝试，第五次尝试，第六次尝试，最后她变得非常激动。她似乎在问：“到底发生了什么事？我是在做梦吗？那只甲虫给我施巫术了吗？”她万分沮丧，虫子从树干上掉落下去也不管，她也只是直勾勾地东张西望。随后，她起身向树林中飞去，鸣叫不止。我对泰德说：“她去找她的伴侣了，她现在深陷困境，渴望得到同情和帮助呢。”

过了几分钟，我们听到她的伴侣回应的声音，紧接着，两只鸟急急忙忙地飞了过来，嘴上都叼着东西。他们飞落在原来的鸟巢上方的树枝上，雄鸟好像在说，“亲爱的，你怎么啦？我一定能找到咱们的鸟巢的。”然后俯冲下来，却像鸟妈妈一样扑了个空。他是那么急切地扇动着翅膀！他瞄准的是原来巢穴所在的那片位置！他的爱人就站在那里，目不转睛地，满怀信心地注视着他。我认

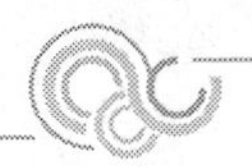

为，他会找到线索的。然而，他没有找到。带着困惑和激动，他飞回到了那跟树枝上，回到了她身边。接着，雌鸟又进行了一次尝试，雄鸟也再一次冲了下来，紧接着两只鸟一起发起进攻，朝着原来巢穴的位置飞了下来，但他们依然无法猜透这个谜。他们交流着，相互鼓励着，坚持不懈地尝试着，这一次是他，下一次是她，再下一次两只一起，就这样一遍又一遍地尝试着。有几次他们落到距离入口仅几十厘米的地方，我们都以为他们肯定能够找到入口。可是，他们却没能找到，他们的思路和视野只集中在原来巢穴入口的那几平方厘米内。很快地，他们飞到更高的树枝上，像是在自言自语："好吧，入口不在那里，但是入口一定就在附近，让我们在周围找找看。"几分钟过去了，当我们看见鸟妈妈从枝头跃起，像箭一样直直地飞向巢穴口时，她那饱含母爱的眼神立刻给出了证明，她已经找到了她的孩子，是某种判断力和常识让她急中生智，她搜索花费了一点时间，瞧啊！那个珍贵的洞口就在这儿。她把头探进去，然后向她的伴侣鸣叫了一声，然后向洞里更深地探了探，然后退出来。"是的，就是这儿，孩子们在这里，孩子们在这里！"然后，她再次探进洞里，把她嘴里的食物喂给孩子们，然后给她伴侣腾开地方，鸟爸爸露出同样的喜悦表情，也把嘴里的食物喂给了孩子们。

我和泰德终于长长地松了一口气，心里的一块大石头也落了地。我们高高兴兴地上了路。同样，我们也学到了一些东西，那就是当你在森林深处想到东蓝鸲的时候，也许东蓝鸲离你比你想象的更近。

4月中旬的一个上午，在我的庭院里，有两对蓝色旅鸫活跃非常，他们有时甚至会为了求爱而激烈地争斗。对于他们的种种行为，我不甚了了。两对东蓝鸲的表现欲都特别强，可是在这两对中，雌鸟都无一例外地比雄鸟活跃。雄鸟走到哪里，雌鸟就如影随形地跟到哪里，翅膀扑腾和扇动个不停。倘若她不是靠不停地用她活泼、轻快、笃定、温柔而又讨人喜欢的绵绵情话告诉雄鸟她是多么爱他，那她还会是在说什么呢？她总是深情地精确地落在雄鸟站立的地方，如果雄鸟没有离开，我想她肯定会落在他的后背上。偶尔，当雌鸟飞离雄鸟时，雄鸟也会用相似的姿势、音调以及情感表达方式展开对雌鸟的追逐，但永远不会像雌鸟那样富有激情。两对蓝色旅鸫始终和对方保持着比较近的距离，一同掠过房子、鸟巢、树木、邮箱及葡萄园里的葡萄藤，耳畔萦绕着的都是对方温柔而又急切的鸟鸣声，满眼看到的都是对方闪烁着蔚蓝色光芒的翅膀。

他们那样热烈地去求爱，莫非是因为双方都意识到是由于敌人会时不时地出现带来的刺激吗？终于，在我观察了他们一个多小时后，发现鸟儿们发生了冲突。当他们在葡萄园相遇以后，两只雄鸟纠缠在一起，接着一起跌落在地上，他们的翅膀摊开躺在那里，就像刚被枪打下来一样。然后，他们各自飞回到自己的伴侣身边，一边鸣叫着，一边拍打着翅膀。很快，两只雌鸟也纠缠在一起，跌落在地面上，残忍地争斗着。她们滚来滚去，用爪子抓着，扭着，像斗牛犬一样紧啄着对方的嘴死活不肯放开。两只雌鸟就这样一次又一次地相互扭打着，期间，一只雄鸟冲入混战中，用力地将一只雌鸟用翅膀扇开，使她们分开。之后两只雄鸟也又扭打起来，他们蓝色的羽毛映衬在绿色的草地和红色的泥土上。这些争斗的双方看起来是多么温和，多么轻柔，多么徒劳无功啊！——没有尖叫，没有血迹，没有纷纷飞落的羽毛，仅仅是突然间，把蓝色的翅膀和尾巴还有红色的胸脯交叠在草地上。虽然相互攻击着，却没有明显的伤痕；只有用嘴相互啄咬、用爪子相互抓挠，但没有羽毛的掉落，只有些微的凌乱；有一方长时间压制着另一方，却没有疼痛和愤怒的鸣叫。这是人们想要看到的那种斗争场面。鸟儿们总是会紧紧啄住对方的嘴达半分钟之久。其中一只雌鸟总是会飞落在正在苦斗的雄鸟附近，展开翅膀，发出温柔的音符，可是我却不知道她是在鼓励还是在斥责其中一只雄鸟，是在恳求他停下来还是在煽动他们继续争斗。就我对他们的语言的理解而言，她一直都在和她的伴侣说话。

当东蓝鸲突然用嘴和爪子攻击对方的时候，最开始他们的叫声并没有敌意。的确，对于东蓝鸲而言，以我所听到过而论，他们似乎发不出刺耳和怀有敌意的声音。有一次，两只雄鸟摊开翅膀，相互啄着对方的嘴落在了地面上，一只旅鸫落在他们附近，专心地盯着绿草地上的这抹蓝看了一会儿便飞走了。

鸟儿们在地上任意地扭打着，先是雄鸟跟雄鸟，接着是雌鸟跟雌鸟，在草地上或尘土里激烈地搏斗着。在每场搏斗的间歇，每对鸟儿都会相互确认一下对方对自己永恒不变的兴趣和爱恋。我跟着他们，尽量不引起他们的注意。有时候他们会在地上躺上一分钟，每只鸟都试图挣脱对方，试图不被对方纠缠住。他们似乎都忘记了周围的一切，我甚至怀疑他们在那个时候很容易就成为猫儿或老鹰的猎物。让我们对它们的警戒性做一个实验吧，我说道，当两只雄鸟再一次发生冲突，落到地上的时候，我手拿一顶帽子小心翼翼地接近它们。在距离它们3米远的时候，我趁它们不注意猛冲过去，用帽子将他们扣住。他们在帽子里挣扎了几秒钟，接下来里面一片寂静。黑暗突然降临在这场战场上，他们会认为是发生了什么事情呢？不久，他们的头和翅膀开始在我的帽子里扑棱。随后，里面又是一片寂静。我对着它们说话，朝着它们呼喊，冲着它们欢

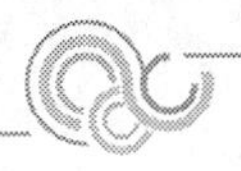

呼，可他们却没有露出一丝兴奋或惊慌的迹象。只是偶尔，一个小脑袋或者身体轻柔地碰触着我帽子的帽顶或帽圈。

但是，发现她们正在争斗的恋人消失了，两只雌鸟显然开始不安起来，她们开始发出悲哀而又惊慌的叫声。一两分钟过后，我抬起帽子的一边，快速放出一只雄鸟，然后又抬起另一边放出另一只。一只雌鸟随即冲了下来，叫声中带着愉悦和庆祝的意味，飞到了其中一只雄鸟的旁边，而雄鸟却狠狠地打了她一下。接着另一只雌鸟也飞了下来，来到另一只雄鸟旁边，同样也被狠狠地打了一下。显然雄鸟有些手足无措，他不知道刚刚发生了什么，或者说不确切谁应该对刚才短暂的黑暗负责。难道他觉得两只雌鸟多少应该为此受到责备？但是他们很快都和自己的伴侣和好了，两对鸟儿各自凑在一起没有分开，直到两只雄鸟又开始打了起来。然而，没过多久，一对鸟儿开始疏远另一对，每一对儿都在谈论着那两处鸟巢，他们双翼优美的姿态透着谈话的愉悦之情。

这场恋爱和争斗的场面持续了将近一个上午。他们之间的问题依然像之前一样没有得到解决，每一对鸟儿都对自己的伴侣很满意。其中一对鸟儿住在了葡萄园中的一个鸟巢里。在繁殖期里，他们哺育了两窝小鸟儿。而另一对鸟儿离开这里，在其他地方定居下来。

东蓝鸲

天空中传来了一声惆怅的鸟鸣声，
“啾，啾，啾”，那音调是多么的哀伤，
犹如孤独的流浪者，
不知他是在啼哭还是歌唱。

然而现在一双热切的羽翼闪现，
沿着围墙飘舞着霓裳，
那爱的呼唤是多么甜蜜，多么的迷人，
啊，现在我知道他是在用心歌唱。

啊，蓝鸲，欢迎你再次归来，
你那蔚蓝色的外衣和赤红色的背心，

是四月最喜欢的色彩，
犹如田畦上那温暖的天空。

农耕的男孩听到你温柔的歌声，
想象着阳光明媚的好时光，
枫树上沁出糖浆，
眼前的美景让他满心欢畅。

烟霭随着微风在飘动，
犹如热锅上笼罩的白色蒸汽，
蓝色双翼是多么赏心悦目，
在这无叶的棕色树林里。

现在，慵懒地瞥一眼便离去，
阳光透过坚硬的树干在闪耀，
树林里的小家伙们从洞里偷窥着，
他们的工作就是在阳光下嬉戏欢笑。

毛茸茸的鸟儿柔和地敲击着树枝，
唱出它带有鼻音的腔调，
蓝鸲飞落在高高的树冠上，
朝着天空唱起它晚祷的赞美歌谣。

现在，去吧，带回你那思乡的新娘，
告诉她这里就是最合适的地方，
来建造一个家，建立一个家族，
在那柔软的小巢里，在我的住所旁。

旅 鸫

东蓝鸲到来不久之后，旅鸫也来了。他们成群结队地四处搜索着田野和树林。你可以听到他们在草地、牧场、山坡上放声歌唱。漫步林中，你可以听到枯黄的树叶伴随着旅鸫拍打翅膀发出的沙沙声，空气也随着他们欢快的叫声在歌唱。他们是这样的欢乐，他们跑啊，跳啊，在空中互相追逐着，迅捷地俯冲下来从森林上掠过。

“酿糖”这种半是工作半是玩耍的工作既自由自在又可爱迷人，在纽约的很多地方至今还保留着。在新英格兰，旅鸫是人们忠贞不渝的伙伴。在阳光明媚的日子里，空旷的场地里四处都可以看到他们的身影，随时都能听到他们的歌声。在夕阳西下的时候，在高大的枫树树顶上，旅鸫们以悠闲自在的天性，仰望着天空，快乐地歌唱着他们简单的工作。在空气中仍携裹着阵阵寒意的冬日，他们就这样站在光秃秃的、静悄悄的森林里，抑或寒冷潮湿的地面上。一年听下来，人们会发现没有比他们的歌声更甜美，比他们更和谐的歌手。他们与周遭的景致、环境是那么的协调一致！ 这些音调是那么的圆润动听与情真意切！ 我们对它们的歌声是那么的如饥似渴！ 他们是冬日里的第一个音符，彻底打破了冬日的符咒，歌声绕梁三日，让人们回味不已。

旅鸫是最优雅的勇士之一。我从没见过比两只雄鸟在早春的草地上互相挑逗嬉戏更美丽的场景。他们对彼此的关心既彬彬有礼又有节制。在交替前进及优雅的突围中，他们彼此追逐着，环绕着。后面的一只随着前面那只跳过几尺，当他的伙伴从他身边经过并描绘出他跳跃的曲线时，他都会像真正的军人那样直立在原地，他们都用高亢而节制的音调发出自信满满却悦耳动听的鸣叫声。直到他们突然跳跃起来，转眼间就嘴对着嘴了，人们还在想他们到底是情人呢，还是敌人呢？ 他们也许会在空中飞了几英尺高，实际上却没怎么你来我往地打对方。他们回避着对方的推搡，每个动作却都有衔接。怀着对田野和草地的庄严而淡定的态度，他们跟随着彼此或是进入树林或是掠过大地，随着翅膀轻微地张开，胸部发热，他们又唱起了那含糊不清却又嘹亮的战歌。这大体上是在整个季节里我们能看到的最文明的良种比赛了。

4月下旬，我们经过了我所说的“喧闹的旅鸫群”。三四只鸟儿结成一队胡乱地冲向草地，飞进树林或是矮树丛里，偶尔也会站在地面上，扯开嗓子尖声唱着，我们很难分辨他们是在欢笑还是在生气。领队的是一只雌鸟，人们看不出她的追求者们彼此间的关系是竞争对手，他们看起来更像是要联合起来将雌鸟赶出这块地方。然而，毫无疑问，他们以某种方式开始比赛，并在一次次疯狂的冲刺中结束。也许是雌鸟对着她的追求者喊一句："谁先碰到我，谁就赢了。"说罢，就像离弦之箭一样飞冲出去。雄鸟们喊着，"同意！"便开始追赶起来，每只鸟都争先恐后地要超过其他鸟儿。这是一个简短的游戏，在我们还没明白过来的时候，他们已经散开了。

我第一次与旅鸫结缘，是因为一对旅鸫想要在我家门廊屋顶下门牌的圆木上筑巢。但是那儿并不是一个筑巢的好地方。但是这对鸟儿花了一个星期时间，历尽千辛万苦才明白这个事实：他们衔来的要用作巢基的粗糙材料在那根圆木上固定不住，每次一阵疾风吹来都会把这个巢吹掉。此后的很长一段时间，我家的门廊上总是堆着一些乱七八糟的小树枝和杂草，直到那两只鸟儿最后放弃了筑巢为止。在接下来的那个季节，一对更聪明能干、经验更丰富的旅鸫也尝试着在那里筑巢，结果大获成功。它们把巢安放在连接门牌的椽上，用泥把小树枝和稻草固定在一起，不久就完成了一个牢固耐用、形状美观的建筑。当小鸟儿到了应该学习飞翔的时候，我注意到一个有趣的现象：像大多数的家庭一样，显而易见，有的小鸟更大一些，有的鸟小一些，总有一只小鸟比其他小鸟长得更快一些。难道成鸟为了让后代一个一个飞走曾经有意用给他加餐来刺激他吗？ 至少会有一只小鸟比其他鸟儿提前一天半准备好离巢。我偶然看到，当他第一次受到飞到巢外的刺激时，他似乎就抓住了这个机会：他的父母正在几码远的石头上用叫声向它保证没问题，鼓励他放手一搏。他用尖锐而有力的声音回应了父母。然后爬到门牌上的鸟巢边缘上，往前走了几步，再走几步，这里距离鸟巢有一码远，是细木的顶端，它看到了外面的自由世界。他的父母似乎在喊着，"来吧！"但是他还没有足够的勇气跳出去。他四下看看，看看他离家有多远，慌里慌张地跳回鸟巢，像受了惊吓的孩子一样爬进了鸟巢。他已经尝试了进入世界的第一次旅行，但是对家的依恋很快又将他带回了鸟巢里。几个小时后，他再次来到了门牌边上，然后却又返了回去冲进了鸟巢。第三次，他更加勇敢了，翅膀更结实了，它尖声叫着跃入空中，不费吹灰之力就飞到了几米远的石头上。小鸟们有间隔地，一个接一个地以同样的方式飞离了鸟巢。沿着门牌走几码远是他们的第一次旅行，第一次离家这么远，会突然恐慌起来，冲回鸟巢。第二次，也许是第三次尝试之后，它必然会飞到空中，叽叽喳喳地飞进附近的树丛或石头中间。小鸟一旦起飞，就再也不会回来。第

一次的鼓翼而飞会永远地切断他们对家的依恋。

最近，我观察了一只旅鸫在乡村的一处门前庭院里捉虫子。常常可以看到一只鸟儿抓住一只蚯蚓，将它拖出草地下的洞穴，却从没见过一只鸟通过打洞找到虫子，把大白虫子带到地面上。我提到过的旅鸫在附近的枫树上有一窝小鸟儿，它就在附近勤奋地觅食。她按照以往的习惯觅食之后，会沿着那片小草地走，每走几十厘米就会停下来，拘谨地站得笔直。之后便会跳起来用嘴有力地挖着草皮，每尝试一次就会改变一次态度，警觉地抛弃草根和土块，挖得越深，就越兴奋，直到找到一只肥虫子并把它拖出来。几天以来，我多次看到她为了找虫子用这种方式挖洞，把虫子拖出来。难道她听到了虫子咬草的声音，还是她看到了草地下虫子们活动的动作？我不太清楚。我只知道她每次都准确无误地完成了工作。我只看到有两次她啄了几下就停了下来，好像她在那一刻就意识到自己上当受骗了。

阅读思考题：与作者对白尾鹞的观察和描述方式相比，我们日常对鸟的认识和理解有什么局限？

爱鸭及鹅[1]

康拉德·劳伦兹

康拉德·劳伦兹，奥地利动物行为学家，1973年由于对动物行为学研究方面开拓性的成就而获诺贝尔医学生理学奖。劳伦兹在动物行为方面的通俗写作亦负有盛名，他所著的《所罗门王的指环》《攻击的秘密》《雁语者》《狗的家世》等书，均有中译本出版，并产生了重要的影响。通过他基于严肃的科学研究的普及写作，人们更深刻地认识和了解了动物的友情世界及相类似的人类行为本身。

经常有人问我，为何花费这么多精神来研究雁鹅。事实上，选择雁鹅的理由很多，大部分我会在后面讨论研究技巧以及如何应用类比方法的章节中详细说明。说实话，探寻个别科学家从事研究的原始动机这件事，有趣的程度并不亚于科学研究本身。如果你真要找出某个科学家选择研究主题的背后原因，科学家的个人经历必定是很重要的一环，因此我的研究动机也并非是很理性的。

小时候，我一度希望自己是只猫头鹰，因为猫头鹰晚上不必上床睡觉。但是就在那个时候，奇妙的事情发生了。我睡前阅读了许多故事，这些故事都是来自瑞典作家拉格勒夫所著的尼尔斯《骑鹅旅行记》，这本书使我发现猫头鹰的一大弱点，它们既不会游泳也不会潜水，而这两项活动是我当时正在学习的。因此，我当下便决定要加入水鸟的行列。等我终于明白自己永远不可能"变成"一只水鸟后，我下定决心无论如何至少要"拥有"一只水鸟。还好我想要的只是只鹅，这真要谢谢拉格勒夫。但是，我母亲由于担忧花园中她那些宝贝花朵的命运，一直不愿意答应我的要求。好在很幸运地，我很快找到替代方案。邻居有一窝刚孵出的小鸭，由一只"呱呱"叫的母鸭领着到处跑。熬不住

① [奥]康拉德·劳伦兹.雁语者[M].杨玉龄译.北京：中国和平出版社，2000.

我再三的要求，母亲终于买了只小鸭给我养，虽然当时父亲并不赞成。在他看来，把刚出生的小鸭托付给一个6岁大的男孩，简直就是虐待动物，也因此，他不认为那只小鸭能活多久。然而，在这项特殊的“诊断”上，这位大医生可弄错了，我的小鸭“皮萨”活到15岁，差不多是家鸭年龄的最上限。

以鸭为师

早在童年时期，我和未来的妻子便拥有许多共同的兴趣。因为就在我得到鸭子的第二天，她也得到来自同窝的另外一只小鸭。现在我回头看，不由想起，我们曾经从这两只鸭子身上学到了多少东西！ 对我们而言，它们几乎是最具影响力的老师。值得一提的是，打从一开始，我们便理所当然地认为，小鸭会把对母亲的行为模式转移到我们身上来。因此，当两只小鸭紧随我们到处跑时，我们一点都不觉得这有什么大不了。

当时情景犹如昨日，我现在依然清楚记得，我在那坐落于艾顿堡的老家厨房中，蹲在石板地上，面对着刚刚买来的小鸭。它，就那样站在我面前，脖子向上伸得老长，嘴里发出一连串单音节的不安叫声。这叫声深深触动了我的良心，因为它是由于我的缘故才被迫离开亲娘的。为了安抚这只小鸭，我试着模仿母鸭召唤小鸭时发出的特别叫声。不料小鸭立刻哭了起来，并且发出双音节的“接触叫声”——也就是海恩洛斯所称的“对谈叫声”。我趴在地上，边后退边呱呱地叫得更起劲，小鸭听到叫声之后，摇摇摆摆地向我走来。它一边靠近，一边发出更密集的接触叫声，而我，同样回敬它。对家鸭而言，如此这般的表演和呼叫过程和它的近亲野鸭并无任何不同，而且在成年鸭群中，这种所谓的“瑞—瑞”对话，正是相互问候的典型形式，它和雁鹅间的问候仪式及接触叫声在功能上具有类比性，而且从演化观点看，也可能是同源的。关于类比及同源这两个名词，我们会在下一章中讨论。

扮演鸭妈妈

接下来的一段日子，两个不同龄的小孩，带着两只小鸭，很自然地导引出一个未经计划的实验。这项实验与如今我们早已熟知的“铭印”现象有关，也就是动物与生俱来对某一特殊对象的认定。在小野鸭的生长发育中，“铭印”过程只可能发生于出生后几个小时内，也就因为这样精确的发展时效限制，才能使得“铭印”和其他的学习过程区分开来。例如，我养的那只小鸭由于是刚离巢，和我太太那只小鸭相比，就显得更黏我，日后也更听我的话——虽然我太太始终不承认有这回事。

然而，我们忽略了另外一件事。我，一个6岁大的小男孩，竟也同时对雁鸭科（泛指鸭及鹅等鸟类）动物产生了“铭印”作用，成为我这辈子的主要兴趣，但是事实证明我那当时9岁的未来妻子，却对这种疯狂的心态深具免疫力。我对雁鸭科动物的热爱（从当年一直持续到现在），也许可以证明不可逆的“铭印”经验也会发生在人类身上。

那已经是1909年夏天的事了，虽然我们自觉已经大得不该玩扮鸭子的把戏，但是我们却扛下了另一种角色，扮演牺牲奉献的鸭妈妈。我们常沿着多瑙河岸浅滩涉水而行，找寻富含小虫的水洼，尔后，再欣慰地看着小鸭狼吞虎咽地咀嚼这顿美味的天然大餐。如果其中有一只鸭子发出不悦的叫声（失神的尖锐呼叫），我们不但知道如何分辨它，而且也学会了怎样适当地回应小鸭，无论它们是冻着或饿着。当小家伙在泥中找到可口昆虫（尤其是石蚕蛾幼虫）时，我们也能马上听出代表“好吃！”的叫声。此外，无论何时，只要听到小鸭入睡前需要温暖而发出的寒颤声，我们总是会立刻在身上找到适当的衣褶或口袋之类的地方，利用自己的体温，为小鸭取暖。整个夏天，我们就用这种方式照顾那两只小鸭。

爱鸭及鹅

我对鸭的热爱，很快地遍及所有雁鸭科的成员。上中学后，我对于这科里的每一个属、种的独特行为模式，已有相当程度的了解。1922年，我进入维也纳大学医学系，那时我已对生物演化深感兴趣，不过我却一直认为，唯有古生物学才是探索生物演化的最佳途径。然后很幸运地，我遇到了赫许斯特教授，他精通两种学科：比较解剖学以及比较胚胎学，于是我很快了解到，就重建生物演化史而言，研究生物体的相同及相异处，就跟研究化石一样有用。此外我也从赫许斯特那儿了解到，生物体的个体成长过程，所谓个体发生史也能对物种演化史提供有价值的见解。（由此观之，海恩洛斯的研究自有其特殊意义。他不但设法从卵的阶段便开始饲养鸟类，而且到处拍照做记录，差不多拍遍了

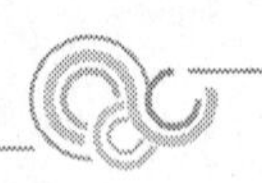

所有中欧能找到的鸟类。)由赫许斯特那儿接受极为完整的比较解剖及比较胚胎训练,使我洞察出未来一生的研究方向:我们可以直接应用(而不需修改)比较解剖学和比较胚胎学的方法来研究动物行为。

不久之后,我遇到海恩洛斯,他早在很多年前便得到上述的结论。他不只发现动物的行为模式就像解剖特性(如牙齿形状、骨骼结构、身躯尺寸样貌)一样,可用来作为区分种、属(甚至目)的可靠依据,同时他还了解到,个体发生史也能对某些物种的演化史提供极有意义的资讯。而他所有这些发现均来自对同一群鸟(都是鸭科)的研究。直到我和海恩洛斯成为好友之后许久,我们才发现,原来比较行为研究领域中真正的先锋是怀特曼,他早在海恩洛斯之前(更别提我了),就已导出同样的结论。虽然,他研究的是另一群鸟类,结论倒是和我们完全一样。但在心理学专家的圈子里,怀特曼始终默默无闻。有一回,我参加一场心理学研讨会,那是由我敬爱的老师布勒所主讲的,那时他正负责接待几位来自美国的心理学家,以尽地主之谊。于是我有机会一个个地询问我们的美国朋友,是否曾听说过怀特曼? 结果竟没有一个人知道他。多年以后,我碰巧遇到怀特曼的儿子,一名很成功的商人,谁知连他都对自己父亲的研究成果一无所知。对于父亲的研究工作,他所能说的只是"他对鸽子简直着了迷"。

乐在观察

趁此机会,我们应该好好讨论一下这些热爱动物的人。科学家常用"业余爱好者"(amateur)来形容他们,殊不知amateur这个词是从拉丁文amare(意思为爱)演变而来。如今,重实验(无论该实验的假设多么薄弱)、轻观察,以及"数据分析比观察更有助于知识的增进"等想法,似乎已成为时尚。我们仿佛忘记了描述才是所有科学的根基。在此,我并无意质疑实验的价值,而只想提醒一句:观察应该是第一步骤,因为唯有透过观察,才可能发现问题,尔后才能用实验来解答。若一味强调事前未经观察的盲目及定量实验,就等于先错误地假定"科学家生来就知道自然界有些什么谜团待解"。单凭一股理论化的兴趣和耐心,并不能使你参透支配高等动物社会行为模式的条理为何。我们唯有像业余爱好者那般,基于极大乐趣,完全被动物行为深深吸引时,才可能达到前述目标。

什么叫系统

所谓系统，是由许多相互作用的不同要素所组成的实体，在不影响系统完整的情况下，这些要素必须一一列出。然而在了解系统的过程中，无论是教学还是研究都会遇到相同的困扰，以下是几个实例。假如我们要对一个完全不懂引擎的人解说一般燃料引擎的运作原理，我们高兴从哪里说起都可以。我们可以这样开始："活塞下降，使得化油器内的易燃气体被吸进燃烧室"，只不过我们的听众肯定完全无法了解那些字句是什么意思。听者唯有在心智上，为前述每一个字都预留空间，而且随后能为每个空间填上适合的解说，他才可能抓住这句话的真正意思。我们也可以用同样的道理来画流程图，每遇到功能不清楚的地方，就预留一个空格子。重要的是，无论研究或学习，事前对整个系统的描绘都是绝对必要的，但在描绘系统时，若遇到某些功能尚不清楚，却又必须先了解其他已知功能时，务必记得替那些未知功能预留空间。就好比，如果不了解引擎飞轮在获得能量过程中的每一个步骤，便不可能了解活塞下降的冲力来自何处。如果系统内的每一项功能都已经很清楚，那么我们也许就能为整个系统功能下定义了。但是我们所下的定义永远无法太精确，这是因为我们不可能完全理解任何系统，即便是简单如燃烧引擎中的每个要素。然而，即使如此，我们还是没有理由放弃对于整个系统的分析与探索。

我们面临的问题只是在于，当该系统的特性是由诸多相互作用的子系统所组成时，要如何进行探索。在歌德名著《浮士德》的第二幕中，海伦娜说道："但我是在对空气说话，因为再怎么努力用话语去建造或创造形状，都归徒然。"同样地，给你这样一串字句，并不足以完整表达作品的整个系统。我们虽然把系统定义为由许多相互作用的不同构造或功能组成之实体，但系统本身必须具有某种整体功能，使人能借着这种功能，清楚地将系统与周围环境区隔开来。魏兹有一句格言说得好：任何具备足够凝聚力的东西，都可以称之为系统。

我们在画流程图时，都知道应该从整体结构发展到细部，而不是先从细部推到整体，分析系统时的程序也是如此。例如，在弄清楚燃料引擎所有细部结构与功能之前，我们必须先了解整个系统的功能所在——引擎是动力来源。从整体推到细节的历程，也同样适用于分析有机实体。不过，在进行这类分析时，最难的，莫过于如何在抽离每一项成分的同时，仍能保有对系统整体功能的视野。

重要的是，就算是粗略了解系统内每个相互作用的元素，都有助于研究工

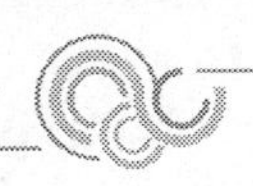

作的进展，使我们更接近准备实验或测量的阶段。马泰海依在《格式塔的问题》（*Das Gestalt problem*）一书中提出，研究者和画家的相似之处是："画家总是先把大体轮廓粗略地描绘出来，然后才开始描绘所有的细部结构。因此这幅画在绘画过程中，看起来都很完整，就像是一件不言自明的艺术作品。"科勒称这种方法为"广景分析"。对于生物学，研究与分析的程序必须先求了解整个系统，尔后才推及组成系统的各个成分。

从动物行为看人类社会

以活系统来进行实验的研究人员，务必要切记一点：天然机制非常容易因为人们的不当干预而损毁。早在1962年，柯诺尔就已针对此基本问题，提出过周详的看法，不久后，海斯也出版了一份名为"完整实验"的报告，提出方法论的指导原则。他指出，系统因人类干扰而受损伤的程度，会随着系统的复杂与多元程度而增加。高等动物本身无疑便是一个非常复杂的系统，然而比较之下，高等动物生存的社会却更为复杂，而人类的社会生活又是现今所知最最复杂的一个系统。大家都知道，就某些简单形式而言，许多动物的社会生活与人类颇有共同点，而透过这些共同点，有助于了解人类社会的实际状况。要想补救在研究过程中对动物社会造成的破坏，并非完全不可能，但当然还是不应低估这个问题的严重性。

毫无疑问，若要研究高等动物的社会行为，最正确，也最必要的方法，莫过于直接在自然环境下观察它们。但前提是要先让动物适应观察人员，这个过程往往既辛苦又漫长。在贡比鸟兽保护区，古道尔为了要使一群黑猩猩接纳她，花了将近一年的时间，才得以靠近到可以开始观察的距离。但是她为实验所投注的时间和耐性，终于也获得了丰富的观察结果作为报酬。采取类似方法进行观察的还包括研究狒狒的库默，研究高山大猩猩的佛西，以及调查侏儒獴的瑞亚莎。

另外一条效果较差的研究途径，则是将自己饲养的动物安置在一个既便于观察，又不失自然的环境里。不过，这种方法只能用在那些社会行为并不会带有太多传统色彩的动物群中。例如海恩洛斯曾经试图让亲手养大的年轻狒狒，融入柏林动物园历史悠久的狒狒集团中，结果完全失败。人养的狒狒表现出的行为模式与集团的传统相距甚远，自然就立刻被狒狒群所排斥。

偶尔的“不正常”

就拿鸟类来说，不同社群间并不会发展出太多不同的传统，这是因为它们的行为模式在系统发育的分类上，是属于天生就固定了的。因此，如果要把人养大的动物混入社会，同时也让该社群多多少少维持正常的行为模式（当然这必须先让它们独立生活好一阵子），鸟类实在是太理想了。这一点，我们过去所做的长达35年的雁鹅观测记录，就是最好的证明。虽然也常常听到一种说法，批评我们饲养的雁鹅因为与人类关系太亲近，可能造成行为上的扭曲。我认为这种说法有欠公允。相反，我以为它们偶尔表现出来的“不正常”行为，本身就是很有价值的研究素材。

我们之所以假定“人养的雁鹅只要回到自然环境中，就能表现出正常的行为模式”，不是没有理由的。我们依据的事实是，从来没有和人类接触过的野生雁鹅，无论何时加入我们的雁鹅群，立刻就能表现出和其他老成员一样的行为模式。

众所周知，研究高度复杂社会的内部活动，必须耗费相当的时日。就我所知，在研究野生高等脊椎动物社会的观测中，仅有三件案例无论在定量分析及实地研究上，都具有良好的组织架构，它们分别是古道尔在坦桑尼亚贡比鸟兽保护区对黑猩猩所做的研究，河合雅雄及川村君在日本鹿岛对日本猕猴进行的观察，以及我们这个小组对雁鹅的研究。虽然我的第一群雁鹅数量不多，而且只存在短短四年（从1936到1940年），但在那段时期内的许多观察都非常重要，因此我也将它们收录在本书内。

现存居住在古诺地区的雁鹅群，最早是在1949年于许罗斯布登某处湖畔建立起来的，尔后在1955年，迁到靠近史塔恩堡附近的许威森，重新建立据点。直至我从马克斯·蒲朗克协会退休后，才又成功地搬到上奥地利的阿姆谷地进行。目前这群雁鹅约有150只。数目有时会改变，因为某些雁鹅只在冬天时才飞来阿姆谷地和子孙们共度，其他时候却飞往别的地区生儿育女。

修正的归纳法

我应该如何向读者或学生介绍我们的实验？ 最理想的方式，莫过于带领大家重复一遍我们走过的心路历程。然而这种方式实在太不可能了，因为若

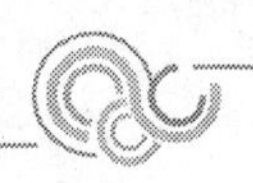

一一叙述每个研究，不知得耗去多少时间。这也是为什么几乎所有教科书都是采用相反的介绍方式：一开始通常都是概论，接下来才会谈到特点。科学研究者的倾向则正好相反，他们多半采用归纳程序，先观察到一些比较特别的现象，再从这些现象中，归纳出法则。因此，现今教科书的编排方式，使学生习惯采用与归纳研究相冲突的思考方式。其程序为，首先需要一个定义清楚的假说，然后再在实地观察中找寻符合该假说的例证。然而生物世界是非常多变复杂的，只要你努力地去找寻，再怎样离谱的理论，都可能找出一堆似是而非的例证。

本书的目的则在于将一个十分复杂的系统，即某种动物的社会行为用可以理解的方式呈现出来，同时也解说该种动物与生态世界的关系。为了达成这个目标，我将采用修正过的归纳法来表达：首先用实例描述某些雁鹅的行为（根据我们对雁鹅的深入了解），然后才讨论与这些本能行为有关的理论。

关于理论叙述这个部分，将涵盖雁鹅的所有的行为模式，包括一切构建雁鹅社会框架的肢体或声音讯息。

这样的策略相当符合科学哲学家温戴尔班所认为的“所有科学研究的共同程序”。在这个程序中，第一个阶段是，无论你用的是文字还是图示法，必须限制在实景的描述上；第二个阶段，开始将系统顺序导入你的观察素材；最后才是所谓的“立法”阶段，这时研究人员根据系统架构归纳出一般法则。这个程序和前面我所引用的，马泰海依形容画家作画的程序几乎完全一样。然而，即使我小心翼翼地遵循这个程序，有时仍难免会“超越进度”，谈起读者还不该知道的观点。每当我意识到这点时，我虽然尝试尽量专心于某一个阶段，不受过去75年来我累积的各种雁鹅经验所影响，但是依然很难做到。结果，当我在对这群小家伙的行为做最简单的描述时，许多时候还是无法避免地会受到系统顺序的影响，因为我早就知道根据这些系统顺序可以导出一般法则。因此我决定在形容我的雁鹅时，不要刻意避开那些乍看无法理解或只能凭直觉得来的理论。在此，我要请求读者对那些尚未说明的理论，保持我在前面提过的画流程图以及认识燃料引擎的精神。带着这种精神，相信在接下来的章节中，你一定会发现每一章其实都像上一章一般简单易懂。

阅读思考：为什么作者会说“以鸭为师”？我们对自以为熟悉的鸭和鹅，真的了解吗？

冰川上的斯蒂金[1]

约翰·缪尔

约翰·缪尔，美国最具影响力的自然主义者之一，现代环境保护运动的发起人，自然生态保育的倡导者，被尊称为“国家公园之父”“生态保育先知”和“宇宙公民”“荒野先知”等。他的《我们的国家公园》一书曾在中国产生了很大影响，其对待自然的价值观，有助于人们形成善待自然的态度。此文选自国内最新翻译出版的《等鹿来》一书，作者通过对在野外考察中与一条名为斯蒂金的小狗打交道的生动记述，表现出了其对动物的爱心。

1880年的夏天，我乘坐独木舟，从兰格尔堡出发，继续我从1879年开始的对阿拉斯加东南部冰原地区的考察。我们做好准备工作，收好毯子等必备物品后，我的印第安人队员们也都各就各位，做好了出发准备，他们的亲人朋友也都到码头上跟他们告别和祝他们好运。我们一直在等的同事杨，也终于上了船。他身后跟着一条黑色的小狗，这只小狗很快便把这里当成他自己的家，蜷缩在行李包中的缝隙里。我喜欢狗，但是这条小狗太小，也没有什么用处，所以我反对带这只小狗同行，并质问这位传教士杨，为什么要带他同行。

“这么个没用的小家伙只会碍事儿，”我说，“你最好把他留给码头上的印第安小男孩，让他们带回家和孩子们一起玩耍。这趟行程不大可能适合玩具狗，这个可怜而笨拙的东西会在雨雪中生活几周甚至几个月，对他需要婴儿般的照顾。”

但是，他的主人向我保证他绝对不会带来麻烦。他是狗一族的完美奇迹，他能像熊一样忍耐寒冷和饥饿，像海豹一样游泳，并且千伶百俐，令人惊奇。他的主人为他罗列出了一系列的优点，来证明他会是我们中最有趣的一员。

---

① [美]约翰·缪尔.等鹿来[M].张白桦等译.北京：北京大学出版社，2015.

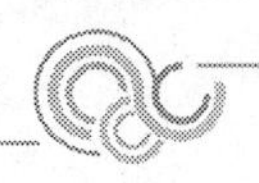

没有人希望去了解这条狗的祖先。在狗一族成功杂交的各种各样的狗中间，我从来没有见过像这样的狗，尽管有时候他那狡猾、温柔、滑行的动作和姿势让我想起狐狸。他的腿很短，身体像花栗鼠一样。他的毛很顺，很长，像丝绸，有一点波浪状，当风吹过他的后背时，背上的毛就会变得蓬松起来。第一眼看见他的时候，能让人注意到的就是他那条漂亮的尾巴。他的尾巴就像松鼠的一样轻盈，能遮挡阳光，往前卷曲的时候差不多可以卷到鼻子前。近距离观察他，你会注意到他那薄而灵敏的耳朵，锐利的眼睛上带着一些可爱的褐色斑点。杨先生告诉我，小家伙刚出生的时候，只有林鼠那么大，在锡特卡被一个爱尔兰采矿者当作礼物送给了杨的妻子。当他来到兰格尔堡的时候，被当地的部落斯蒂金印第安人热情地命名为“斯蒂金”，被奉为新的好运图腾，受到大家的喜爱。无论他走到哪里，他都被当作宠物对待，受到保护和喜爱，被视为是智慧的神秘源泉。

在我们行进途中，他很快便表现出他古怪的性格：爱躲藏，不受人控制，极度安静，还会做许多让人不解的小事，这些都唤起了我对他的好奇心。我们在无数个小岛和海岸山峰之间那长长的、地形复杂的海峡上航行了一周又一周，他在这样枯燥的日子里大多懒懒散散的，一动不动，就像是在熟睡一样不引人注意。但我发现，不知怎么回事，对于正在发生的一切，他总是一清二楚。当印第安人船员准备射击野鸭和海豹的时候，或者是海岸有什么吸引了我们的注意力的时候，他总是下巴搭在船帮上静静地看着，就像是一个游客一般，眼神里充满了梦幻。他听到我们谈论准备登陆时，就会马上爬起来，看我们在什么样的地方登陆，随时准备从船上跳下去游到岸上，在我们的船刚刚接近海岸的时候，他已经游到岸边。然后，他一边精神抖擞地抖掉头上带盐的海水，一边跑到树林里抓小猎物。尽管每次都是第一个跳下船，但是他总是最后一个上船。当我们准备出发的时候总是找不到他，他对我们的呼唤置若罔闻。不过，我们不久以后就发现，每次在这时候看不到他，他却躲在树林边缘的石楠和越橘丛中，用那双警惕的眼睛看着船。当我们真的要离开的时候，他就会在岸边一路小跑，然后跳进浪花，跟在我们的后面游泳，他知道我们会停下手中的桨，带上他的。当这个游手好闲、任性的小家伙游到船边的时候，他会被我们掐着脖子拉上来，举到一只胳膊的高度去控一会儿水，然后放到甲板上。我们曾经尝试让他不要再搞这种恶作剧，强迫他在水里多游一会儿，就像是我们要遗弃他一样，可是这对他来说无效：让他游得越远，他似乎就越高兴。

尽管他懒散得惊人，却从来没有落下任何一次冒险和远足的机会。在一个伸手不见五指的雨夜，10点左右，我们在鲑鱼河港口登陆，这时的河面泛着粼光。鲑鱼在游弋，大量的鱼鳍汹涌澎湃，搅动着河流，所有的河流都泛起了银色的光芒，在黑檀般的夜里是多么奇妙，多么美丽，让人印象深刻。为了能更好地看到这样的美景，我带着一个印第安船员出海航行，把船开到急流的底部就是美景的中央，距离我们的营地大约有500米远。在这里，岩石间奔腾的急流使得这些光芒更加夺目。我不经意间回头向河流下游看去，看到印第安船员在抓几条鱼，鱼在挣扎。我看到一道长长的扇形的波光，如同彗星的尾巴，朝我们游来，我们猜想可能是某种奇怪的大生物在追赶，实际上是斯蒂金。一路上，他游出了一道漂亮的线，一路跟随，直到我们以为已经看见怪物的头和眼睛。可这不是什么怪物，不过是斯蒂金罢了，他发现我离开了营地，便跟着我游了过来，看看究竟发生了什么事。

每当我们扎营扎得比较早的时候，船员中的好猎手通常会到树林里去猎鹿，如果我没去的话，斯蒂金肯定会跟在这猎人后面。说来也怪，尽管我从不带枪，他却总是跟着我，跟着我东游西逛，从不跟着猎人甚至是他的主人。有些日子风雨太大无法航行，我就会根据我的研究需要，把时间花在树林里或者附近的山上。而斯蒂金一直坚持跟着我，不论天气多么糟糕，他都会像狐狸一样在滴水的越橘丛中，带刺的人参或沉静的、枝叶含露的悬钩子丛里穿行，在雪地里蹿来蹿去，滚来滚去，在冰水里游泳，在原木、岩石以及冰川的冰河裂缝间窜来窜去。他就像一个有耐心、有毅力的登山者一样，从来不知疲倦，也不会失去信心。有一次，我和他在冰川上穿行，冰面突起，崎岖不平，把他的脚划破了，所以每走一步都会留下血印，但他像印第安人一样，坚强地一路小跑地跟着我，直到我发现了他那带血的脚印。见状，我顿生怜悯，用手绢给他做了一双软帮鞋。可是，不论他遇到多么大的麻烦，他从来不会向人求助，也不会有一声抱怨。正如一位哲学家那样，他非常清楚，不认真工作，没有吃过苦，就不配拥有快乐。

可是，我们中没有一个人看得出斯蒂金到底适合做什么。当他面对危险和困难的时候，从来都不使用推理，只是坚持自己的做法，从来不服从命令，猎人从来都没有办法指使他去攻击什么目标，也无法指使他去取打到的猎物。他那恒定的淡定态度就像是由于缺乏感情造成的。一般情况下，暴风雨能让他愉快，而在只有雨的日子里，他的精神会像蔬菜一样旺盛。无论你有什么进展，

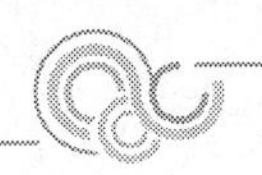

他都很难为你付出的努力瞥上一眼或者摇摇尾巴。他很明显就像冰山一样冷漠，对娱乐无动于衷，尽管如此，我还是千方百计地去熟悉他，推测在他那勇敢，耐心和热爱野外探险的表象下隐藏的可贵品质。那些在办公室里长大的退休的加那利犬或者斗牛犬，没有一只能够比得上这只毛发蓬松、清心寡欲的小侏儒的高贵和庄严。他让我不时地想起沙漠中那些矮小的、不可动摇的仙人掌。他从来不向我们展现出梗犬或牧羊犬般的活泼，没有喜欢被爱抚的倾向。大部分小狗都像小孩一样，喜欢被人爱，也接受别人的爱，而斯蒂金简直就像第欧根尼一样，只要求独处：像一个真正的野孩子那样，用天性的沉默和平静来保证隐居生活的平静基调。他坚强的性格隐藏在他的眼神里。他的眼睛看上去像山一样古老，却又是那么年轻，那么富有野性。我直视他那双眼睛，百看不厌：就像是看到了一处美丽的景象，很小但是很深邃，没有眼周打眼的皱纹，透露不出什么内情。我习惯了正面观察动植物，我对这个神秘莫测的小家伙的观察越来越敏锐，就好像是在做一个有趣研究一样。但是，我们的这个小家伙却蕴藏着难以估量的聪明才智，只有在丰富多彩的实践中才能表现出来，因为只有经历磨难，狗和圣人才能得到历练，变得完美。

我们对三达姆峡湾和塔口峡湾及其冰川勘察完毕以后，从史蒂芬海道航行进入琳恩运河，然后又穿过艾西海峡进入十字湾松得海峡，去寻找那些未开发的海湾，顺着海湾一路来到费尔韦瑟山脉冰原地区的大源头。当潮汐适合出航的时候，我们就会在一队来自冰川湾的冰山的陪伴下驶入海洋。我们围着温布尔顿温哥华岬缓慢滑行着，脆弱的小船就像一片羽毛，在波涛汹涌的海浪上摇摇晃晃地经过了斯宾塞角。有几千米，海浪撞击悬崖峭壁，声音在悬崖峭壁上回荡着，海浪的尽头直插云端，情况看起来十分危急。这里的悬崖峭壁像约塞米特的悬崖峭壁一样高不可攀，如果我们找不到登陆地点，我们的船就会被撞碎或者翻船，直接沉入深深的大海。我们心急如焚地扫视着北面的悬崖峭壁，希望看到第一个开阔的峡湾或者港口的标记，大家都心急火燎的，只有斯蒂金例外，他安详地打着盹，听到我们谈论悬崖峭壁的时候，睡眼蒙眬地看着这些数不尽的绝壁。最后，我们终于高兴地发现了一处水湾入口，现在那里叫作“泰勒湾”。我们大约5点抵达该湾流的前端，在一个大冰山前部附近的小云杉林里扎营。

我们安营扎寨，猎人乔爬上海湾东面的山墙寻找野山羊，我和杨则来到冰山上。我们发现这座冰山和水湾是分离的，被海潮冲上来的冰碛隔开，山上断断续续地出现很多障碍物，冰山的每一面都与水湾交汇，延伸大约3千米。但是，最有意思的发现是，虽然这座冰山最近又稍微后退了一点，却还是向前移动过。边缘上的一部分冰碛向前堆砌着，把树木连根拔起，东面的树木已经被完全覆盖了。大量树木都被撞倒掩埋，或者说差不多是这样；其余的树木也都偏离了冰山，东倒西歪的，就要倒下了；有些树仍然直立着，但是根部下面已经有了冰雪，而高耸的冰晶尖顶高出树冠。这些世纪老树挺立在冰壁附近，很多树枝都快要触到冰壁了，这样的奇观真是新奇少见，夺人眼球。我在前面向上爬着，距离西面的冰川只有很短的距离，我发现这些冰川一面前进，一面在增厚加宽，并且慢慢吞噬着海岸外围的树木。

在第一次考察结束后，我们回到营地，计划次日再进行一次更远、范围更广的远足。第二天，我早早就醒了，把我叫醒的不仅仅是整夜占据我脑海的冰山，还有那骤雨风暴。大风从北面刮来，大雨伴着云，激情澎湃地从地平线上像洪水般地飞来，好像只是路过这片乡野，而不是要降落在这里。连绵不断的溪流轰隆隆地拍打着岸边，后浪推着前浪，像大海一样怒吼着，水湾上那灰色的绝壁好像快要被白色的大小瀑布淹没了似的。我出发之前，本打算冲杯咖啡，吃点早饭的，但是听到暴风雨的声音，又向外看了看以后，就迫不及待地要去感受暴风雨，因为大自然最精彩的课程只有在暴风雨中才能觅得，只要谨慎小心地处理好与暴风雨的关系，我们就可以借助她的力量平安地走出这片荒野，欣赏她那宏伟壮丽的杰作及其形成的过程，与老诺斯曼人一起咏唱，“暴风雨的力量帮助我们划船，飓风也为我们服务，带我们去我们想去的任何地方。”为此，我省掉早餐，把一块面包放进口袋里便急匆匆地出发了。

杨和其他印第安船员都在睡觉，正如我所希望的，斯蒂金也在睡觉。可是，当我走出离他的帐篷没有几米远的时候，他就从床上跳起来跟着我走进了风雨，真烦人。人类喜欢暴风雨，喜欢他那令人兴奋的音乐和动作，去看大自然创造的奇迹，这个理由很充分了。可是这种恶劣的天气对狗来说有什么吸引力呢？肯定不会像人类那样激情澎湃地去看风景和考察地质。但不知道是什么原因，他还是来了，还没吃早饭，就穿行在这令人窒息的风暴中。我停下来，尽我所能地劝他回去。“喂，回去”，我喊道，尽可能让他在暴风雨中听到我的声音，“喂，回去，斯蒂金，你个傻瓜现在在想什么呢？你一定是疯了。这天气对你没什么好处。那里没有可以玩的地方，除了坏天气就是坏天气。回营地去，那里暖和，和你的主人一起吃美味的早餐，你就明智这么一次吧。我不可

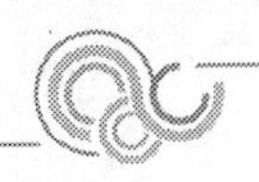

能整天带着你，也不可能喂你，这暴风雨会要你的命啊！”

可是，归根结底，这个问题上的真相就是：大自然对待人和狗似乎是一样的，让我们做她喜欢的事情，粗暴地推着我们，拉着我们沿着她的路前行，尽管这条路很难走，有时，在我们把她的教训当成耳旁风的时候，还可能马上杀了我们。我一次又一次地停下来，好心好意地冲着斯蒂金喊，给他建议，却发现根本甩不掉他，就像是地球无法甩掉月球一样。我曾经让他的主人身处险境，他掉到山上最高的一个裂口处，胳膊脱臼了。这次又轮到这个谦卑的小家伙啦。可怜的小家伙站在风里，浑身被雨水打透，闪着亮光，好像是在固执地说，“你去哪儿我就去哪儿。”我只好告诉他，非要来就跟着吧，然后从口袋里掏出一片面包给他吃。之后我们便一起奋斗，开始了我最难忘的一次野外之旅。

高水位的洪水使劲儿地拍打着我们的脸，冲刷着我们。我们在东边靠近冰山前部的小树林里找了一个地方避风，停下来喘口气，听着，观察着。我的主要目的是探查冰川，但是风太大了，我走不到开阔地带。暴风雨是个很好的研究课题，可是，那里的风太大，无法经过开阔地抵达那里，在保持平衡跨越冰川缝隙的时候，会遇到危险，人可能会被冲走。沿着我们所在的冰川边缘向下，有一块150米高的坚固岩石突然拱起，正在慢慢向前倾斜，掉进冰瀑里。由于暴风雨自北而来到达冰山上，我和斯蒂金正好在目前的风向的下面，这个位置刚好方便我们观看和倾听。暴风雨吟唱的赞美诗是多么美好，暴风雨的低吟浅唱是多么悦耳，雨水冲刷过的大地和叶子闻起来是多么清新！一股股气味和漩涡穿过树林，伴随着树枝、树叶和伤痕累累的树干分离的声音，还有头顶上岩石和崖壁碎裂的声音，那么多种轻柔低沉的音调，就像是长笛一般，每一片叶子，每一棵树，每一座峭壁和山顶都是和谐的音符。宽阔的急流从冰川的一侧流下，由于在山顶上汇入了新的溪流，此时的水流变大变宽了，挟裹着卵石沿着石头河道奔流而下，一路上发出或轻或重，或清脆或低沉的声音，带着巨大的能量奔向海湾，就像是赶着下山似的。山上和山下的水遥相呼应，最后流向他们的家园——大海。

从我们避风的地方朝南看去，急流和树木丛生的山壁在我们的左面，挂着冰壁的山崖在我们右面，我们前面是一片温和的灰暗。我试图在笔记本上把这绝妙的景色画出来，但是尽管我尽力遮挡笔记本，雨水还是模糊了笔记本上的画，最终这张素描几乎没有什么价值了。当风力减弱的时候，我开始靠近东面的冰川。树林边缘的树木的树皮全都掉了，树身伤痕累累，他们用最明显的方式向我们展示了冰川带来的痕迹。其中数以万计的树木，在冰川岸边已经挺立了几百年，有些已经被轧得粉碎，有些正在被轧得粉碎。我向下俯瞰，在许多地方，在15米左右，或者那些冰川壶穴边缘的下面，一些直径30 ~ 60厘米的树倒在地上，冰川将凸起的岩石肋拱和岸边的突出部分化为糨糊。

在冰川前部上方的5千米处，我爬了上去，用斧子给斯蒂金凿出一条路以便他通过。目力所及之处，在水平线，或者说接近水平线的地方，冰川在灰色的天空下不断地延伸，如同无边无际的冰雪草原。雨下个不停，天越来越冷，我毫不在意，但低垂的云层越来越昏暗，这是雪天的预兆，让我拿不定主意要不要走得更远。到西海岸去，没有看得见的路可走，一旦云飘过来，雪下起来，或者风刮得更猛烈，我们恐怕就会迷失在那些裂缝中。雪花，那是高山上的云彩之花，是娇嫩美丽的东西，但是当他们成群地在昏暗的暴风雪中飞舞，或者与到处是死亡裂缝的冰川合在一起的时候，会十分可怕。我一边观察着天气，一边在水晶海上漫步。走了一两千米，我发现这些冰面还是很安全的。那些边缘缝隙也十分窄，而那些相对宽一些的也可以绕过，很容易避开，而云层也已经开始向四面八方散开了。

见状，我受到了鼓舞，最终决定去对岸。因为大自然可以让我们去她想让我们去的任何地方。起初，我们行进得很快，天空也不是那样让人害怕，我时不时地辨别一下方位，用便携指南针进一步确定我们回去的路，以免暴风雪模糊视线。但冰川的结构线是我最主要的向导。我们一直朝西走，来到了一片裂缝不宽的地区，我们不得不走一些长长的羊肠小道，沿着裂缝的边缘横向或纵向地走，这些美丽而可怕的裂缝有6~9米，可能有300米深。在通过这些裂缝的时候，我十分小心，但斯蒂金却像漂浮的云一样身手矫健地跳来跳去。面对那些我能跳过去的最宽的裂缝，他停也不停，看都不看一眼就跳了过去。天气瞬息万变，冬日的昏暗中透出点点炫目的光。间或阳光会彻底冲破昏暗，一个海岸与另一个海岸之间的冰川，被一排排明亮的山峰团团围绕，若隐若现，云彩就像是他的衣裳，无数被洗刷过的冰晶闪烁出彩虹般的光芒，冰原闪闪烁烁，转瞬间大放光明。而后，这些美景又瞬间被笼罩在昏暗之中。

斯蒂金似乎不关心这些，无论光明还是黑暗，那些裂缝、冰井、冰川锅穴，还是他可能掉进去的发光的急流。对于他这样一条两岁大的探险小狗来说，没有什么是新鲜的，没有什么能吓得倒他。只是勇敢地一路小跑，好像冰川就是

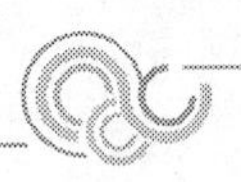

他的游乐场。他那强壮结实的身体好像是一块跳跃的肌肉，最让人惊喜的是，你看着他身手敏捷地飞跃那些1～2米宽的裂缝，让人神经紧张。他信心十足，好像是由于观察能力迟钝，也好像是出于初生牛犊不怕虎的勇敢。我一直提醒他要小心，因为我们多次野外旅行都一路同行，亲密无间，所以我养成了一个习惯，就是像是对男孩儿一样对他说话，我认为我说的话，他每一字每一句都能听得懂。

3个小时以后，我们到达了西岸，这里的冰川宽达11千米。然后我们一路北上，要赶在云层升起之前，尽可能远地看到费尔韦瑟山的尽头。森林边缘的路很好走，当然，这边也和另一边一样，树木被大量拱起的冰川擦得伤痕累累，甚至撞得粉碎。大约1个小时以后，我们经过了许多山岬，突然来到了冰川的一个支流的面前，在这里，一个3千米宽的宏伟冰川瀑布出现了，这个冰川瀑布正从西面的主要水湾边缘倾泻而下，表面被劈成浪花状的冰片和碎裂的障碍物，表明大河瀑布曾经重重地、狂野地从天而降，一头扎了下来。我沿着水流向下走了4～6千米，发现这个瀑布的水流进一个湖泊，给湖泊灌满了冰山。

我愉快地沿着湖泊的出口处到了海洋的潮汐所在，可是天色已晚，由于天气恶劣，我们不得不赶紧返回，在天黑前避开那些冰山。因此，我决定不再前行，再次通览了一遍这里的美景就踏上了归程，希望在天气好一点的时候还能再次看到。我们加快了速度，穿越大冰川溪流的峡谷，然后走出峡谷来到主要冰川上，直到离开了我们后面的西岸。我们来到了一个裂缝纵横难行的地方，而此时，云聚集起来了，起初下的是小雪，紧接着就是可怕的飞雪，雪下得又密又急。我急于在这让人视线模糊的风雪中找到一条出路。斯蒂金却没有表现出一丝一毫的恐惧，他还是那个少言寡语，干练的小英雄。不过，我注意到，在暴风雪的黑暗出现以后，他开始紧紧地跟在我后面。大雪让我们的速度加快，却也隐藏了我们返回的路。我以最快的速度，跳过了不计其数的裂缝，在那些混乱的裂缝和位移的冰障之间加速前行，直线行走了近21千米，实际旅程却在翻倍。经过了一两个小时的前行，我们来到了一片宽度让人生畏的纵向裂缝群。这些裂缝都几乎是直线的，走向整齐，像是巨大的地垄沟。在这样的路上，我小心翼翼地向前走，这样的危险让我既紧张又兴奋，劲头十足，我每跳一大步，都要在让人头晕目眩的裂缝边缘小心翼翼保持平衡，跳之前用脚刨出一个坑，以免滑倒，或者为了应对对岸任何不确定的因素，对岸有些地方只能跳一次，这既让人害怕，又令人鼓舞。斯蒂金跟着我，好像很轻松。

我们走了好几千米，主要向上和向下走，但是向前进的时候却很少。我们大部分时间都是在穿行，跳跃，而不是走路，为了避免遭遇危险，我们加快了速度，否则就要在恐怖的冰川上过夜了。斯蒂金似乎无所不能。毫无疑问，我们可以在风雪中度过一夜，在平坦的地方跳舞，以免冻死，对于这些天气变化，我丝毫没有类似绝望的感觉。但是我们现在饥寒交迫，从山上刮来的风依然很大，还夹杂着雪，我们感到刺骨的冰寒。因此，这一夜注定是十分漫长的一夜。在这种让人视线模糊的风雪里，我无法确定哪个方向风险最小。我间或从山间看到飘忽的昏暗云彩，一点也不令人鼓舞，既没有天气好转的迹象，也无法指明方向。我们只能继续在裂缝中摸索前进，依据冰川的构造确定一个大致的方向，可是这些冰川也不是随时随地都能看到的，有时候还要看风向。我一次又一次地鼓励着自己，斯蒂金却轻松自在地跟着我，随着危险的增多，他的胆量明显越来越大，意志越来越坚定，登山者遇到艰难险阻的时候也常常会这样。我们艰难地跑着，跳着，抓紧白天剩下的每一分钟，这时间虽然短暂，却弥足珍贵。我们顽强地向前进，希望我们所跨越的每道难以跨越的裂缝都是最后一个。但是事实正相反，我们越前进，发现裂缝就越来越难过，真要命。

最后，我们的路被一条又宽又直的裂缝挡住了。我迅速向北走了2千米左右，却没有发现一个容易通过的路口，一眼望去，也没有找到容易通过的路口的可能。然后，我往冰川下面走，发现下面连着另一个无法通过的裂缝。在这段大约3千米的路上，只有一个地方能跳过去，可这个宽度却是我勇气的极限。可是，到达对面那边太容易滑倒了，我不愿意冒险去尝试。我所在的这边要比另一边高出30厘米，尽管具备这样的条件，这个裂缝的宽度也相当危险。在这种情况下，因为通常这样的裂缝都很宽，人很容易做出错误的判断，低估裂缝的宽度。因此，我盯着自己站的这边，迅速地估算着裂缝的宽度，同时也查看着对面边缘的形状。最后我明白了，如果需要的话，我还是可以跳过去的。但是，如果我掉下去的话，我必须跳回到低的这一边。一个小心谨慎的登山者是不大可能向未知的地方踏出一步的，因为这么做危险万状，而且在去路被看不见的障碍挡住的时候，可能又无法返回原路。一个登山者要长命百岁，这是一个守则。尽管我们着急赶路，但是，在破局之前，我还是强迫自己坐下来冷静一下，好好考虑一下。

我的脑海里又勾勒出刚刚走过的那条迂回曲折的路，就像那路线已经跃然纸上，我意识到自己现在正在跨越的冰川比早上跨越过的冰川要远1～3千米。

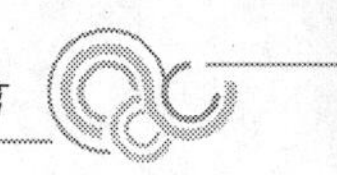

我现在所在的地方是我以前从来没有见过的。我是应该冒险一跳，还是返回到西岸树林，生一堆火，饿着肚子等待明天的到来？我已经走过了这么一片危险的宽阔冰原，我明白，现在要在天黑前顶风冒雪返回也不是容易的事，试着回到西岸森林的结果非常可能是在阴暗的夜晚舞蹈。如果我越过眼前的障碍，或许还能看到希望，也许东岸的距离与西岸一样近。因此，我决定继续前行，可是，这个裂缝确实是一个障碍，从这么宽的裂缝上跳过去确实令人毛骨悚然。

最后，由于那些危险已经在我身后，所以我决定去面对前方可能发生的危险。我跳了过去，成功着陆，但是可以回旋的空间却很小，我怕稍有差池就得跳回到原来的低处。斯蒂金跟着我，根本没把危险当回事。我们急忙向前跑，希望把所有的麻烦抛在脑后。可是，我们还没走出100米，就被一个最宽的，也是不曾见过的裂缝挡住了去路。我自然急急忙忙地去考察，希望能够用桥或者其他路线来补救。在上游1千米处，正如我担心的那样，我发现这个裂缝与我们刚刚越过的一个裂缝是连着的。然后，我向下游寻找，发现还是那条裂缝，只不过在更低处连接着，裂缝总共有15米左右。就这样，让我灰心丧气的是，我发现我们身处一个长3千米的狭长岛上，只有两条可能逃生的路：一条是沿原路返回，另一条前面的是几乎无法接近的裂桥，这座桥位于这座岛的中间，横跨一个巨大的裂缝！

有了这个让人心惊肉跳的发现以后，我跑到冰桥这边小心翼翼地勘察着。这个裂缝是由冰川不同部分的凸面运动拉伸变化形成的，只是在开裂初期形成了几个断层，窄到用随身带的小刀都插不进去，裂缝随着进一步拉伸和冰川的深度加深变得越来越宽。现在，一些断层被阻断了，就像树林里的断层，在开阔的地带，重叠冰层的末端被拉伸开来，两端之间还继续保持连接的状态，就像劈开树木中间断层，两端似断非断的样子。一些裂缝保持开放几个月甚至几年，当开放地带停止拉伸的时候，边缘不断地融化，致使它们之间的宽度不断增加。它们之间的裂桥，开始的时候在很高的地方很平衡，绝对安全；最后，会慢慢融化，变得很薄，直立着，如同刀刃一般，最上面的部分受天气的影响最大。由于中间部分暴露最多，它们最终就会变为弧形的向下形状，如同吊桥的绳索一般。显而易见，这座裂桥年代久远，因为经过风吹雨打，已经废弃，是我所走过的路中最危险、最难接近的桥。这里裂缝大约有15米宽，这座斜桥斜跨长度大约为20米，中间附近比冰川水平面低了7～9米，弧形两端连接在3米下的峭壁上。主要困难是从这里几乎垂直的墙壁上到冰桥上，还有到那边去，而这些困难似乎都是无法克服的。在我这么多年的爬山和穿越冰川的冒险生涯中，这次的形势似乎显而易见是最严峻、最残酷的。且不说这次的状况出现在我们浑身湿透，饥肠辘辘，急雪回风，天空昏暗，夜幕就要降临的时候，但我们不得不去面对，我们非做不可。

我们开始行动，但不是在裂桥下沉的那一端的上方，而是在略微向一边倾斜的地方，我在悬崖上凿了一个坑用来安放我的膝盖。接着，我俯下身来，用随身带的斧头在下面40～45厘米的地方凿出一个台阶，这是考虑到冰壁可能会变薄凿穿。不过，这个台阶凿得很成功，有一点向墙倾斜，正好可以别住我的脚后跟。之后，我慢慢地向下滑，尽量往低了蹲，让身体的左面贴着墙，用左手抠着墙上的槽口，在风中保持身体的稳定性，同时右手继续向下，又凿了一个类似的洞，避免因为斧子晃眼或者强风使身体失去平衡，因为每凿一次，每一次站稳脚跟，都生死攸关。

我到达桥的一头以后，又开始凿裂桥桥面，开出了一个15～20平方厘米的平面，在这么光滑的平面上，弓着身体，双腿岔开保持平衡，要安全通过这座桥。后来，穿行就相对容易了一些，只需小心翼翼地一下一下、一点一点切断锋利裂桥的边缘，每次蹒跚地前进几十厘米，膝盖贴着两侧保持平衡。我故意回避，不去看手两边巨大的深渊。对于我来说，这座蓝色裂桥的边缘当时就是整个世界。我开始一点点向前挪动，凿出新的小平台以后，这场探险中最困难的就是从能卡住的安全处叉着腿起身，在几乎垂直的峭壁上凿出阶梯——凿，爬，用脚和手指扒住凿开的缺口。在那种情况下，人的整个身体就是眼睛，常见的技能和毅力都被超乎我们想象的力量所替代。之前那么长时间，我从来没有感觉到这么害怕过。我是怎么爬上那个峭壁的，我自己都说不清楚，好像这件事情是别人做的。我从不轻视死亡，尽管在我探险的过程中，却经常感觉到，与其死于疾病或者下三滥的低地事故里，死于巍峨的高山或者冰川的中心更有福气。可是，我们心怀感激地确信我们几辈子的幸福已经足够，但是当最美的死亡，即将到来的死亡，冰清玉洁的死亡清楚明白地摆在我们面前的时候，我们也很难去面对。

但是可怜的斯蒂金，毛茸茸、诡诈的小家伙，小动物，想想他！ 当我决定冒险过桥的时候，当我在圆形的山脊上跪着凿坑的时候，他跟在我身后，把头探过我的肩头，向下看，向对面看，用他那神秘莫测的眼睛查看着裂桥和道路，之后用惊讶和关切的目光正视着我，开始咕哝，发出哀鸣，很明显好像在

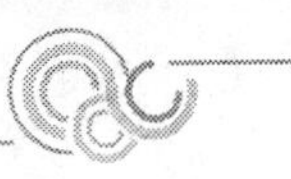

说，“你肯定不是要去那个可怕的地方吧。”这是我第一次看见他若有所思地盯着裂缝看，也是第一次看见他用急切的、焦虑的眼神看着我，表情是那么生动。他只看了一眼，就清楚地意识到了危险，表现出惊人的洞察力。在此之前，这个胆大妄为的小家伙从来不知道有冰面很滑或者那里有危险这回事。他开始抱怨和表达恐惧时的表情和声调那么像人，我下意识地安慰他，就像安慰一个吓坏了的小男孩，试着用一些能够缓解自己情绪的话去安慰他，去消解他的恐惧心理，“不要怕，我的孩子”，我说，“不容易归不容易，但我们就会安全通过的。在这个艰难时世，没有哪条正确的道路会好走，我们必须冒着生命的风险来保全生命。大不了我们滑下去，那样一来，我们会有一个多么宏伟的墓地啊，随着时间的推移，我们可爱的骨头对冰碛也会有好处的。”

但是我的说教却没有起到宽慰他的作用。他开始嚎叫，再次目光如炬地看了一眼巨大的海湾后，激动而绝望地跑了，去寻找其他路线。当他肯定是失望而归的时候，我已经向前挪了一两步。我不敢向后看，但是他的叫声我能听得到。当他看到我意已决，一定要从这里过去，他绝望地大声叫起来。这样的危险足以吓倒任何人，而他却能客观地估计和认识这一危险，这很奇妙。没有一个登山者能够迅速明智地判断出真正的危险与表面的危险之间的差别。

当我到达对岸后，他叫的声音更大了，还跑来跑去寻找其他逃生的路，却徒劳无功。他又回到桥上方裂缝的边缘，那哀嚎声是那么悲戚，就像正在经历痛苦前的死亡过程。这个时候能安静点吗，哲学家斯蒂金？我大声鼓励他，告诉他那座桥并没有看上去那么可怕，我已经给他开辟了平坦安全的道路，他可以轻而易举地通过。可是，他不敢去尝试，他或许在想自己这么小的小动物怎么能够克服这么巨大的恐惧，他的恐惧是以洞察力为基础的。我一遍又一遍地用鼓励的语气试图说服他过来，不要害怕，只要尝试就能做得到。他平静了一会儿，又向下看了看桥，信念坚定地喊着，似乎在说他绝不，绝不，绝不走这条路。之后，他绝望地仰面朝天地躺了下来，好像在嚎叫，“哦，这是什么鬼地方！不，我绝对不下去！”那与生俱来的镇静和勇气都彻底地消失在惊天动地的恐惧暴风雨中。如果没有那么危险，那么，他的痛苦看上去就会很可笑。但是，死亡的阴影就躺在在这阴沉、冷酷无情的深渊里，他那让人心碎的叫声似乎都能唤来上天的帮助。或许他确实唤来了上天的帮助。以往，他的感情都隐藏了起来，现在他表露无遗，你可以看到他的心理活动和思想动态，就像一块表打开了表壳。他的声音和动作，希望和恐惧，都跟人类一模一样，谁都不会误会，他似乎还能听懂我说的每一个词。一想到让他整夜都在野外，第二天还有找不到的危险，我就心如刀绞。让他冒险似乎是不可能的。为了强迫他试着承受被抛弃的恐惧，我躲藏在一个小丘的后面，做出一副要离开他，让他听天由命的样子。但是这一招却没有奏效，他只是坐下来彻底绝望了，痛苦地呻吟着。所以，我藏了几分钟后又重新回到裂缝边缘，用严厉的口吻冲他喊道，说我现在必须离开他，我不能再等了，如果他不过来，我能答应他的只能是明天再回来找他。我警告他，如果他回到树林里，就会被树林里的狼吃掉。最后，我又一次用语言和手势催促他快点过来，快点过来。

他非常清楚我的意思，最后，在绝望的逼迫下，他安静下来，屏住了呼吸，蹲在我安放我膝盖的那个洞的边缘，用身体抵住冰面，似乎是在利用每一根毛发的阻力，紧盯着第一步，把小脚聚拢在一起，慢慢地在边缘上滑动，慢慢地滑了下来，把4只脚聚拢在一起，几乎完全用头倒立着。之后，我透过风雪中看到，他没有抬起腿，而是一步一步用着相同的方法从一个台阶边缘下到另一个台阶的边缘，最后到达了桥边。接着，他就像钟表秒针摆动似地缓慢而有规律地抬起脚，好像在数着一二三，让自己在大风中保持稳定，每一小步都小心翼翼，慢慢地他来到了悬崖脚下，而我也跪着弯下身体伸出胳膊，好让他成功地跳到我的胳膊上。他在这里停了下来，死一般的寂静，这里也是我最害怕他掉下去的地方，因为狗最不擅长的就是向上爬。我手里没有绳子，如果我有绳子，我就能打一个索，套在他头上，把他拽上来。但是，当我正在思考能不能用衣服做一个索套时，他敏锐地看着我之前凿的一系列槽口台阶和手抓的地方，就好像在数有多少，在心里默记着每一个的位置似的。然后，他突然弹了上来，用爪子迅速钩住每个台阶和每个槽口，速度那么快，我都没有看清过程，他就嗖地越过我的头顶，最终安全到达！

这是多么壮观的场面啊！“干得好，干得好，小家伙！勇敢的小家伙！”我大叫道，试着去抓住他爱抚他，但是却抓不到。在此之前，以及在此之后，我从来没有见过他情绪上有大起大落，而此时他由深深的绝望转眼间便化为狂喜、洋洋得意和无法自控的欢乐。他极度疯狂地炫耀着，东奔西突，大喊大叫，像旋风中的树叶一般不停地翻跟头，转圈，让人头晕目眩。然后，他又躺下，打滚，侧翻身，咬尾巴，同时嘴里喷涌出大量激昂的歇斯底里的叫声、呜咽声、气喘吁吁的咕哝声。我朝他跑过去，摇晃着他，担心他激动得猝死，他却窜出了两三百米远，步伐快得看不清楚。而后，忽然转头向我飞奔，扑到我脸上，差

点把我扑倒在地，嘴里尖叫着，喊叫着，好像是在说，“得救啦，得救啦，得救啦！”然后，他又跑开了，突然脚在空中蹬了好几次，身体颤抖着，快要哭了。这样激动的情绪足以要他的命。摩西在渡过红海逃离埃及后唱庄严的胜利之歌的时候也没有他这么激动。这个木讷的小家伙，在这场生死攸关的骚乱中却表现出非凡的耐力，有谁能猜得到他会具备这样的能力呢？有谁知道这个小家伙能够高兴成这样呢？谁都会情不自禁地跟他一起呐喊欢呼的！

但是我没有什么其他办法来缓解他大喜大悲的情绪。于是我跑向前，声音冷冷地叫他，因为我们必须向前走，要他不要胡闹了，我们还有很长的路要走，天也快黑了。我们再也不怕类似的考验了。前面的冰原有成千上万个大裂缝，但它们都相当普通。劫后余生的喜悦像火一样在我们心中燃烧，我们不知疲惫地向前跑，每一块肌肉都在跳，都显示出无穷力量，让我们顿生自豪。斯蒂金用自己的方式越过每一个障碍，没到天黑他就恢复了正常，像狐狸那样小跑了。最终，我们看到了云雾弥漫的山，很快我们便发觉脚下出现了坚硬的岩石，我们安全了。之后我们开始感到虚弱了。危险已经没有了，我们的力气也快没有了。我们踉踉跄跄地在黑暗中从侧面跑下冰碛，越过卵石和树桩，穿过灌木丛，以及我们早晨避难的小树林的北美刺人参树树丛，越过最后一处冰碛平缓的斜坡。我们在10点左右到达营地，发现营地有一个大火堆和一顿丰盛的晚餐。一群胡纳印第安人前来拜访杨，给他带来了鼠海豚肉和野草莓。猎人乔猎到了一头野山羊。但是我们却躺下了，精疲力尽，吃不了太多，很快便睡着了，梦里焦虑不安。曾经有人说过，“工作越累，睡得越香。”他肯定没有体会过这种强度的劳累。斯蒂金在睡觉时保持着跳跃的姿势，嘴里咕咕地叫着，毫无疑问是梦到了自己还在裂缝的边缘；我也一样，从这天开始一直到以后很长时间，只要是特别累的时候，梦中就会情景重现。

从此以后，斯蒂金就像换了一条狗一样。在接下来的旅途中，他不再自己待着远离他人，而是经常躺在我身边，争取常常可以看到我。无论别人的食物多么诱人，都不会去接受，一小口都不吃，只吃我给的食物。到了晚上，篝火周遭一片寂静的时候，他就会来到我身边，头枕在我的膝上睡觉，脸上一副忠诚的表情，好像我是他的上帝。他常常看着我的眼睛，好像要说，“我们在冰川上共度的那段时光是不是糟透了？”

时隔多年，哪天都不能使阿拉斯加暴风雪的那一天在我心中黯然失色。当我写下这一天的时候，所有的一切都轰隆隆冲进我的脑海里，好像我又重新回到了当年。我又看到了那带着雨雪风暴飘飞的乌云，冰冷的树林上面是冰崖，是壮丽的冰川瀑布，白色山泉前面绵延着广阔的冰川地带，冰川的中心是巨大的裂缝，那是象征着死亡峡谷的阴影，低空的云彩在裂缝上方拖曳而行，大雪落在裂缝里。在裂缝的边缘，我看到了小斯蒂金，我听到了他求助的呼唤，还有喜悦的欢叫。我认识很多狗，我可以讲很多他们智慧忠诚的故事，但是没有一只像斯蒂金一样让我感激不尽。他最初是最没有前途，最不被看好的，是我最默默无闻的犬友，却突然成了他们当中最引人注目的。在风雪中，我们为了求生而战斗，让我发现了他，而通过他，就像通过一扇窗户，我从此带着更深刻的同情看待我所有的同类。

斯蒂金的朋友都知道他最后的结局。这一季节性的工作结束以后，我便离开去了加利福尼亚州，从此以后就再也没有见过这个亲爱的小家伙。在我一而再，再而三的询问下，他的主人写信回复我，说1883年的夏天，他在兰格尔堡被一个游客偷走了，之后被带上蒸汽船离开了。他的命运完全裹在谜里。毫无疑问，他已经离开了这个世界，越过最后一道裂缝去了另一个世界。但是，他是不会被忘却的。对于我来说，斯蒂金是不朽的。

阅读思考：狗与人的关系在理想中应该是怎样的？通过人与动物的关系，可以如何反思我们人类自己？

我和黑猩猩在一起[1]

珍·古道尔

珍·古道尔，著名动物学家，以对野生黑猩猩的开创性观察和研究而闻名。她热心投身于环境教育和公益事业，由她创建并管理的珍·古道尔研究会是著名民间动物保育机构，在促进黑猩猩保育、推广动物福利、推进环境和人道主义教育等领域进行了很多卓有成效的工作，由古道尔研究会创立的"根与芽"是目前全球最活跃的面向青年的环境教育计划之一。她曾多次来中国访问，支持中国的生态环境保护宣传教育工作。

在非洲，黑猩猩的数目正在减少。他们曾分布在25个国家，而现在，他们已经在4个国家消失了，而且在另外5个国家也正在消失，只有在特别中心的地带才能发现数目较多的群体，也就是在非洲大陆最后的一大块热带雨林里——喀麦隆和加蓬，扎伊尔和刚果。就是这些雨林也正在减少。有些是因为有钱人为了使自己更富有而出卖原木，其他的原因是当地人需要木材做燃料或盖房子，或者他们以这块土地谋生，放牧牛羊。越来越多的人口需要越来越多的土地。

另外，黑猩猩也正在被捕杀，用来食用，即使在不吃黑猩猩的国家里，雌黑猩猩也往往被杀害，猎人们抢走她们的孩子去卖，或当作宠物，或被送进动物园和马戏团，或是用来做医学研究。谁也不知道现在到底还有多少野生的黑猩猩，但不会超过25万只，你是不是觉得听上去还不少呢？算一算在像达拉斯、多伦多、伦敦或巴黎这样的城市里有多少人口，再算一算在小城市里生活的人口，然后再想想这25万只还不是都生活在一起，而是由于森林滥伐被分成很多小群体，这些群体的数量都不会超过150只，比如冈比。这很可怕，是不

① [英]珍·古道尔.和黑猩猩在一起[M].卢伟译.北京：科学出版社，2000.

是？因为像这样小的群体一般都不能存活太久，即使是受保护也无济于事。他们会开始近亲繁殖，就是在近亲间交配和生育。一旦这样的事件发生，群体会马上变得脆弱，容易患各种疾病，只要流行两三种传染病，那么很快，整个群体就灭绝了。

大约10年前，我开始走访还有黑猩猩存活的国家，去了解实际情况，然后看看我能做些什么。走的地方越多，我就越意识到情况的恶劣，有时简直是绝望的。这种状况还不仅仅是指黑猩猩和其他森林里的动物，也包括当地人民的生活状况。

热带雨林被砍伐后，在短时间内，土壤很肥沃，庄稼长起来了，牛和羊有充足的草料，产出大量的牛奶、肉类和幼畜，但过不了几年，土壤中的养分都流失了，庄稼长不好，动物也越来越瘦，最坏的是，没有树木的保护，土壤很快就被暴雨冲走了，不久，就只剩下光秃秃的石头了，寸草不生。江河湖泊被雨水冲下来的土淤塞，鱼类也死了。最终，原先美丽的绿色森林变成了一片沙漠，人类和动物一样都将面临死亡。

既然如此，为什么当地的人们还要砍树呢？他们傻吗？如果我们懂得森林被毁后会变成沙漠，他们难道就不懂吗？实际上，他们对此也很清楚，农民是最了解土地的。在古时候，有充足的土地，因为那时没有现在这么多的人，他们不需要砍树。他们可以不断地搬到新地方去住，等他们走后，树木可以重新再长起来。

如今人们却不能这么做，因为已经再没有地方可去了。就是因为我们人太多，如果不砍树，他们就没法种庄稼和放牧，他们又穷得没有钱去买食物，实在是别无选择，是不是？

砍树的还不仅仅是农民。政客们把大片的森林卖给木材公司，因为他们的国家需要这些钱。但可悲的是，政客们往往并不诚实，很多本该帮助穷人的钱都被政客们贪污了。

我希望有一天，富足的国家不再从贫穷国家手里购买热带雨林的木材，我们当然可以用别的木头来做家具。如果非洲、亚洲和南美的国家通过森林旅游赚的钱能多于出卖森林所赚的钱，那前景就会好得多了。

那么还有打猎呢？西非和中非的很多国家的人们很喜欢吃“丛林动物”。早期，猎人去打猎仅仅是为了喂饱自己的家人，或是他的村里人，但现在，他尽量猎杀得越多越好，把肉切好、晒干或熏制后装在卡车里运到城市里。捕杀

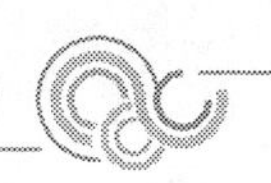

黑猩猩是非法的，他们是濒危动物。但等你把肉都切成一块一块的，还有谁会在意那都是什么肉呢？ 每年仅因肉制品的贸易就使上千的动物被捕杀。

在这些国家，野生动物生存的唯一希望是他们正在迅速消失，以至于很难被人找到。猎人们抱怨说他们必须要走到越来越远的森林深处才能捕到猎物。所以，如果能够引起人工饲养家禽业，那么至少现在幸存的这些野生动物还能有一线希望。

偷猎者在捉到小黑猩猩后就设法把他们当宠物卖掉，我永远也忘不了在中非的一个旅游市场上，第一次看到一只可怜的被卖的小黑猩猩的情景。一根绳子把他捆得结结实实，头都贴到铁笼子的顶，他蜷成一团，我走近他，看见他热得直出汗，他的眼睛呆滞地看着天空，看上去活不了多久了。

面对着他，我轻轻地模仿黑猩猩见面时问候的喘气声招呼了他一声，令我惊奇的是，这小孤儿一下子坐起来，看着我，欠起身来要摸我的脸。

我该怎么办？ 如果我把他买下来，猎人们就会去想办法捉更多的小黑猩猩来卖。但，看到了他的表示，那个求救的表情，我怎么能扔下他不管呢？

我去找美国大使，我们一起给环境部长打电话。当地法律规定，没有许可证捕杀和贩卖黑猩猩是违法的，但从来没人管，这个法律从来就没有执行过。好在部长答应帮我们救这只黑猩猩，甚至还带了一个警察和我们一起回来。他们释放了这个小婴儿，我用刀子把绳子砍断：他自由了。

但他病得很重，又恐惧又伤心，身上还有短枪的子弹。幸亏我们刚认识了格拉西亚·考特曼女士，她可真是个好人，她答应尽力照顾简（我们给他起的名字），使他康复。她做到了。随着更多的小孤儿们被没收，格拉西亚的孤儿之家越来越壮大了。

现在，格拉西亚在中非的刚果照顾着48只黑猩猩孤儿。克诺克是一家石油勘探公司，同意出资为黑猩猩们建立一个大型庇护所：一块用电网隔离出来的森林，被称作齐伯嘎庇护所，是用附近村庄的名字命名的。我们永远不能把这些黑猩猩孤儿再放归自然，原因之一是他们需要母亲教会他们在森林中如何生存；原因之二是野生的黑猩猩们很可能会杀死他们，你大概还记得冈比的黑猩猩是怎么袭击入侵者的；还因为我们的小孤儿们根本就不怕人，他们很可能会游荡到村子里去，他们的个头太大，会对人们构成危险。但至少在庇护所里，他们可以自由地爬树，有充足的食物吃，而最重要的是，可以没有恐惧地生活。

格拉西亚和四个刚果人组成的小组做了大量的工作。当新的黑猩猩被没收时需要很多的照料，还需要药品和牛奶，但他们最需要的是爱。一旦克服了恐惧并恢复了健康，他们就可以去和其他的黑猩猩一起玩了。

庇护所里一共有三个群体，最大的一群每天都要到庇护所里的森林里活动，数量少的那群比较年轻，他们每天被带到庇护所附近的一块森林里，在一个管理员的看护下活动，最小的一组小家伙们还在用奶瓶吃奶，也出去玩，由另一名管理员带着，练习爬爬小树什么的。

森林里有可以吃的果子和树叶，但我们还是要给他们提供食物，每天三次。看着四十来个年轻的黑猩猩聚集在饲养员周围，等着早晨的牛奶或是晚上的米饭团子可真是个奇观。两餐之间还有水果吃。

在齐伯嘎庇护所的周围有一些美丽的自然村落，政府已经同意把它们划入自然保护区，那里也有些野生的黑猩猩，但数目不多。我们跟这个地区所有村子的头儿都谈过了，他们同意与我们合作，作为回报，我们从他们的村子里雇佣工作人员，买他们的果实和蔬菜，收购他们采集的野果子，我们还为他们修建了校舍和诊所。我们希望能有游客来这儿游览，参观我们的庇护所，在保护区里游玩，这能给这个地区带来更多的收入。这也是保护现存的野生动物的最好的办法。

所有这48只黑猩猩都独具个性，也都各有一段辛酸史，当然，也都有自己的名字。他们有些是被人当宠物买走养着，等长得太大时，由于对周围有潜在的危险，不能再继续住在一起而交给我们的，这些黑猩猩通常是在五到七岁之间。

经历最离奇有趣的要算是瑞奇了。她曾被一个刚果人买走，那人很喜欢她，和她一起住在家里，可每当主人出远门时，可怜的瑞奇就被关在门外，因为家里的其他成员并不喜欢她。

瑞奇只有两岁，正需要一个有责任心的照顾者给她关爱和安全感，结果，她接近唯一的“候选人”——亨利，一只个头中等的粗毛狗，他也是被关在门外。

有趣的是，亨利“收养”了瑞奇。她睡觉时蜷在他身边，一只手搭在他身上，当他到布拉萨威亚周围游荡时，就让瑞奇骑在他背上一起走。

最后，她的主人回来了，我们说服他在瑞奇长大以前，把她送到我们的庇护所来（他们来得越晚，就越难融入这个群体）。瑞奇一切都挺好，可我开始不

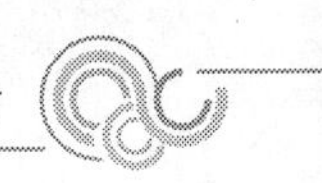

放心可怜的亨利会孤零零地留下，好在他的主人是个好人，当格拉西亚对他解释我的疑虑时，他答应再给他找个伴，当然，这次是另一只狗。

我们也在布隆迪、乌干达，最近开始在坦桑尼亚收养和照顾黑猩猩的孤儿。在肯尼亚，我们新建了个很大的庇护所。很多孤儿都是在中非的扎伊尔捕获的，这个国家面临着太多的政治和经济危机，政府部门几乎无力来执行任何野生动物保护的法律和法规。

在我们庇护所生活的黑猩猩很幸运，而被卖给动物贩子的小婴儿们的命运就不同了，这些动物贩子可真是一群恶人，他们靠众多的动物的痛苦赚钱。黑猩猩被关的地方条件实在太差了，很多都死了。在大部分非洲国家，出口黑猩猩是违法的，所以那些动物贩子就把他们装在小盒子里走私，没有任何标签，很多黑猩猩都死在途中了。

活下来的黑猩猩的命运又如何呢？有些被动物园买走，特别是那些富有的阿拉伯人有收集野生动物的习惯；有些被卖到马戏团里接受训练，这些训练往往是很凶残的。首先，黑猩猩们要先学会听话，一般是通过用金属棒抽打来达到这个目的，在他们知道害怕驯兽员后，才被迫穿上并不合身的衣服去耍那些愚蠢的把戏，日复一日。他们在广告业中的遭遇也大致如此。

有些黑猩猩被当作宠物来卖。在小时候，他们真可以像人的小宝贝一样，人的孩子能做的事情，他们大多也能做，有些还能做得更好，像爬到家具上或在布帘上荡来荡去。但是，就像我前面说过的，等他们长到5~7岁时就不能再跟人类一起生活了，这太不安全了。

那他们的命运又如何呢？他们以为自己是人，根本不知道怎么去和其他黑猩猩打交道。即使最后他们能学会，也需要很长时间，大多数的动物园都不会接受他们，所以，大多数的最终结局是被送到医学实验室，很多马戏团里的黑猩猩的结局也是如此。

由于黑猩猩的身体与我们人类很相似，他们也会得和我们一样的病。所以，几百只黑猩猩在医学实验室里被用于做各种试验，科学家们希望通过他们为人类找到治愈疾病的办法和疫苗。但问题是这些黑猩猩总是被人们虐待（像其他实验室的动物一样），那些人根本就不理解黑猩猩在和我们患同样疾病的同时，也和我们人类有同样的感受痛苦的能力。他们被孤独地关在狭小的笼子里，既没有软些的东西可以坐，也没有什么玩的东西，受伤时也没有任何人来安慰和抚爱他们。如果你这样对待一个人，他肯定会发疯的，同样，黑猩猩也会发疯的。

也许很快会有一天，科学家们不再需要用动物来做药品试验或人类疾病的研究，他们的聪明才智使他们可以用其他方式来做研究。但在此之前，我们必须马上采取措施，使正在被使用的黑猩猩们能住得好一些，得到的照顾多一些，给他们更多的尊重和更多的爱。

对我来说，走进实验室去看那里的黑猩猩是件很痛苦的事，但为了帮助他们，我必须这么做：我要用自己的眼睛去看看究竟发生了什么事，很多时候你听到的二手消息是不真实的。

我参观的第一个实验室是最糟的。小黑猩猩们被关在笼子里，笼子是在一个像微波炉似的铁盒子里，这是为了防止黑猩猩之间的细菌感染，也为了防止人和黑猩猩的相互传染。我简直不能相信人类会这样对待黑猩猩。我去与负责人、与所有的工作人员谈，我给他们看黑猩猩在野外生活的幻灯片和电影，希望他们能理解为什么我会这么气愤和失望。后来我在整个非洲大陆做报告时，每次都要提到我在那家实验室所看到的情形。

幸运的是，那个在此之前对黑猩猩一无所知的负责人听取了我的建议，他意识到这样对待黑猩猩是不对的，并决定筹集资金，把笼子扩大很多，还给小黑猩猩一些玩具和可用来爬树的器械。最好的是，他开始把他们成对地关在一起。你看，情况在好转，但太慢了，远不够快，我们要做的事情太多了。

阅读思考：黑猩猩的生存受到了什么威胁？

禽兽为邻①

亨利·戴维·梭罗

亨利·戴维·梭罗，美国作家、哲学家，超验主义代表人物，自然主义者。有著作多种，本文即选自其最有代表性的《瓦尔登湖》一书。《瓦尔登湖》是梭罗在瓦尔登湖林中2年多的生活和思想纪录，也是作者在回归自然的生活实验中的种种体验和思考的记述，其中对自然的描写体现着作者的博物情怀。

有时，我有一个钓鱼的伴侣，他从城那一头，穿过了村子到我的屋里来。我们一同捕鱼，好比请客吃饭，同样是一种社交活动。

（隐士）我不知道这世界现在怎么啦。3个小时来，我甚至没听到一声羊齿植物上的蝉鸣。鸽子都睡在鸽房里，它们的翅膀都不扑动。此刻，是否哪个农夫的正午的号角声在林子外面吹响了？雇工们要回来吃那煮好的腌牛肉和玉米粉面包，喝苹果酒了。人们为什么要这样自寻烦恼？人若不吃不喝，可就用不着工作了。我不知道他们收获了多少。谁愿意住在那种地方，狗吠使得一个人不能够思想？啊，还有家务！还得活见鬼，把铜把手擦亮，这样好的天气里还要擦亮他的浴盆！还是没有家的好，还不如住在空心的树洞里，也就不会再有早上的拜访和夜间的宴会！只有啄木鸟的啄木声。啊，那里人们蜂拥着；那里太阳太热；对我来说，他们这些人世故太深了。我从泉中汲水，架上有一块棕色的面包。听！我听到树叶的沙沙声。是村中饿慌了的狗在追猎？还是一只据说迷了路的小猪跑到这森林里来了？下雨后，我还看见过它的脚印呢。脚步声越来越近了，我的黄栌树和多花蔷薇在颤抖了——呃，诗人先生，是你吗？你觉得今天这个世界怎么样？

① [美]亨利·戴维·梭罗.瓦尔登湖[M].徐迟译.长春：吉林人民出版社，1997.

（诗人）看这些云，如何的悬挂在天上！ 这就是我今天所看见的最伟大的东西了。在古画中看不到这样的云，在外国也都没有这样的云——除非我们是在西班牙海岸之外。这是一个真正的地中海的天空。我想到，既然我总得活着，而今天却没有吃东西，那我就该去钓鱼了。这是诗人的最好的工作。这也是我唯一懂得的营生。来吧，我们一起去。

（隐士）我不能拒绝你。我的棕色的面包快要吃完了。我很愿意马上跟你一起去，可是我正在进行一次严肃的沉思，我想很快就完了。那就请你让我再孤独一会儿。可是，为了免得大家都耽误，你可以先掘出一些钓饵来。这一带能作钓饵的蚯蚓很少，因为土里从没有施过肥料，这一个物种几乎绝种了。挖掘鱼饵的游戏，跟钓鱼实在是同等有趣的，尤其肚皮不饿的话，这一个游戏今天你一个人去做吧。我要劝你带上铲子，到那边的落花生丛中去挖掘。你看见那边狗尾草在摇摆吗？ 我想我可以保证，如果你在草根里仔细地找，就跟你是在除败草一样，每翻起三块草皮，你准可以捉到一条蚯蚓。或者，如果你愿意走远一些，那也不是不聪明的，因为我发现钓饵的多少，恰好跟距离的平方成正比。

（隐士独白）让我看，我想到什么地方去了？ 我以为我是在这样的思维的框框中，我对周围世界的看法是从这样的角度看的？ 我是应该上天堂去呢，还是应该去钓鱼？ 如果我立刻可以把我的沉思结束，难道还会有这样一个美妙的机会吗？ 我刚才几乎已经和万物的本体化为一体，这一生中我还从没有过这样的经验。我恐怕我的思想是不会再回来的了。如果吹口哨能召唤它们回来，那我就要吹口哨。当初思想向我们涌来的时候，说一句：我们要想一想，是聪明的吗？ 现在我的思想一点痕迹也没有留下来，我找不到我的思路了。我在想的是什么呢？ 这是一个非常朦胧的日子。我还是来想一想孔夫子的三句话，也许还能恢复刚才的思路。我不知道那是一团糟呢，还是一种处于抽芽发枝状态的狂喜。备忘录，机会是只有一次的。

（诗人）怎么啦，隐士，是不是太快了？ 我已经捉到了13条整的，还有几条不全的，或者是太小的，用它们捉小鱼也可以，它们不会在钓钩上显得太大。这村子的蚯蚓真大极了，银鱼可以饱餐一顿而还没碰到这个穿肉的钩呢。

（隐士）好的，让我们去吧。我们要不要到康科德去？ 如果水位不太高，就可以玩个痛快了。

为什么恰恰是我们看到的这些事物构成了这个世界？ 为什么人只有这样

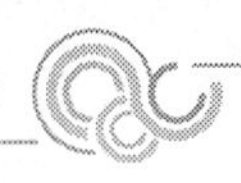

一些禽兽做他的邻居？好像天地之间，只有老鼠能够填充这个窟窿。我想皮尔贝公司[①]的利用动物，是利用得好极了，因为那里的动物都负有重载，可以说，是负载着我们的一些思想的。

常来我家的老鼠并不是平常的那种，平常的那种据说是从外地带到这野地里来的，而常来我家的却是在村子里看不到的土生的野鼠。我寄了一只给一个著名的博物学家，他对它产生了很大的兴趣。还在我造房子时，就有一只这种老鼠在我的屋子下面做窝了，而在我还没有铺好楼板，刨花也还没有扫出去之前，每到午饭时分，它就到我的脚边来吃面包屑了。也许它从来没有看见过人，我们很快就亲热起来，它驰奔过我的皮鞋，而且从我的衣服上爬上来。它很容易就爬上屋侧，三下两窜就上去了，像松鼠，连动作都是相似的。到后来有一天我这样坐着，用肘子支在凳上，它爬上我的衣服，沿着我的袖子，绕着我盛放食物的纸不断地打转，而我把纸拉向我，躲开它，然后突然把纸推到它面前，跟它玩躲猫儿。最后，我用拇指与食指拿起一片干酪来，它过来了，坐在我的手掌中，一口一口地吃了它之后，很像苍蝇似地擦擦它的脸和前掌，然后扬长而去。

很快就有一只美洲鹟来我屋中做巢；一只知更鸟在我屋侧的一棵松树上巢居着，受我保护。6月里，鹧鸪这样怕羞的飞鸟，带了它的幼雏经过我的窗子，从我屋后的林中飞到我的屋前，像一只老母鸡一样咯咯咯地唤她的孩子们，她的这些行为证明了她是森林中的老母鸡：你一走近它们，母亲就发出一个信号，它们就一哄而散，像一阵旋风吹散了它们一样。鹧鸪的颜色又真像枯枝和败叶，经常有些个旅行家，一脚踏在这些幼雏的中间，只听得老鸟拍翅飞走，发出那焦虑的呼号，只见它扑扑拍动的翅膀，为了吸引那些旅人，不去注意他们的前后左右。母鸟在你们面前打滚，打旋子，弄得羽毛蓬松，使你一时之间不知道它是怎么一种禽鸟了。幼雏们宁静而扁平地蹲着，常常把它们的头缩入一张叶子底下，什么也不听，只听着它们母亲从远处发来的信号，你就是走近它们，它们也不会再奔走，因此它们是不会被发觉的。甚至你的脚已经踏上了它们，眼睛还望了它们一会儿，可是还不能发觉你踩的是什么。有一次我偶然把它们放在我摊开的手掌中，因为它们从来只服从它们的母亲与自己的本能，一点也不觉得恐惧，也不打抖，它们只是照旧蹲着。这种本能是如此之完美，

① 一家出版寓言书的出版公司。

有一次我又把它们放回到树叶上，其中有一只由于不小心而跌倒在地了，可是我发现它，十分钟之后还是和别的雏鸟一起，还是原来的姿势。鹧鸪的幼雏不像其余的幼雏那样不长羽毛，比起小鸡来，它们羽毛更快地丰满起来，而且更加早熟。它们睁大了宁静的眼睛，很显著地成熟了，却又很天真的样子，使人一见难忘。这种眼睛似乎反映了全部智慧，不仅仅提示了婴孩期的纯洁，还提示了由经验洗练过的智慧。鸟儿的这样的眼睛不是与生俱来的，而是和它所反映的天空同样久远。山林之中还没有产生过像它们的眼睛那样的宝石。一般的旅行家也都不大望到过这样清澈的一口井。无知而鲁莽的猎者在这种时候常常枪杀了它们的父母，使这一群无辜的幼雏成了四处觅食的猛兽或恶鸟的牺牲品，或逐渐地混入了那些和它们如此相似的枯叶而同归于尽。据说，这些幼雏要是由老母鸡孵出来，那稍被惊扰，便到处乱走，很难幸免，因为它们再听不到母鸟召唤它们的声音。这些便是我的母鸡和幼雏。

惊人的是，在森林之中，有多少动物是自由而奔放地，并且是秘密地生活着的，它们在乡镇的周遭觅食，只有猎者才猜得到它们在那儿。水獭在这里过着何等僻隐的生活啊！他长到1米长，像一个小孩子那样大了，也许还没有被人看到过。以前我还看到过浣熊，就在我的屋子后面的森林中，现在我在晚上似乎依然能听到它们的嘤嘤之声。通常我上午耕作，中午在树荫之下休息一两个小时，吃过午饭，还在一道泉水旁边读读书，那泉水是离我的田地500米远的勃立斯特山上流下来的，附近一个沼泽地和一道小溪都从那儿发源。到这泉水边去，得穿过一连串草木蓊蔚的洼地，那里长满了苍松的幼树，最后到达沼泽附近的一座较大的森林。在那里的一个僻隐而荫翳的地方，一棵巨大的白松下面有片清洁而坚实的草地，可以坐坐。我挖出泉水，挖成了一口井，流出清冽的银灰色水流，可以提出一桶水，而井水不致混浊。仲夏时分，我几乎每天都在那边取水，湖水太热了。山鹬把幼雏也带到这里，在泥土中找蚯蚓，又在幼雏之上大约30厘米的地方飞，飞在泉水之侧，而幼雏们成群结队在下面奔跑。可是后来它看到我，便离了它的幼雏，绕着我盘旋，越来越近，只有1米左右的距离了，装出翅膀或脚折断了的样子，吸引我的注意，使我放过他的孩子们，那时它们已经发出微弱、尖细的叫声，照了她的指示，排成单行经过了沼泽。或者，我看不见那只母鸟，但是却听到了它们的细声。斑鸠也在这里的泉水上坐着，或从我头顶上面的那棵柔和的白松的一根丫枝飞到另一丫枝；而红色的松鼠，从最近的树枝上盘旋下来，也特别和我亲热，特别对我好奇。不需在山

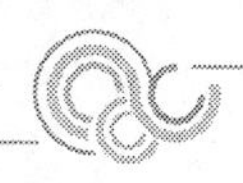

林中的一些风景点坐上多久，便可以看见它的全体成员轮流出来展览它们自己。

我还是目睹比较不平常的一些事件的见证人。有一天，当我走出去，到我那一堆木料，或者说，到那一堆树根去的时候，我观察到两只大蚂蚁，一只是红的，另一只大得多，几乎有1厘米长，是黑色的，正在恶斗。一交手，它们就谁也不肯放松，挣扎着、角斗着，在木片上不停止地打滚。再往远处看，我更惊奇地发现，木片上到处有这样的斗士，看来这不是决斗，而是一场战争，这两个蚁民族之间的战争，红蚂蚁总跟黑蚂蚁战斗，时常还是两个红的对付一个黑的。在我放置木料的庭院中，满坑满谷都是这些迈密登[1]。大地上已经满布了黑的和红的死者和将死者。这是我目击的唯一的一场战争，我曾经亲临前线的唯一的激战犹酣的战场，自相残杀的战争啊，红色的共和派在一边，黑色的帝国派在另一边。两方面都奋身参与殊死之战，虽然我听不到什么声音，人类的战争还从没有打得这样坚决过。我看到在和丽阳光下，木片间的小山谷中，一双战士死死抱住不放开，现在是正午，它们准备酣战到日落，或生命消逝为止。那小个儿的红色英豪，像老虎钳一样地咬住它的仇敌的脑门不放，一面在战场上翻滚，一面丝毫不放松地咬住了它的一根触须的根，已经把另一根触须咬掉了；那更强壮的黑蚂蚁呢，却把红蚂蚁从一边到另一边地甩来甩去，我走近一看，它已经把红蚂蚁的好些部分都啃去了，它们打得比恶狗还凶狠。双方都一点也不愿撤退。显然它们的战争的口号是“不战胜，毋宁死”。同时，从这山谷的顶上出现了一只孤独的红蚂蚁，它显然是非常激动，要不是已经打死了一个敌人，便是还没有参加战斗，大约是后面的理由，因为它还没有损失一条腿，它的母亲要它拿着盾牌回去，或者躺在盾牌上回去。也许它是阿基里斯式的英雄，独自在一旁光火着，现在来救它的普特洛克勒斯，或者替它复仇来了。它从远处看见了这不平等的战斗，因为黑蚂蚁大于红蚂蚁将近一倍，于是它急忙奔上来，直到它离那一对战斗者只剩几厘米的距离，于是，它瞅准了下手的机会，便扑向那黑色斗士，从它的前腿根上开始了它的军事行动，根本不顾敌人反噬它自己身上的哪一部分。于是三个蚂蚁为了生命纠缠在一起了，好像发明了一种新的胶合力，使任何铁锁和水泥都比不上它们。这时，如果看到它们有各自的军乐队，排列在比较突出的木片上，吹奏着各自的国歌，以激励那些落在后面的

---

① 希腊神话中跟随阿基里斯去特洛伊作战的塞萨利人。

战士，并鼓舞那些垂死的战士，我也会毫不惊奇了。我自己也相当激动，好像它们是人一样。你越研究，越觉得它们和人类并没有什么不同。至少在康科德的历史中，暂且不说美国的历史了，自然是没有一场大战可以跟这一场战争相比的，无论从战斗人员的数量来说，还是从它们所表现的爱国主义与英雄主义来说。论人数与残杀的程度，这是一场奥斯特利茨之战[①]，或一场德累斯顿之战[②]。康科德之战算什么！ 爱国者死了两个，而路德·布朗夏尔受了重伤！啊，这里的每一个蚂蚁，都是一个波特利克，高呼着——“射击，为了上帝的缘故，射击！”而成千生命都像台维斯和霍斯曼尔的命运一样。这里没有一个雇佣兵。我不怀疑，它们是为了原则而战争的，正如我的祖先一样，不是为了免去三便士的茶叶税，至于这一场大战的胜负，对于参战的双方，都是如此之重要，永远不能忘记，至少像我们的邦克山之战[③]一样。

我特别描写的三个战士在同一张木片上搏斗，我把这张木片拿进我的家里，放在我的窗槛上。罩在一个大杯子下面，以便考察结局。用了显微镜，先来看那最初提起的红蚂蚁，我看到，虽然它猛咬敌人前腿的附近，又咬断了它剩下的触须，它自己的胸部却完全给那个黑色战士撕掉了，露出了内脏，而黑色战士的胸铠却太厚，它没法刺穿，这受难者的黑色眼珠发出了只有战争才能激发出来的凶狠光芒。它们在杯子下面又挣扎了半小时，等我再去看时，那黑色战士已经使它的敌人的头颅同它们的身体分了家，但是那两个依然活着的头颅，就挂在它的两边，好像挂在马鞍边上的两个可怕的战利品，依然咬住它不放。它正企图作微弱的挣扎，因为它没有了触须，而且只存一条腿的残余部分，还不知受了多少其他的伤，它挣扎着要甩掉它们。这一件事，又过了半个小时之后，总算成功了。我拿掉了玻璃杯，它就在这残废的状态下，爬过了窗槛。经过了这场战斗之后，它是否还能活着，是否把它的余生消磨在荣誉军人院中，我却不知道了，可是我想它以后是干不了什么了不起的活儿的了。我不

---

① 1805年12月初，拿破仑在奥斯特利茨一战中，消灭俄奥联军三万余，使第三次反法联盟解体。

② 1813年拿破仑在德累斯顿之战中战胜反法联盟。

③ 1775年6月17日，英军在波士顿附近的邦克山发动进攻。由美国农民、工人、渔民、白奴等两万人组织起来的志愿民兵队，在自由之子社的领导下英勇迎击，一天之内击退英军三次冲锋，重创敌军。

知道后来究竟是哪方战胜的，也不知道这场大战的原因，可是后来这一整天里我的感情就仿佛因为目击了这一场战争而激动和痛苦，仿佛就在我的门口发生过一场人类的血淋淋的恶战一样。

柯尔比和斯班司告诉我们，蚂蚁的战争很久以来就备受称道，大战役的日期也曾经在史册上有过记载，虽然据他们说，近代作家中大约只有胡勃[①]似乎是目击了蚂蚁大战的。他们说，“依尼斯·薛尔维乌斯曾经描写了，在一枝梨树树干上进行的一场大蚂蚁对小蚂蚁的异常坚韧的战斗以后”，接下来添注道：“‘这一场战斗发生于教皇攸琴尼斯第四[②]治下，观察家是著名律师尼古拉斯·毕斯托利安西斯，他很忠实地把这场战争的全部经过转述了出来。’还有一场类似的大蚂蚁和小蚂蚁的战斗是俄拉乌斯·玛格纳斯记录的，结果小蚂蚁战胜了，据说战后它们埋葬了小蚂蚁士兵的尸首，可是对它们的战死的大敌人则曝尸不埋，听任飞鸟去享受。这一件战史发生于克利斯蒂恩第二[③]被逐出瑞典之前。”至于我这次目击的战争，发生于波尔克总统[④]任期之内，时间在韦勃司特制订的逃亡奴隶法案[⑤]通过之前五年。

许多村中的牛，行动迟缓，只配在储藏食物的地窖里追逐乌龟，却以它那种笨重的躯体来到森林中跑跑跳跳了，它的主人是不知道的，它嗅嗅老狐狸的窟穴和土拨鼠的洞，毫无结果。也许是些瘦小的恶狗给带路进来的，它们在森林中灵活地穿来穿去，林中鸟兽对这种恶狗自然有一种恐惧。现在老牛远落在它那导游者的后面了，向树上一些小松鼠狂叫，那些松鼠就是躲在上面仔细观察它的，然后它缓缓跑开，那笨重的躯体把树枝都压弯了，它自以为在追踪一些迷了路的老鼠。有一次，我很奇怪地发现了一只猫，散步在湖边的石子岸上，它们很少会离家走这么远的。我和猫都感到惊奇了。然而，就是整天都躺在地毡上的最驯服的猫，一到森林里却也好像回了老家，从它的偷偷摸摸的狡猾的步伐上可以看出，它是比土生的森林禽兽更土生的。有一次，在森林捡浆果时我遇到了一只猫，带领了它的一群小猫，那些小猫全是野性未驯的，像它

① 胡勃(Francois Huber,1750—1831)：瑞士自然科学家，博物学家。

② 1431年至1447年任罗马天主教教皇。

③ 1513年至1523年为丹麦国王。

④ 波尔克(James Knox Polk,1795—1849)：美国第十一任总统(1845—1849)。

⑤ 该法案于1850年由联邦通过，使南北双方的敌视更加激化，于1864年废除。

们的母亲一样地弓起了背脊，向我凶恶地喷吐口水。在我迁入森林之前不多几年，在林肯那儿离湖最近的吉近安·倍克田庄内，有一只所谓“有翅膀的猫”。1842年6月，我专程去访问她（我不能确定这只猫是雌的还是雄的，所以我采用了这一般称呼猫的女性的代名词），她已经像她往常那样，去森林猎食去了，据她的女主人告诉我，她是一年多以前的4月里来到这附近的，后来就由她收容到家里。猫身深棕灰色，喉部有个白点，脚也是白的，尾巴很大，毛茸茸的像狐狸。到了冬天，她的毛越长越密，向两旁披挂，形成了两条25～30厘米长，6厘米阔的带子，在她的下巴那儿也好像有了一个暖手筒，上面的毛比较松，下面却像毡一样缠结着，一到春天，这些附着物就落掉了。他们给了我一对她的“翅膀”，我至今还保存着。翅膀的外面似乎并没有一层膜。有人以为这猫的血统一部分是飞松鼠，或别的什么野兽，因为这并不是不可能的，据博物学家说，貂和家猫交配，可以产生许多这样的杂种。如果我要养猫的话，这倒正好是我愿意养的猫，因为一个诗人的马既然能插翅飞跑，他的猫为什么不能飞呢？

秋天里，潜水鸟像往常一样来了，在湖里脱毛并且洗澡，我还没有起身，森林里已响起了它的狂放的笑声。一听到它们已经来到，磨坊水闸上的全部猎人都出动了，有的坐马车，有的步行，两两三三，带着猎枪和子弹，还有望远镜。他们行来，像秋天的树叶飒飒然穿过林中，一只潜水鸟至少有10个猎者。有的放哨在这一边湖岸，有的站岗在那一边湖岸，因为这可怜的鸟不能够四处同时出现，如果它从这里潜水下去，它一定会从那边上来的。可是，那阳春十月的风吹起来了，吹得树叶沙沙作响，湖面起了皱纹，再听不到也看不到潜水鸟了，虽然它的敌人用望远镜搜索水面，尽管枪声在林中震荡，鸟儿的踪迹都没有了。水波大量地涌起，愤怒地冲到岸上，它们和水禽是同一阵线的，我们的爱好打猎的人们只得空手回到镇上店里，还去干他们的未完的事务。不过，他们的事务常常是很成功的。黎明，我到湖上汲水的时候，我常常看到这种王者风度的潜水鸟驶出我的小湾，相距不过数竿。如果我想坐船追上它，看它如何活动，它就潜下水去，全身消失，从此不再看见，有时候要到当天的下午才出来。可是，在水面上，我还是有法子对付它的。它常常在一阵雨中飞去。

在11月一个静谧的下午，我划船在北岸，因为正是这种日子，潜水鸟会像乳草的柔毛似的出现在湖上。我正四顾都找不到潜水鸟，突然间却有一只，从湖岸上出来，向湖心游去，

在我面前只十几米远，狂笑一阵，引起了我的注意。我划桨追去，它便潜入水中，但是等它冒出来，我却愈加接近了。它又潜入水中，这次我把方向估计错误了，它再次冒出来时，距离我已经100多米远了。这样的距离却是我自己造成的，它又大声哗笑了半天，这次当然笑得更有理由了。它这样灵活地行动，矫若游龙，我无法进入距离它几米的地方。每一次，它冒到水面上，头这边那边地旋转，冷静地考察了湖水和大地。显然在挑选它的路线，以便浮起来时，恰在湖面最开阔、距离船舶又最远的地点。惊人的是它运筹决策十分迅速，而一经决定就立即执行。它立刻把我诱入最浩渺的水域，我却不能把它驱入湖水之一角了，当它脑中正想着什么的时候，我也努力在脑中测度它的思想。这真是一个美丽的棋局，在一个波平如镜的水上，一人一鸟正在对弈。突然对方把它的棋子下在棋盘下面了，问题便是把你的棋子下在它下次出现时最接近它的地方。有时它出乎意料地在我对面升上水面，显然从我的船底穿过了。它的一口气真长，它又不知疲倦，然而，等它游到最远处时，立刻又潜到水下。任何智慧都无法测度，在这样平滑的水面下，它能在这样深的湖水里的什么地方急泅如鱼，因为它有能力以及时间去到最深处的湖底做访问。据说在纽约湖中，深25米的地方，潜水鸟曾被捕鳅鱼的钩子钩住。然而瓦尔登是深得多了。我想水中群鱼一定惊奇不止了，从另一世界来的这个不速之客能在它们的中间潜来潜去！然而它似乎深识水性，水下认路和水上一样，并且在水下泅泳得还格外迅疾。有一两次，我看到它接近水面时激起的水花，刚把它的脑袋探出来观察了一下，立刻又潜没了。我觉得我既可以估计它下次出现的地点，也不妨停下桨来等它自行出水。因为一次又一次，当我向着一个方向望穿了秋水时，却突然听到它在我背后发出一声怪笑，叫我大吃一惊，可是为什么这样狡猾地作弄了我之后，每次钻出水面，一定放声大笑，使得它自己形迹败露呢？它的白色的胸脯还不够使它被人发现吗？我想，它真是一只愚蠢的潜水鸟。我一般都能听到它出水时的拍水之声，所以也能侦察到它的所在。可是，这样玩了一个小时，它富有生气、兴致勃勃，不减当初，游得比一开始时还要远。它钻出水面又庄严地游走了，胸羽一丝不乱，它是在水底下就用自己的脚蹼抚平了它胸上的羽毛的。它通常的声音是这恶魔般的笑声，有点像水鸟的叫声；但是有时，它成功地躲开了我，潜水到了老远的地方再钻出水面，就发出一声长长的怪叫，不似鸟叫，更似狼嗥；正像一只野兽的嘴，咻咻地啃着地面而发出呼号。这是潜水鸟之音，这样狂野的音响在这一带似乎还从没听见过，整个森林都被震动了。我想它是用笑声来嘲笑我白费力气，并且相信它自己是足智多谋的。此时天色虽然阴沉，湖面却很平静，我只看到它冒出水来，还未听到它的声音。它的胸毛雪白，空气肃穆，湖水平静，这一切本来都是不利于它的。最后，在离我100米的地方，它又发出了这样的一声长啸，仿佛它在召唤潜水鸟之神出来援助它，立刻从东方吹来一阵风，吹皱了湖水，而天地间都是蒙蒙细雨，还夹带着雨点，我的印象是，好像潜水鸟的召唤得到了响应，它的神生了我的气，于是我离开它，听凭它在汹涌的波浪上任意远扬了。

秋天里，我常常一连几个小时观望野鸭如何狡猾地游来游去，始终在湖中央，远离开那些猎人。这种阵势，它们是不必在路易斯安那的长沼练习的。在必须起飞时，它们飞到相当的高度，盘旋不已，像天空中的黑点。它们从这样的高度，想必可以看到别的湖沼和河流了，可是当我以为它们早已经飞到了那里，它们却突然之间，斜飞而下，飞了约有400米的光景，又降落到了远处一个比较不受惊扰的区域。可是它们飞到瓦尔登湖中心来，除了安全起见，还有没有别的理由呢？我不知道，也许它们爱这一片湖水，理由跟我是一样的吧。

阅读思考：如何评价梭罗崇尚自然的生活？梭罗在对其隐居时的邻里的观察和记述中，表现出一种什么样的心态？

迁徙者[1]

让·亨利·法布尔

让·亨利·法布尔，法国著名昆虫学家、动物行为学家、作家。基于其长期的细致观察，整理前半生研究昆虫的观察笔记、实验记录和科学札记，完成了10卷本的传世巨著《昆虫记》，成为博物学领域的经典之作。

我曾经介绍过，在万杜山顶海拔约1800米处，我有过这么一次昆虫学考察的好机会，而这样的机会如果经常出现，从而让人进行有系统的研究，那么就会结出丰硕的果实。不幸的是，我的观察仅此一次而已，我再也无法做进一步研究，所以我对于这次观察的结果尚存有疑义，应当由未来的观察者用确定无疑的事实来代替我的揣测。

在一块平板大石的掩护下，我发现了几百只毛刺砂泥蜂，几乎像一个蜂窝里的蜜蜂那么密密麻麻地彼此堆在一起。一掀起石板，这一群毛茸茸的虫子全都乱窜乱动起来，可一点儿也不打算逃跑飞走。我用两手满满地捧起虫堆，把它移到另一个地方，可没有一只显出想抛弃团伙的样子。似乎有着共同的利益把它们联系得牢不可分，如果不是大家都走，没有一只走开。我尽可能细心地检查它们藏身的石板，石板下的土壤以及石板周围的情况，可我没有发现有任何东西可以说明，它们这么奇怪的团结一致究竟是什么原因。我不知怎么办才好，便试图数数这一堆里有多少只虫子。就在这时候，乌云遮住了天空，我无法再观察下去，我四周漆黑一团，那令人不安的后果，我刚才已经说过了。第一阵雨哗哗落下，在丢开那地方前，我急忙把石板放回原位，把毛刺砂泥蜂再放到隐蔽所下面。我认为自己做得很对（我希望读者也会肯定这一点），我小心地不让这些被

---

① [法]让·亨利·法布尔.昆虫记[M].第Ⅰ卷，第十四章.梁守锵译.广州：花城出版社，2002.

我的好奇心打扰的可怜的昆虫被倾盆大雨淋着。

毛刺砂泥蜂在平原并不罕见，不过都是一只只地出现在山间小路边或者沙坡上，有时从事挖掘竖井的工作，有时在忙着搬运笨重的毛虫。它像朗格多克飞蝗泥蜂一样独来独往，所以我在万杜山接近山顶的地方，发现在同一块石头下聚集着这么多这种膜翅目昆虫，真是惊奇万分。这儿，展现在我眼前的，不是迄今我所知道的孤零零的一只只的，而是一个数目众多的群落。现在让我们探讨一下这种聚居的可能的原因。

对于膜翅目掘地虫来说，这是十分罕见的例外。一开春，毛刺砂泥蜂就在筑窝；接近3月底，如果季节暖和，最迟4月上旬，当蟋蟀已具成虫形态，正在家门口痛苦地蜕掉幼虫的皮时，当诗人们喜爱的水仙正盛开着第一茬花朵，而鸫鸟则在草地上从高高的柳树梢发出绵长缓慢的乐声时，毛刺砂泥蜂正忙着给它的幼虫挖住所，备粮食。而这样的工作，其他的砂泥蜂和各种一般来说掠夺成性的膜翅目昆虫，只在秋天，也就是在9—10月间进行。这种筑窝日期比绝大多数膜翅目昆虫提早6个月的情况立即引起了我的思考。

我寻思这些在4月初就在做窝的毛刺砂泥蜂是不是当年的昆虫，也就是说，这些春天的劳动者是不是在前面的3个月中完成蜕变而离开了它们的茧。根据一般的规则，所有掘地虫变成成虫，离开地下的住宅和为它们的幼虫筹备粮食，这一切都是在同一季节进行的。大多数擅长狩猎的膜翅目昆虫都是在6—7月从它们幼年时居住的地下拱廊中出来，而在以后几个月，8—10月才发挥出矿工和猎手的本领的。

类似的法则是不是也适用于毛刺砂泥蜂呢？ 它是不是在同一季节最终变态并从事昆虫的工作的呢？ 这是十分可疑的，因为如果膜翅目昆虫在3月底就忙于筑窝，那它就得在冬天，最迟2月底完成蜕变并从茧中钻出来。可是严寒的天气使我们无法接受这样的结论。当凛冽的密斯脱拉风不停地呼啸着达半个月之久，把地冻得硬邦邦的时候，当纷飞的大雪随着冰冷的寒风而来的时候，蛹期艰难的变态是不可能完成的，而成虫也不可能在这时候想到离开茧的隐蔽所。必须在夏天太阳的照耀下，土地温暖而又润湿，成虫才会抛弃掉蜗居的。

如果我知道毛刺砂泥蜂从它出生的窝里出来的时期，那对我一定有很大的帮助。可是遗憾得很，我不知道。我日积月累的笔记（由于这类研究总是要取决于无法预料的机遇，故不可避免有模糊混乱之处）对此没有什么说明，而我今天看到了这问题的重要性，所以我要把我的材料凑在一起，来写这几行字。我

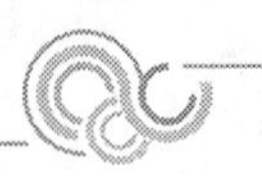

在笔记中找到，沙地砂泥蜂在6月5日孵化，银色砂泥蜂在同月的20日孵化，可是关于毛刺砂泥蜂的孵化期则丝毫没有介绍。这是一个由于疏忽而没有弄清楚的细节。那两种昆虫的孵化期遵循一般的规律，成虫是在炎热时期出现的，我根据类推的办法，认为毛刺砂泥蜂也是同一时期破茧而出。

那么为什么我们看到这种砂泥蜂在3月底或者4月初便在筑窝呢？结论是显而易见的，这些膜翅目昆虫不是当年的而是上一年的。它们在通常的时期，即六七月从茧里出来，过冬后，春天一到便立即筑窝。总而言之，这些是过冬的昆虫，实验证实了这一结论。

各种采蜜的膜翅目昆虫年复一年地在朝阳的垂直土块或者沙块上传宗接代，在壁上凿一个个洞，组成一个由走廊连成的迷宫，像个巨大的海绵似的。人们只要耐心寻找，在隆冬时节，差不多会发现毛刺砂泥蜂十分舒适地蜷缩在阳光照射着的温暖的凹陷处，或者孤零零一只，或者三四个一群，无所事事地等待着晴朗日子的到来。在寒冷肃杀的严冬，当鸫鸟和蟋蟀刚开始鸣唱时，便会见到这种优雅的膜翅目昆虫使山间小路的草地呈现一片生机盎然的景象。这种小小的乐趣，我只要愿意，就可以尽情地享受。如果不刮风而阳光又稍微强烈些，这种怕冷的昆虫便从隐蔽所出来，到入口处欢快地沐浴着最温暖的阳光；或者畏畏缩缩地冒险走到外面，一边擦亮着翅膀，一边一步步地走过海绵状沙层的表面。灰色的小蜥蜴在太阳开始把它的故居旧墙壁晒暖时也是如此。

但是在冬天，即使是在保暖最好的隐蔽所，就根本找不到节腹泥蜂、飞蝗泥蜂、大头泥蜂、泥蜂和其他其幼虫喜欢吃肉的膜翅目昆虫。它们在秋天的劳动之后全都死了，而在那寒冷的季节里，它们的种族只剩下在地穴深处冬眠的幼虫。因此，作为一种极其罕有的例外，毛刺砂泥蜂是在炎热的季节孵化，然后躲在某个温暖的隐蔽所过冬，这便是它在一开春就出现的原因。

根据这些资料，且让我们试着对在万杜山顶看到的毛刺砂泥蜂成群聚居的原因作一番解释。这许许多多成堆的砂泥蜂隐蔽在石块下究竟可能干些什么呢？它们是打算把这儿作为过冬的大本营，蜷缩在石板下，等待适宜它们工作季节的来临吗？一切迹象都表明这是不可能的。动物并不是在8月份，在酷热的时候冬眠的。缺乏从花朵里吮吸的蜜汁也不能作为理由。9月的阵雨很快就要降落，由于伏天而暂时停止生长的植物就要重新茁壮成长，把田野铺盖得几乎跟春天一样繁花似锦。这个时期对于大多数膜翅目昆虫来说是十分快乐的，毛刺砂泥蜂也不会在这一时期睡眠。

另外，万杜山陡峭高耸，密斯脱拉风呼啸狂扫，有时把山毛榉和冷杉连根拔起；山顶6个月里都一直刮着凛冽的北风，把雪花吹得上下翻滚；山峰上一年大部分时间都笼罩着寒云冷雾。难道能够设想，这么热爱阳光的昆虫会把这地方选作过冬的藏身地吗？这简直就像是要它在北海海角的冰上过冬一样。不，毛刺砂泥蜂过冬的地方不会是在那儿。我们看到的蜂群只不过是路过而已。稍有一点儿下雨的迹象（这些迹象我们看不到，而对于大气变化十分敏感的昆虫却能感觉得出来），蜂群就躲到石头下面等待雨停后再飞。它们从哪儿来？它们到哪儿去呢？

就是在8—9月这段时间里，迁徙的小鸟从它们原先喜爱的地方，从比我们这儿凉爽些、树木多些、更宁静些的地方，从它们产卵的地方，一站路一站路地往南飞到我们这个盛产橄榄树的炎热的地方。它们到达的日子几乎是固定的，先后次序一点儿不变，仿佛是由只有它们知道的日历中的黄道吉日所指引似的。它们在我们的平原上呆那么几天，这是富裕的一站，有许多昆虫是它们专门要吃的食物。这些鸟在我们的田里，一块地一块地地搜寻着犁耙耕出来的田地里暴露出来的水虫，这是它们的美宴；照这样的吃法，它们很快便屁股长得肥嘟嘟的，成了丰富的粮仓，里面装满富有营养的储藏品以供未来疲乏时的需要；最后，在备好旅途食物之后，它们继续南下，前往没有冬天，任何时候都有昆虫的地方：西班牙和意大利南部，地中海上的岛屿，非洲。这是阿尔吉尔人进行狩猎，品尝美味肉串的欢乐时期。

首先来到的是长翅百灵，我们这儿称为“克雷乌”。8月刚开始，就会看到这种鸟在田里搜索，寻找狗尾草的种子，这是对作物有害的禾本科植物。一有惊动，它就飞走了，喉咙里发出刺耳的咕噜声，它的普罗旺斯名字就是对这种声音极好的模拟。过后不久来到的是石鹃，它在原先的苜蓿地里安详地采集着象虫、蝗虫、蚂蚁。随着它而来的，先是枝头的贵宾，阿尔吉尔的名鸟；接着到了9月，飞来的是鹂鸟，也叫白尾雀，所有曾经品尝过它优质品味的人都赞不绝口。在马提雅尔[①]的铭辞中受到讴歌的罗马饕餮之徒所喜欢的燕雀，也比不上白尾雀喷香美味的脂肪球，不过这白尾雀因为吃食太多，已经太肥了。这种鸟吃各种昆虫，我收集的博物学资料中记载了它胃里装的东西，其中可以找到各种幼虫和象虫、蝗虫、砂潜、龟甲、叶甲、蟋蟀、球螋、蚂蚁、蜘蛛、鼠妇、蜗

① 马提雅尔（约公元38—约104）：罗马著名铭辞作家。

牛、赤马陆以及其他许许多多昆虫。为了配合消化这美味的食物，它还要吃葡萄、树莓以及血红色的欧亚山茱萸的浆果。白尾雀飞起来时张开的尾巴上的白羽毛，使它仿佛像只飞逸着的蝴蝶。它从一块土地飞到另一块土地时，不停地吃着美味的食物，所以我们就知道它为什么长得这么肥了。

在增肥术方面唯一超过它的，是跟它同时迁徙的另一种爱吃昆虫的灌木丛中的鹨鸟，书本上都这样不恰当地命名，而在牧人们中间，不论谁都把这种鸟称为“肥腿”，即特别肥的鸟。单单这个名称就可以彻底说明它的基本特点了。任何别的鸟都不会养得这么肥。到了一定时候，这鸟浑身直至翅膀、脖子、脑袋的底部全都长满板油，就像一小块牛油似的。这不幸者太爱吃象虫了，害得它浑身长着脂肪，好不容易才从一株桑树飞到另一株桑树，因为太肥，它几乎要窒息了，便气喘吁吁地停在浓密的树叶丛中。

10月里飞来了半灰半白的灰鹡鸰，胸前长着黑绒毛，大颈项，身材细长。这种体态优美的鸟摆动着尾巴，碎步蹦跳地跟着农夫，几乎就在套着的马的脚下，在新开出来的田塍里啄食害虫。云雀在接近同一时期来到，开始是一小批先遣部队，作为侦察兵，然后无数云雀成群结队占有了麦田和新开垦的土地。那儿有许多狗尾草种子，这是它们惯常的食物。此时，在平原上，朝阳的光辉照射得悬挂在每棵草茎上亮晶晶的白霜和露珠，像镜子似的放射出闪闪的光芒。此时，猎人手中放出的枭鸟，飞了短短的距离便扑下来，又转动着惊恐的眼睛，猛地往上飞起。俯冲下来的云雀在这么近的距离看到那闪闪发光的犁耙或者那巨大的飞鸟，十分好奇。云雀就在那儿，在您的面前十几步远的地方，两爪下垂，翅膀撑开，就像圣灵的图像那样。正是时候，瞄准开枪吧！我祝愿读者们在这场快意的狩猎中心情舒畅。

与云雀一道来的是草地鹨，通俗的名称叫西西，这又是一个模仿这种鸟低声鸣叫的拟声词，它往往夹在云雀群中一道飞来。没有任何鸟会比它更让枭鸟狂热的了，它不断摆动着翅膀，围着枭鸟飞翔。别想能够继续再看到这些飞到我们这儿的迁徙者。它们中大多数只在这儿歇歇脚：这儿食物丰富，特别是昆虫多，它们便在这儿待上几个星期，吃得身强力壮，浑身溜圆，然后便继续往南飞去。另外一些鸟把我们的平原选作为它们过冬的大本营，因为这儿雪很罕见，甚至在三九天，地上也可以找到许许多多小种子。云雀就是这样，它在麦地和新开垦的地里搜寻着食物；草地鹨就是这样，它更喜欢苜蓿田和草地。

云雀在几乎整个法国都十分常见，却不在沃克吕兹平原做窝；在那儿生活的是凤头百灵，也叫黏着的云雀，这是公路和养路工人的朋友。寻找它所喜爱的孵卵地用不着北上去很远的地方，在毗邻的德龙省就有许多这种鸟的窝。所以很可能在整个秋冬季节占领我们的平原的云雀中，有许多就是从德龙省南下的，而不会是从更远的地方飞来。它们只要从邻省迁徙就可以找到没有雪的平原和有把握得到小种子吃了。

在我看来，在接近万杜山顶处之所以会发现砂泥蜂群，就是由于与此相似的短距离的迁徙。我已经确定这种膜翅目昆虫是以成虫的形态，躲在某个隐蔽所中过冬：等待四月到来便开始做窝。它跟云雀一样，也要预防寒霜季节。它不怕缺乏食物，因为它不吃东西也可以坚持到鲜花开放的时节，但它是那么怕冷，它至少需要防备致命的严寒。所以它逃避土地冰冻三尺的漫天大雪的地方；它像鸟类一样成群结队迁徙，翻山越岭，到古老的城墙和被南方的太阳晒热的沙滩寻找住所。冬天过后，这群昆虫全部或者部分地又回到它们来的地方。这就是为什么在万杜山见到砂泥蜂群的缘故。这是一群迁徙的部落，它们来自于寒冷的德龙省，为了往南飞到生长橄榄树的炎热的平原上去，他们越过了土鲁朗克深深的大峡谷，可是突然遇到了雨，便在山顶暂时歇歇脚。由此看来，毛刺砂泥蜂为了避寒，不得不进行迁徙。当小鸟旅行的时候，毛刺砂泥蜂的队伍也开始行走了，它也将从比较冷的地方旅行到比较热的地方去。穿过几道峡谷，越过几道山岭，它便会飞到它所要去的地区了。

我曾收集到昆虫在高地异乎寻常地聚居一起的另外两个例子。我在10月份发现万杜山顶的小教堂上盖满着民间语言中称为慈悲虫的七星瓢虫。小教堂屋顶有多少块石板，这些昆虫在石头上便垒成了多少面墙壁，它们彼此那么紧地挤在一起，乃至于那粗陋的建筑物在几步路外看起来就像个珊瑚球的作品。我不敢估计在那儿聚会的如恒河沙一般的七星瓢虫有多少。这肯定不是因为食物才把这些吃蚜虫的昆虫吸引到海拔几乎达到2千米的万杜山顶上来的。这儿的植物太贫乏了，而蚜虫是绝不会冒险到这么高的地方来的。

另一次在6月，在万杜山附近的海拔734米的圣阿曼高原上，我看到了类似的集结，不过数目少得多。在高原最高处，在悬崖的陡壁边上，坚立着一个以砌石为底座的十字架。正是在这底座的各面和底座的基石上，跟万杜山上相同的膜翅目昆虫——七星瓢虫成群聚集在一起。这些虫子大部分一动不动，但是只要是阳光强烈的地方，新来的占位者和原先占有者之间在那临时的圣坛上，总是在不断地交换着位置，原先的占有者飞走，过一会儿再回来。

圣阿曼高原跟万杜山一样，没有任何现象能够告诉我，在这干旱的土地上，既没有蚜虫又没有任何东西吸引七星瓢虫，为什么昆虫会这么奇怪地聚集在一起；没有任何现象能够告诉我，在高山的砌石工程上，众多昆虫的这种聚会，究竟秘密何在。在这儿还有没有别的昆虫迁徙的例子呢？有没有像燕子一样，在出发之前，大家聚集在一道呢？这儿是不是会聚点，成群结队的七星瓢虫要从这儿前往食物更丰富的地方呢？这是很可能的，不过这也是相当奇怪的。七星瓢虫从来就以不喜欢旅游而著称。当我们看到它杀戮蔷薇花上的绿色小虫和蚕豆上的黑色小虫时，我们完全会认为它是喜欢家居而不爱外出的；可是它们却以短短的翅膀，成千上万地飞到万杜山顶开个全体大会，而甚至雨燕也只是在极端狂热的情况下才会飞到那儿去的。它们为什么在这么高的地方聚会呢？为什么这么喜欢栖息在堆砌起来的石头上呢？

阅读思考：昆虫是许多人所害怕的，对昆虫的观察却让法布尔成为博物学大家，从这之中，我们可以受到什么启发？